タテハチョウ科（5亜科）

ドクチョウ亜科（8属12種）

カラフトヒョウモン属・コヒョウモン属
ギンボシヒョウモンなど

イチモンジチョウ亜科（3属6種）

イチモンジチョウ属・ミスジチョウ属・
オオイチモンジ

タテハチョウ亜科（7属11種）

サカハチチョウ属・コヒオドシ属・
クジャクチョウ属など

コムラサキ亜科（3属3種）

コムラサキ・オオムラサキ・
ゴマダラチョウ

ジャノメチョウ亜科（11属15種）

ベニヒカゲ属・ウラジャノメ・
オオヒカゲなど

セセリチョウ科（4亜科）

アオバセセリ亜科（1属1種）

キバネセセリ

チャマダラセセリ亜科（3属4種）

チャマダラセセリ属・ミヤマセセリ・
ダイミョウセセリ

チョウセンキボシセセリ亜科（2属2種）

カラフトタカネキマダラセセリ・ギンイチモンジセセリ

セセリチョウ亜科（5属7種）

スジグロチャバネセセリ属・コキマダラセセリなど

Butterflies of Hokkaido

北海道の蝶

永盛俊行・芝田翼・辻規男・石黒誠＊著

北海道大学出版会

はじめに

　昆虫採集に夢中になる子どもたちの姿をあまり見かけなくなってしまいました。身近な自然に親しみながら、自然の懐の深さや生き物の不思議さを知る絶好の機会を失っているように思われてなりません。

　昆虫少年だった私たちは、とりわけ美しい蝶に夢中になりました。未知の種を求めて探し回り、あこがれの蝶をネットに入れた瞬間、とても興奮し、三角紙に入れる手も震えたのを覚えています。それはけっして自然や生物を学ぶために行っていたわけではありません。子どもが「ゲーム」に夢中になるように、好奇心や達成感をくすぐりわくわくさせるものでした。

　やがて、成虫を採集するだけに満足できず、卵や幼虫を採ってきては食草を与え、飼育を始めました。野外で見せる成虫や幼虫の行動のおもしろさに引き込まれ、その生きざまをカメラで記録することも始めました。地道に観察を続けていると新しい発見もあり、素人なりの生態研究にも手を染めるようになりました。

　北海道にはすばらしい蝶たちが、高山帯や山奥から人里まで、さまざまな環境の中にそれぞれの居場所を確保して100種以上も生息しています。

　本書は、子どもたちから一般の方に、私たちがたどってきた道すじをイメージしながら、蝶を知るためのさまざまな情報を、野外でもすぐに取りだして使うことができるようにコンパクトにまとめました。

　各種の生態解説は野外で見つけるための視点で書き、生きいきとした成虫の行動、野外で見つけた幼生期の生態写真をたくさん紹介しました。

　成虫から卵・幼虫・蛹の美しくも不思議な姿を、リアルな写真で紹介しました。蝶の生活を知るために不可欠な食草の情報を植物図鑑タッチで掲載しました。フィールドでの観察の楽しさを伝えようと「楽しい生態観察のすすめ」を書きました。

　昆虫の中でも見つけやすく、親しみやすい蝶を見つめることは、自然のなりたちや、人間と自然とのかかわりを考える自然科学の扉を開く第一歩

につながります。また，身近な地域の環境が健全なものなのかを測る指標としても使うことができます。その意味では小学校以上の教育分野での活用も期待して作ったつもりです。ぜひ本書を携えて野山で蝶を追う「昆虫少年・少女」や「元昆虫青年・女子」が復活して欲しいと思います。主な解説には「ムシが好きな子どもたち」が育つことを願って小学5年生以上で習う漢字にはルビをつけました。本書を手に親子で蝶観察を始めていただけるとうれしい，というのが私たちの切なる思いです。

　本書を著すにあたってお世話になった方々を紹介し心から感謝の意を表します。北海道大学総合博物館教授の大原昌宏氏には天然記念物の蝶標本の撮影にご協力いただきました。また天然記念物と国内希少野生生物種の幼生期の撮影には許可申請を含め，東京大学総合研究博物館助教の矢後勝也氏，生態写真家の渡辺康之氏，日本チョウ類保全協会の中村康弘氏の協力を得ました。食草の同定は北海学園大学名誉教授の佐藤謙氏，ノーザンクリフフロラ研究所の中川博之氏，旭川市北邦野草園の堀江健二氏にご指導ご確認いただきました。

　この他，次の方々にご協力いただきました。お名前を記して感謝申し上げます（順不同 敬称略）。

標本提供　水口浩之・対馬誠・紀藤典夫・木野田君公・安藤秀俊
写真提供　故永盛拓行・故茨木岳山・渡辺康之・対馬誠・川田光政・前田和信・川合法子・三藤理恵子・岸一弘・尾園暁（蛹図版：ダイセツタカネヒカゲ，オオミスジ腹面）
調査協力　安藤秀俊・渡辺康之・水口浩之・対馬誠・笠井啓成・遠藤雅廣
写真処理　辻由利香

　最後に北海道大学出版会の成田和男氏には出版に関するさまざまなアドバイスをいただきました。

　みなさまに深く感謝申し上げます。

2020年3月20日

冬越しのクジャクチョウの飛ぶ日に　著者一同

目　次

IV. 楽しい生態観察のすすめ

この本の見方

1. 本書で取り扱う種については以下のようにしました。
   (1)各種解説や各図版ではアゲハチョウ科(9種)，シロチョウ科(9種)，シジミチョウ科(37種)，タテハチョウ科(47種)，セセリチョウ科(14種)の合計116種を基本種としました。
   (2)過去に土着していた，テングチョウ，キタテハは絶滅種として標本図版の末尾で紹介しました。また，迷蝶としての飛来するアサギマダラ，イチモンジセセリ，ヤマトシジミ，ウラナミシジミは標本図版と種解説の末尾で紹介しました。この他アオスジアゲハ，キタキチョウ，リュウキュウムラサキ，アサマイチモンジ，クロコノマチョウ，ヒメキマダラセセリなどの記録がありますが，偶発的なものとして割愛しました。
   (3)「エゾスジグロシロチョウ」は近年，道央～南西部に分布する「ヤマトスジグロシロチョウ」，道央～北東部に分布する「エゾスジグロシロチョウ」の2種に分けられました。本書では生態的には区別できないので従来の1種として説明しています。
   (4)「ウラギンヒョウモン」も近年「ヤマウラギンヒョウモン」と「サトウラギンヒョウモン」の2種(あるいはもう1種)に分けられています。これも野外での生態上の情報が不足しているので1種として取り扱いました。

2. 野外での蝶の観察に役立つように，コンパクトに各種の形態と生活史や食草の情報をまとめてあります。
   (1)成虫標本
   　　成虫の♂♀，表裏を基本に，季節型や主な変異型を示しました。原則として実物大ですが，縮小と混在している種には，実物大のほうに実物大と表示しました。似ている種の区別点を矢印などで示しました。
   (2)種解説
   ・種名の横に，その種に関する卵・幼虫・蛹・食草食樹の頁を記入し，またレッドデーターブック関連の情報も記入しました。
   ・見開き2頁に各種の情報を入れてあります。生態写真は，左頁に成虫のメイン写真，右頁の上部に成虫の行動を，下部に卵～幼虫～蛹の生態写真を示しました。各写真には「何をしているか，撮影月日，撮影地(室内飼育の場合は○○産)，撮影者」のデータを示しました。幼生期では，どのような環境で見つけることができるのかがわかるように環境の中での写真を紹介しました。

①**道内の分布図**　分布する範囲を赤色で塗りつぶしてあります。私たちの観察と過去の文献にある記録を基に大まかにつくりました。北方領土は情報不足で割愛しました。

②**周年経過**　分布の中心地で，1年のうちに各ステージ(成虫・卵・幼虫・蛹)が見られる時期を示しています。

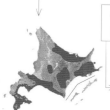

| 蛹 | 成虫(1化) | 卵 | 幼虫 | 蛹 | 成虫(2化) |

1　2　3　4　5　6　7　8　9　10　11　12 月

寒冷地では6月に発生。部分的に9月頃に3化。早：4/6 帯広，遅：9/19 札幌

訪花 多 少 無　吸汁 水 糞 樹液・腐果　産卵 芽 葉 幹・枝 他　越冬態 成 卵 幼 蛹

③**発生情報**　発生時期の追加情報，今までの成虫の最も早い，最も遅い日付の記録＊を付記しました。
＊黒田哲(2017)「北海道蝶類確認の最早・最遅記録 2016 年度版」Jezoensis No.43 と同 No.44～46 内の記録を基に作成しました。

④**成虫の行動など4項目**　訪花の頻度，吸水や吸汁性，食草食樹への産卵部位，越冬するステージを区別して示しました。

⑤**観察難易度・局地性**　成虫・幼虫全般の観察の難しさと分布が限られる局地性の度合いを★の数の多さの段階で示しました。

観察難易度 ★★★☆　局地性 ★★★★☆

(3)卵〜幼虫〜蛹

　卵，終齢幼虫，蛹の形態がわかるように，卵と幼虫は横と上からの2方向，蛹は背面，側面，腹面の3方向の写真(一部イラスト)を示しました。幼虫図版にはタテハチョウ科以降は頭部正面の写真も載せました。大きさも示しましたが，個体差があるため参考値としてください。また動きのある幼虫の姿が所々にありますが，あえて種名は伏せました。答えは索引のページにありますので確認して見てください。

(4)食草・食樹

　本書で紹介した各種の主な食草(食樹)を「科」でまとめて示しました。全体の写真と花，樹木であれば葉や樹皮，冬芽の写真を入れました。大まかな生育環境，大きさ，花の時期，似た種との区別点を示しました。各種の幼生期を野外で探す時の情報として役立ててください。科の名前や順番などは APG Ⅲ，Ⅳ分類体系に従いました。

3. 子どもから大人まで，この本を野外で役立ててもらうため，「楽しい生態観察のすすめ」として採集から標本作り，飼育，野外での生態観察の方法や具体例を基本，初級，中級，上級編の 10 項目に分けて解説しました。

本書に出てくる用語の解説

(1)形態に関するもの

　蝶は昆虫の中の翅に鱗粉を持つ鱗翅目というグループに属します。昆虫（成虫）の大きな特徴としては，体が頭，胸，腹の３つに分かれること。胸から２対の翅と３対の脚がはえていること。頭に触角があり，目は複眼になっていることなどがあります。蝶は一生の間に卵・幼虫・蛹という異なる姿（ステージ）を経て成虫になります。それぞれのステージ各部の名称は次のようになっています。

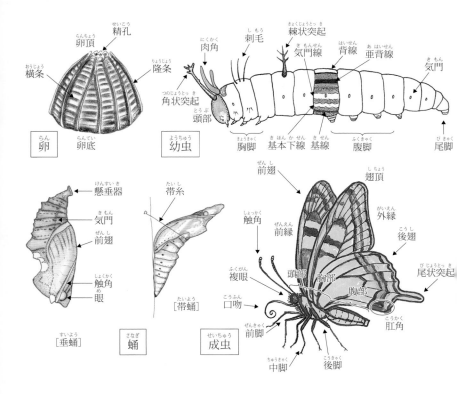

《**本文中に出てくる用語**》

【**亜種**】種の下に置かれる分類のカテゴリーで，形態上の地理的変異を持つ集団。

【**交尾器**】腹部先端にある交尾のための構造。♂♀で異なり，そのため♂♀やよく似た種との区別にも使われる(下図)。

【**交尾栓(スフラギス)**】♂が交尾時，♀の腹端につくる再交尾を妨げるための，小さな栓のような構造。

【**口吻**】頭部にあり通常はぜんまい状に巻き込まれていて吸水，吸蜜の時に伸ばして使う。

【**触角**】成虫の頭部には1対の触角があり，臭い，振動，接触などを感じる。

【**垂蛹・帯蛹**】胸部〜腹部に帯糸(図)をつくり，他物に寄りかかるスタイルを帯蛹，腹部の先端の懸垂器(図)で他物にぶら下がるスタイルの蛹を垂蛹という。また吐糸で繭をつくるタイプもある。

【**性標**】♂の翅の一部にあり♀を引きつける発香鱗が集中分布している。♂♀の区別にも役立つ。

【**肉角(臭角)**】アゲハチョウ科の幼虫が，脅かされると伸ばす，強い臭いを発する突起。

【**発香鱗**】♂に見られる鱗粉の1種で，ここから臭物質を放出して♀に配偶行動を起こさせる。

【**卵殻**】卵の内部の乾燥を防ぐため，表面を覆うタンパクからなる膜，突起や隆起があって，その形から種がわかるものも多い。

【**鱗粉**】翅の表面を覆う瓦のようにならんだ構造で，色素を含み，この鱗粉の配置で翅の模様をつくっている。

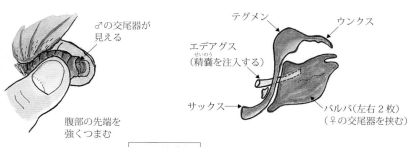

♂の交尾器が見える

腹部の先端を強くつまむ

テグメン

ウンクス

エデアグス
(精囊を注入する)

サックス←

バルバ(左右2枚)
(♀の交尾器を挟む)

♂の交尾器

(2)生活史に関するもの

　卵〜幼虫〜蛹〜成虫というこのサイクルを生活史といいます。幼虫時代(幼生期)にそれぞれの種に定まった食草を食べて成長します。その生活史は季節に応じて進み，冬の厳しい本道では長い冬越しをしなければなりません。それぞれの種は，さまざまな生活史をもちそれぞれの環境に適応して暮らしています。チョウの一生(生活史)を下図に示しました。

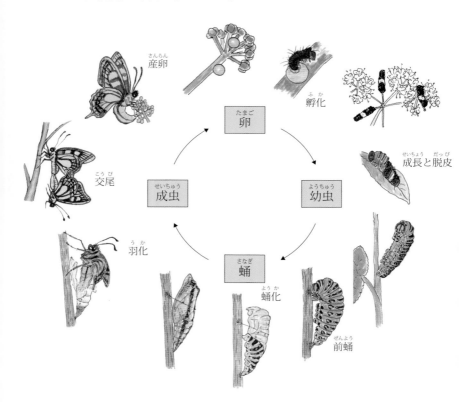

《本文中に出てくる用語》
【1化・2化】 その年に入って，最初に羽化した世代を1化，その次の世代を2化という。蝶が1年に何回羽化(発生)するかは，遺伝的に定まっている種と，気象条件などによって変わる種がある。
【越冬巣】 越冬する幼虫が，葉を吐糸で綴りあわせたり，固めたりしてつくっ

た冬越し用の巣。地上の枝などにつくるものや，巣を落下させ雪の下になるものがある。

【越冬態】 越冬する時の状態(ステージ)。本道の蝶はほとんどの種で定まっている。越冬している卵・幼虫・蛹・巣は，それぞれ越冬卵・越冬幼虫・越冬蛹・越冬巣と表現する。

【夏眠】 成虫が真夏に活動を止め休眠状態になる現象。その意味はよくわかっていない。

【寄生バチ・寄生バエ】 卵・幼虫・蛹の内部に入り込んで体の内部を食べて成長する寄生昆虫。寄生された蝶は死に至るため，蝶の個体数を押さえる天敵として重要。

【季節型】 年2回以上発生する蝶では，斑紋が季節によって異なる場合があり，その変異型をいう。春型，夏型，秋型などがあり，主に幼生期の日長や温度によって決まる。

【擬態】 天敵から身を守るために，背景に溶け込ませたり，周辺の他物に形態を似せたりして，体を目立たせなくすること。卵～成虫の各ステージに見られる。

【休眠】 成長や発生が止まっている状態。春になって休眠が解かれ，脱皮，羽化することになるが，そのためには日長が長くなることの他，ある一定期間，低温状態にさらされること(休眠打破)が必要なことも多い。

【座(台座)】 吐糸により糸が張られた部分で，幼虫が静止する場所に使われる。

【スプリングエフェメラル】 早春の樹々の葉が広がる前の短い時期に現れる生物。植物ではカタクリ，蝶ではヒメギフチョウなどに使われる。

【前蛹】 終齢が蛹になるために，特別の場所を選び静止した状態。蛹化のためのこの眠の状態は1～3日程度要し，幼虫体の中で組織や器官の崩壊と再編成という劇的な変化が起こる。

【脱皮】 幼虫が成長し，次の齢や蛹になるために外側の皮膚を脱ぐこと。この時に1～2日摂食を止め静止し動かなくなる(この状態を眠という)。幼虫から蛹になることを蛹化，蛹から成虫への脱皮は羽化という。

【吐糸】 幼虫が口から糸を出して他物に付着させること。

【齢・終齢】 幼虫が脱皮するごとに増える段階の名称。卵から孵化した幼虫は1齢，その後脱皮するごとに2，3齢と齢が増える。蛹になる前の最後の齢を終齢という。終齢の数はシジミチョウ科では4齢，その他は5齢のことが多いが，成長する条件に左右され5齢から4齢になったり，逆に6齢，7齢を数えることもある。

【ワンダリング】 蛹化前，幼虫が長い時間歩き回ること。羽化時，翅を伸ばす空間がなければ羽化は完成しないので慎重に場所を探す。

(3)環境・行動に関するもの

　蝶はそれぞれに適した生息環境の中で，その特徴である翅を使い飛びまわっています。1日の変化の中で，また短い寿命の間に，蝶は生きのびるため，さらに次の世代をつくるためさまざまな行動をとります。少し難しい表現になりますが，蝶が"どのような環境の中で，何を食べて暮らしているのか"，という生態系の中の基本的な位置を「生態的地位(ニッチ)」といいます。下の図は，一般的な森林の，蝶の生息環境に関わる生態用語を示したものです。蝶の生息を支える植物自体も，平野～高山帯までの異なる環境の中で，それぞれの種が「ニッチ」を見つけて生育し多様な植生の拡がりをつくっています。蝶はこの多様な植生の中で，自分の居場所(ニッチ)をつくり生活を続けているのです。

　また蝶は，厳しい冬も含めた四季の変化の中で，天敵の脅威にさらされながら，幼虫の食べ物を確保し生き続けるためのさまざまな「戦略」を持っています。それらに関わる行動上の用語を説明します。

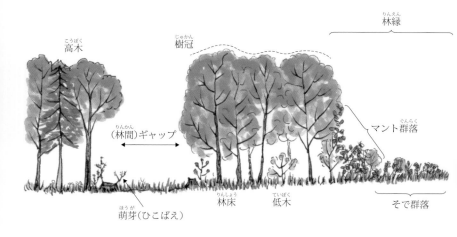

《本文中に出てくる用語》
【求愛行動】♂が交尾を求めて♀に示す行動。翅を見せたりふるわせたり，匂い物質を送ったりする。遺伝的にプログラムされた種特有の行動で，交雑が起こらないしくみの1つとなっている。
【吸汁(吸水)】口吻を使って液体を吸うこと。水だけでなく自分の排泄物や樹液などを吸汁する。アゲハチョウなどで集団吸水するのが見られるがナトリウムなどのミネラルの豊富な場所を選んで集まることが多い。

【吸蜜】花の蜜を吸うこと。吸収された糖分はエネルギー源やフェロモンなどの合成，また♀では主に卵の成熟のために使われる。

【交尾拒否行動】すでに交尾した♀が求愛する♂を避けるため，翅を広げたり，腹部を立てたりする行動。

【食痕】幼虫の食べた痕。種により特徴があり幼虫探索の目安となる。

【吸い戻し行動】獣糞などに，排泄した液体をつけて吸いなおす行動。塩類などを得るといわれる。

【棲み分け・食い分け】生態が似ている2種の間ではニッチをめぐり競争が起こるが，それを避けるため，生息場所を違えることを棲み分け，食餌植物を違えることを食い分けという。

【占有・占有行動】♂が一定の空間を通過する他個体を追飛し排除する行動。その範囲をなわばり（テリトリー）という。そこに♀が通りかかれば求愛行動へと移ることが多い。

【探雌飛翔】♂が♀を探して飛ぶ行動。♂の日中の飛翔はこの飛翔の場合が多い。

【蝶道】生息地で，林の縁など一定のコースを決めて周回する通り道。アゲハチョウなどに見られる。

【ディスプレイ】♂が求愛の時にとる行動。飛びまわって存在を誇示する時はディスプレイフライトと呼ぶ。

【土着】その土地に何年も世代交代しながら長く生息していること。渡りの蝶では土着できないものが多い。

【ヒルトッピング（山頂占有性）】♂が山頂に縄張りを張り，♂どうしや他の昆虫を追いかけまわす行動。山頂に飛んでくる♀を待っていると考えられている。

【訪花】蝶が吸蜜のため花を訪れること。蝶の種類と訪花（吸蜜）植物の関係は，土地の条件や季節によって決まってくる。また，アゲハチョウは赤色の花，ベニヒカゲは黄色の花と，それぞれの蝶は色覚を使って選り好みすることが多い。

【卍巴飛翔】ゼフィルスなどの♂が互いを追いかけて飛び，お互いがぐるぐる回っているように見える飛翔，占有行動中に見られる。

【渡り】成虫が次世代の分布を拡大するために，長距離を移動すること。本道には春〜夏に渡る蝶がいるが，越冬できず死滅する蝶も多い。

(4)食草・食樹に関するもの

　蝶の幼虫が何を食べているかは，その蝶の進化の中で獲得してきたもので，その蝶を特徴づける重要なことがらです。蝶の幼虫が食べる植物を食草・食樹（まとめて食餌植物）といいます。

　食草・食樹を同定するためや，その特徴を知るために覚えておきたい植物のつくりや性質に関する用語です。

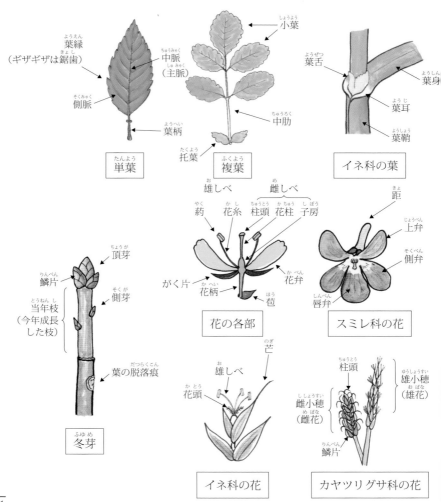

葉縁
（ギザギザは鋸歯）
中脈（主脈）
側脈
葉柄
単葉

小葉
中肋
托葉
複葉

葉舌
葉身
葉耳
葉鞘
イネ科の葉

頂芽
鱗片
当年枝（今年成長した枝）
側芽
葉の脱落痕
冬芽

雄しべ　雌しべ
葯　花糸　柱頭　花柱　子房
がく片
花柄
苞
花弁
花の各部

距
上弁
側弁
唇弁
スミレ科の花

芒
雄しべ
花頭
イネ科の花

柱頭
雄小穂（雄花）
雌小穂（雌花）
鱗片
カヤツリグサ科の花

《本文中に出てくる用語》

【1年草・多年草】1年で結実し冬には枯れる草本を1年草，2年以上生育を繰り返す草本を多年草という。

【根茎】一見根に見えるが，地表や地下を横に這う茎で，途中の節から根や芽を出して広がっていく。

【山地・亜高山・高山帯】植生は標高によって変わるため，北海道ではおおよそ標高1,000mまでを山地，そこから1,500mまでを亜高山，それ以上は高山帯と区別する。

【雌雄同株・雌雄異株】雄花雌花が1つの株にあるか別にあるかの区別。

【植生】ある土地に生育する植物の全体構成をいう。

【植生遷移】ある土地の植生が年月とともに，草原から森林へと変わっていくなど，様変わりしていくこと。

【単為生殖・栄養生殖】受精せずに種子ができることを単為生殖，枝や葉などから新しい個体ができることを栄養生殖という。

【単葉・複葉】見た目で1枚の葉からできている葉を単葉。見た目は複数の葉(各々を小葉と呼ぶ)のようだが，もともとは1枚の葉からできている葉を複葉と呼ぶ(図参照)

【パイオニア植物】植生が壊滅した裸地にいち早く進出する植物。

【むかご】わき芽が栄養分をためておおきくなったもので，これが葉や茎から離れて新しい個体になる。

【有性生殖】受精によって種子ができて，それから新しい個体ができること。

【両性花・単性花】1つの花に雄しべ，雌しべを持つか持たないかの区別。両方持てば両性花，どちらかしか持たなければ単性花。

【矮性植物群落(ヒース)】高山帯に生ずるコケモモやガンコウランなどからなる低木群落。

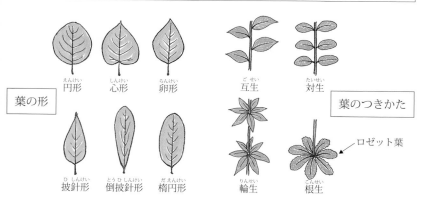

葉の形

円形　心形　卵形　披針形　倒披針形　楕円形

葉のつきかた

互生　対生　輪生　根生

ロゼット葉

主な参考図書

朝日純一・神田正五・川田光政．1999．原色図鑑サハリンの蝶．北海道新聞社．

いがりまさし．2005．山溪ハンディ図鑑6 増補改訂 日本のスミレ．山と溪谷社．

井上大成・石井実（編）．2016．チョウの分布拡大．北隆館．

猪又俊男．1990．原色蝶類検索図鑑．北隆館．

梅沢俊．2018．北海道の草花．北海道新聞社．

大崎直太（編著）．2000．蝶の自然史―行動と生態の進化学．北海道大学出版会．

大橋広好ほか（編）．2015 〜 2017．改訂新版 日本の野生植物1 〜 5．平凡社．

奥本大三郎・岡田朝雄．1991．楽しい昆虫採集．草思社．

学研編集部（編）・青木典司ほか（著）．2005．日本産幼虫図鑑．学習研究社．

勝山輝男．2015．ネイチャーガイド 日本のスゲ 増補改訂．文一総合出版．

勝山輝男・北川淑子．2014．カヤツリグサ科ハンドブック．文一総合出版．

河田党．1959．日本幼虫図鑑．北隆館．

木場英久・茨木靖・勝山輝男．2011．イネ科ハンドブック．文一総合出版．

木野田君公．2006．札幌の昆虫．北海道大学出版会．

木村辰正．1994．北見の蝶．北見市教育委員会．

工藤誠也．2018．美しい日本の蝶図鑑．ナツメ社．

相模の蝶を語る会（編）．2016．蝶の幼虫探索 神奈川県とその周辺地．相模の蝶を語る会．

佐竹義輔ほか（編）．1981 〜 1982．日本の野生植物草本I 〜 III．平凡社．

佐竹義輔ほか（編）．1989．日本の野生植物木本I・II．平凡社．

佐藤孝夫．2017．増補新装版 北海道樹木図鑑．亜璃西社．

白水隆．2006．日本産蝶類標準図鑑．学習研究社．

白水隆・原章．1960・1962．原色日本蝶類幼虫大図鑑I，II．保育社．

新川勉・岩崎郁雄．2019．日本のウラギンヒョウモン．ヴィッセン出版．

田渕行男．1978．大雪の蝶．朝日新聞社．

手代木求．1990．日本産蝶類幼虫・成虫図鑑I．タテハチョウ科．東海大学出版会．

永盛拓行ほか．1986．北海道の蝶．北海道新聞社．

永盛俊行ほか．2016．完本 北海道蝶類図鑑．北海道大学出版会．

日本環境昆虫学会（編）．1998．チョウの調べ方．文教出版．

日本チョウ類保全協会（編）．2019．フィールドガイド 日本のチョウ 増補改訂版．誠文堂新光社．

林弥栄（編）．2009．山溪カラー名鑑 増補改訂新版 日本の野草．山と溪谷社．

福田晴夫ほか．1982 〜 1984．原色日本蝶類生態図鑑I 〜 IV．保育社．

福田晴夫ほか．2005．日本産幼虫図鑑．学習研究社．

福田晴夫・高橋真弓．1998．蝶の生態と観察．築地書館．

藤岡知夫．1975．日本産蝶類大図鑑．講談社．

北大昆虫研究会．1975．北海道の高山蝶．北海道新聞社．

掘繁久・櫻井正俊．2015．昆虫図鑑 北海道の蝶と蛾．北海道新聞社．

本田計一・加藤義臣（編）．2005．チョウの生物学．東京大学出版会．

安田守．2010 〜 2014．イモムシハンドブック1 〜 3．文一総合出版．

渡辺康之．1985．写真集 日本の高山蝶．保育社．

渡辺康之．1986．高山蝶―山とチョウと私．築地書館．

I. 標本図版

〔写真：石黒　編集：芝田〕

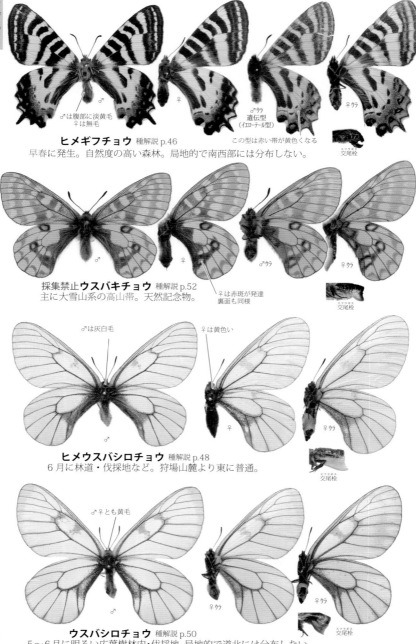

♂は腹部に淡黄毛
♀は無毛

♂ウラ
遺伝型
（イエローテール型）

この型は赤い帯が黄色くなる

♀ウラ

スフラボス
交尾栓

ヒメギフチョウ 種解説 p.46
早春に発生。自然度の高い森林。局地的で南西部には分布しない。

♂

♀

♂ウラ

♀ウラ

♀は赤斑が発達
裏面も同様

スフラボス
交尾栓

採集禁止 **ウスバキチョウ** 種解説 p.52
主に大雪山系の高山帯。天然記念物。

♂は灰白毛

♀は黄色い

♂

♀

♀ウラ

スフラボス
交尾栓

ヒメウスバシロチョウ 種解説 p.48
6月に林道・伐採地など。狩場山麓より東に普通。

♂♀とも黄毛

♂

♀

♀ウラ

スフラボス
交尾栓

ウスバシロチョウ 種解説 p.50
5〜6月に明るい広葉樹林内・伐採地。局地的で道北には分布しない。

この頁の標本すべて 0.9 倍

♂の毛は灰色

見分け **ヒメウスバシロチョウ**

♂　　♀（未交尾）　　♀（交尾済み）

交尾器ウンクス

スフラギス
交尾栓は大きい

♀は翅の付け根の毛が灰黄色
（腹部・後頭部は黄色）

ウスバシロチョウとは
形状がまったく異なる

*♂の交尾器は腹端を
押し出すようにつまむと見えることが多い

後頭部の毛が淡黄色
腹部の毛も同様

交尾器
ウンクス

雑種　混生地では雑種が現れる
毛色や交尾器の特徴は中間的

♀（交尾済み）　♀（未交尾）　♂

交尾器ウンクス

ウスバシロチョウ 見分け

夏型の♀は大型
前翅は白っぽく見える

♂の白斑は
ウラにも少し出る

♂には白斑
★この白斑があれば本種

♀

♂ウラ

♂

★青・緑の鱗粉はない

オナガアゲハ 種解説 p.58

山地性が強い。道東・道北の大部分には分布しない。春・夏の年2化。

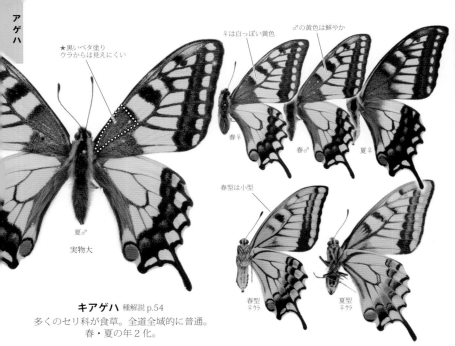

★黒いベタ塗り
ウラからは見えにくい

♀は白っぽい黄色

♂の黄色は鮮やか

春♀

春♂

夏♀

夏♂

実物大

春型は小型

春型
♀ウラ

夏型
♀ウラ

キアゲハ 種解説 p.54
多くのセリ科が食草。全道全域的に普通。
春・夏の年2化。

（ナミ）アゲハ 種解説 p.56
庭のサンショウ・ミカン類で発生することも多い
北海道では、比較的珍しい。春・夏の年2化。

黒いスジ状
ウラからも同じ

春♀

夏♂

夏♀

春型は小型

春♂

実物大

★黒い点

春型
♀ウラ

夏型
♀ウラ

春型は小型

♂は性標（毛の束）
があり，鱗粉がない

夏♀

春♀

夏型
♀ウラ

春型
♂ウラ

★白い帯がない

青や緑のぼやけた帯

春♂

実物大

カラスアゲハ 種解説 p.60
山地性が強く住宅地などでは少ない。春〜夏
に発生。年や地域により夏以降に2化。
主な食草はキハダ。

ミヤマカラスアゲハ 種解説 p.62
全道全域的に普通。住宅地などにも飛来。
春・夏の年2化。主な食草はキハダ。

春型は小型

♂は性標（毛の束）
があり，鱗粉がない

夏♀

春♀

夏型
♀ウラ

春型
♂ウラ

夏型
の帯は細い
消えかかることもある

★白い帯
太さは変異がある

春♂

実物大

青や緑の明瞭な帯
帯の色や太さは変異がある

春型は♂♀とも黒斑がほぼない

夏型は♀も黒斑が発達（♂よりは弱い）

夏♂は黒斑が発達

ヒメシロチョウ 種解説 p.64 見分け p.9

食草ツルフジバカマが群生する草原。産地は胆振日高・十勝の一部・函館周辺に局限。普通，春と夏の2化。

実物大
春♂
夏♂ 夏♀
春♂ウラ 夏♀ウラ

両種は，食草や分布である程度見分け可能。分布図は p.64

春型は♂♀とも黒斑がほぼない

夏♂は黒斑が発達

夏♀は黒斑が出るが薄い（♂の方が発達する）

エゾヒメシロチョウ 種解説 p.66 見分け p.9

主にクサフジが群生する草原。広く分布し平地の草原・低山地の林道わきなど。普通，春と夏の2化。

実物大
春♂
夏♂ 夏♀
春♂ウラ 夏♀ウラ

★黒斑は明瞭で翅の縦幅中間ほどまでのびる
先端は尖っている。♀も同様

♀は黒斑が発達

黒いスジはない

★ウラに小黒斑

オオモンシロチョウ 種解説 p.72

全道全域的に生息。食草はアブラナ科で栽培種も好むが農薬に弱い。1994年に発見された。年多化。

実物大
春♂
夏♀ 夏♂
夏♀ウラ

春型の♂は黒斑がほぼない

オオモンシロより小型

♂も夏型は黒斑が発達

♀は黒斑が発達

黒いスジはない

モンシロチョウ 種解説 p.74

全道の人里周辺に普通。食草はアブラナ科。栽培種を好み農薬に強い。年多化。

実物大
春♂
夏♀ 夏♂
夏♀ウラ

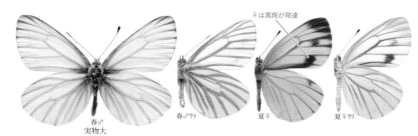

♀は黒斑が発達

春♂
実物大

春♂ウラ

夏♀

夏♀ウラ

エゾ（ヤマト）スジグロシロチョウ
種解説 p.78 見分け p.9

全道の人里〜亜高山帯まで広く分布。普通年 3 化。
標高 1000 m を越えると本種だけ見られることが多い。

両種の見分けは難しい。エゾスジグロの方が「発生が早い・小さい
黒い筋が太い」などが大まかな見分けポイント。詳しくは p.9。

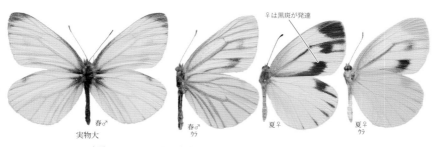

♀は黒斑が発達

春♂

実物大

春
ウラ

夏♀

夏
ウラ

スジグロシロチョウ
種解説 p.76 見分け p.9

全道的に普通だが，道北の一部と礼文島に記録がない。
人里〜低山地まで広く見られる。普通年 3 化。

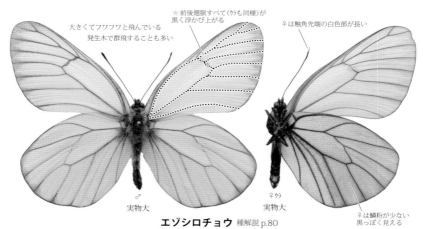

大きくてフワフワと飛んでいる
発生木で群飛することも多い

★前後翅脈すべて（ウラも同様）が
黒く浮かび上がる

♀は触角先端の白色部が長い

♂
実物大

♀ウラ
実物大

♀は鱗粉が少ない
黒っぽく見える

エゾシロチョウ 種解説 p.80
全道に分布するが，離島では利尻に記録があるのみ。初夏に年 1 化。
人里〜高山まで見られ，食草はサクラ・ボケ・ナナカマドなど多くのバラ科

★このサイズで黄色い蝶は本種

♂は黄色い

黒斑紋の中に黄斑

♀は普通白い
黄色型♀（下）も現れる

黒斑紋の中に白斑

春♂

黄斑が消えて黒ベタ塗りになる
変異個体が稀に出現（♀の白斑も同様）「クツカケモンキ」と呼ばれる

春♀

夏型の♀は
白と黒のコントラストが強い

♀は白い

春♂ウラ　　夏♀　　夏♀ウラ　　春♀（黄色型）　　春♀ウラ（黄色型）

モンキチョウ 種解説 p.68

全道全域的に普通で住宅地でも見られるが，深山には少ない。
多くのマメ科を食草とし，春〜初雪のころまで見られる。年多化。

★翅の先が尖り類似種はいない
♂は先端がオレンジで飛翔中も目立つ

一定の高さ（成人の腰くらい）を直線的に飛ぶ
慣れると飛び方で識別できる

♂

♀

♂ウラ

♀ウラ

ツマキチョウ 種解説 p.70

初夏に年1化する森林性の蝶。比較的広く分布するが，個体数は少ない。
札幌では極めて稀。多くのアブラナ科が食草。

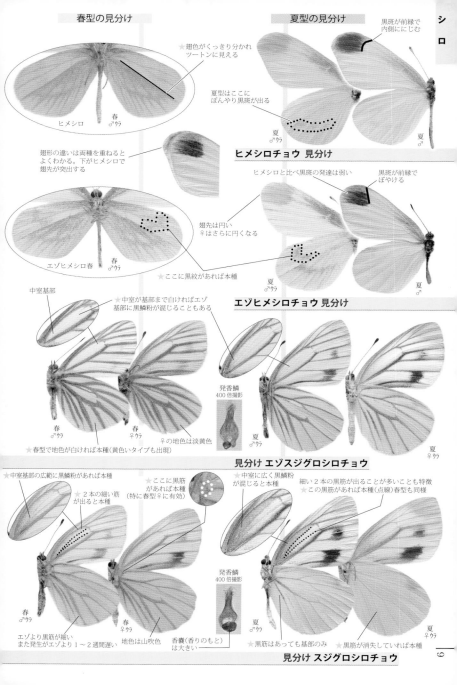

春型の見分け

ヒメシロ 春 ♂ウラ

☆翅色がくっきり分かれ
ツートンに見える

翅形の違いは両種を重ねると
よくわかる。下がヒメシロで
翅先が突出する

夏型の見分け

黒斑が前縁で
内側ににじむ

夏型はここに
ぼんやり黒斑が出る

夏 ♂ウラ

夏 ♂ウラ

ヒメシロチョウ 見分け

ヒメシロと比べ黒斑の発達は弱い

黒斑が前縁で
ぼやける

翅先は円い
♀はさらに円くなる

☆ここに黒紋があれば本種

エゾヒメシロ 春 ♂ウラ

夏 ♂ウラ

夏 ♂ウラ

エゾヒメシロチョウ 見分け

中室基部

☆中室が基部まで白ければエゾ
基部に黒鱗粉が混じることもある

発香鱗
400倍撮影

春 ♂ウラ

春 ♀ウラ

♀の地色は淡黄色

夏 ♂ウラ

夏 ♀ウラ

☆春型で地色が白ければ本種(黄色いタイプも出現)

見分け エゾスジグロシロチョウ

☆中室基部の広範に黒鱗粉があれば本種

☆2本の細い筋
が出ると本種

☆ここに黒筋
があれば本種
(特に春型♀に有効)

☆中室に広く黒鱗粉
が混じると本種

細い2本の黒筋が出ることが多いことも特徴
☆この黒筋があれば本種(点線)春型も同様

発香鱗
400倍撮影

春 ♂ウラ

春 ♀ウラ

エゾより黒筋が細い
また発生がエゾより1～2週間遅い

地色は山吹色

香嚢(香りのもと)
は大きい

夏 ♂ウラ

☆黒筋はあっても基部のみ

黒筋が消失していれば本種

夏 ♂ウラ

見分け スジグロシロチョウ

♂の翅先は尖る

♀はここに白斑が出ることもある

★ウラの模様が特徴的。類似種はいない

ゴイシシジミ 種解説 p.82

主に石狩平野以西に分布し北限は岩見沢。
ササにつくアブラムシに依存。発生地が毎年変わることも多い。

光沢のない青色

♀は白っぽい

★内側に黒点列はない
ルリシジミにやや似る→ p.18

♀ウラ
（カニタ型）

この型は外側黒点列が消失

ウラゴマダラシジミ 種解説 p.84

森林性の蝶でイボタノキやハシドイが食草。生垣のイボタも利用。7 月に発生。

★翅を開かない

この型は
赤斑が出る

★カラスシジミのような白線がない
→ p.33

♀は地色が明るい

（アキオ型）

♀ウラ

ウラキンシジミ 種解説 p.86

森林性の蝶でアオダモが食草。南部に多く北限は網走。発生は 7 月中旬から。

★北海道では極めて稀

真珠のような光沢

♀は黒っぽい

白縁の黒斑が並ぶ

ウラクロシジミ 種解説 p.104

渡島半島南部に局所的。マルバマンサクを食草とし，♂は日没前後に活動する。発生は 7 月。

この型は黒化する（程度はさまざま）

♀ウラ
（ネオアッテリア型）

♀ウラ

★ 1 本の黒帯

ミズイロオナガシジミ 種解説 p.92

ミズナラ・コナラ・カシワ林で見られ広域に分布。7 月に発生。裏面に変異がある。

白色部は前種より発達する傾向

前後翅とも
黒斑の大きさに変異がある

★ 黒斑は帯になり
前端までのびる

♂ウラ

♀ウラ

ウスイロオナガシジミ 種解説 p.94

カシワ・ミズナラ林で見られ広域に分布。7 月に発生。

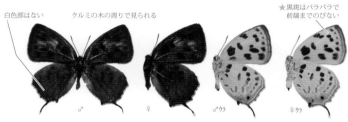

白色部はない

クルミの木の周りで見られる

★ 黒斑はバラバラで
前端までのびない

♂ウラ

♀ウラ

オナガシジミ 種解説 p.90

食草のオニグルミ周辺で見られ，夕方に樹上を活発に飛翔する。発生は 7 月中旬以降。

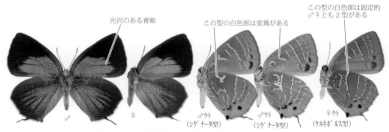

光沢のある青紫

この型の白色部は変異がある

この型の白色部は固定的
♂♀とも 2 型がある

♂ウラ
（シグナータ型）

♂ウラ
（シグナータ型）

♀ウラ
（ケルキポルス型）

ウラミスジ（ダイセン）シジミ 種解説 p.96

カシワ・ミズナラ林で見られ，夕方に活発に活動し日没後まで続く。発生は 7 月中旬以降。

♀は黒い　細い暗色条
♂　♀　♂ウラ　♀ウラ

ムモンアカシジミ 種解説 p.88

広く分布する樹林性の蝶。夕方に活発化し，一般に個体数は少ない。8月以降に発生。

★翅を開かない　♀は先端が黒い　★裏面が特徴的
★コナラ林に生息　♂　♀　♂ウラ　♀ウラ

ウラナミアカシジミ 種解説 p.102

主に道央のコナラ林。夕方に活発化し樹冠を飛翔する。7月中旬に発生。

黒斑は発達する傾向　地色は赤みが強い
♂　♀　♂ウラ　♀ウラ

アカシジミ 種解説 p.98

広く分布。ミズナラやコナラの林に生息。
次種と混生することは稀。

黒点は明瞭　白線は白銀色で鮮やか　三角の板状
交尾器エデアグス

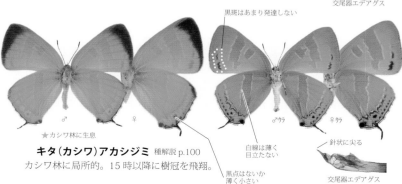

黒斑はあまり発達しない
♂　♀　♂ウラ　♀ウラ

★カシワ林に生息

キタ（カシワ）アカシジミ 種解説 p.100

カシワ林に局所的。15時以降に樹冠を飛翔。

白線は薄く目立たない　針状に尖る
黒点はないか薄く小さい　交尾器エデアグス

黒の縁取り　　暗い緑　　ここに斑紋がない　　斑紋がある例　アイノミドリシジミ

白線は深いW字状

ゼフィルスに見られる♀の多型。赤がA斑(A型),青がB斑(B型),両方現れるとAB斑(AB型)何もないとO型と呼ばれる。

A斑　　B斑

O型　　A型　　B型　　AB型

ミドリシジミ　種解説 p.106

全道的に分布しハンノキ類が食草。発生は遅く7月下旬ごろ。
活動は15時以降で気温が高いと日没後まで樹冠を飛翔。

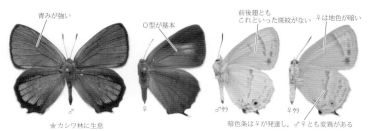

青みが強い　　O型が基本　　前後翅とも これといった斑紋がない　　♀は地色が暗い

★カシワ林に生息　　暗色条は♀が発達し,♂♀とも変異がある

ウラジロミドリシジミ　種解説 p.112

カシワ林に生息し,離島からの記録はない。活動は夕方で
気温が高いと日没後まで樹冠を飛翔。発生は7月上旬ごろから。

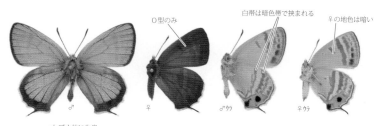

O型のみ　　白帯は暗色帯に挟まれる　　♀の地色は暗い

★ブナ林に生息

フジミドリシジミ　種解説 p.122

道南のブナ林に局所的。稀に下草に降りていたり訪花する個体を観察できる。
6月下旬ごろから発生し♀は8月以降も見られる。

金緑色の強い光沢があり
Favonius 属と区別できる

★後翅の短条線が明瞭

中室端短条線は明瞭
白線で挟まれる

黒色の縁取りが太い
（アイノミドリも同様）
Favonius 属と区別できる

メスアカミドリシジミ 種解説 p.108
サクラ類を食草とし，都市公園のサクラも利用。♀の赤斑には変異がある
活動は主に午前中。

金緑色の強い光沢があり
Favonius 属と区別できる

中室端短条線
は不明瞭

アイノミドリシジミ 種解説 p.110
都市公園〜渓谷まで広く見られる。普通ミズナラ林で
見られる。活動は早く 6 〜 10 時。発生は 7 月中旬ごろ。

♀の赤斑には変異がある
稀に AB 型が出る

♀が O 型が基本
例外的に弱い AB 斑

中室端短条線は不明瞭

★黒条のここが
尖る

★♀の地色は
褐色味が強い

★左右の橙色斑は
上端（真ん中）で
つながる

オオミドリ♀のような
白線がはいることがある

ジョウザンミドリシジミ Favonius 属 種解説 p.116
普通に見られるゼフィルス。ミズナラが主な食草。
カシワ林では少ない。活動は主に午前中。

真ん中の橙色斑が下方に
発達しエゾミドリに似ることがある

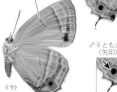

緑光沢は最も弱い

♀はO型のみ

白線が極めて明瞭

★中室端短条線
は明瞭

黒色の縁取りは短い

♂♀とも左右の橙色斑
（矢印）は離れる

♂ウラ

♀ウラ

オオミドリシジミ *Favonius* 属　種解説 p.114
普通に見られるゼフィルス。ミズナラが主な食草。
カシワ林でも見られる。活動は 10 〜 14 時位が多い。

♀はO型が基本
弱く広がるB斑が出ることもある

★♂♀とも白線はやや太く
内側がガタガタ

黒色の縁取りは長い

♀ウラ

橙色斑はつながる

尾状突起は最も短い

♂ウラ

エゾミドリシジミ *Favonius* 属　種解説 p.118
ミズナラが主要な食草。活動はミズナラ林では最も遅
く主に 15 時以降。発生は 7 月中旬ごろ。

緑光沢は青みが強い

♀はO型とA型が基本

★♂♀とも
白線は太い

★中室端短条線
はほぼ消失

黒色の縁取りは長い

♀ウラ

橙色斑の
つながり
はさまざま

ハヤシミドリシジミ *Favonius* 属　種解説 p.120
カシワ林で 7 月ごろ発生。離島からの記録はない。
活動は朝と夕方の二山型。

橙色斑のつながりはさまざま

♂ウラ

濃紺で角度により鈍く光る

夏型は白帯が消失
地色も黄色っぽくなる

♂

♂ウラ
春型

♀ウラ
夏型

トラフシジミ 種解説 p.124

広く分布し，平野部〜山深い林道でも見られるが一般に個体数は少ない。
食草は多くのマメ科。春と夏の年2化し，2化は見る機会が少ない。

♂は性標がある

★翅を開かない

♀は青色部が広い
♂♀とも飛んでいると黒っぽく見える

♂

♀

♂ウラ

♀ウラ

コツバメ 種解説 p.126

春のみ発生。広く分布し，平野部〜山深い林道。とてもすばやく飛んでいる。
食草はバラ科・ツツジ科・ユキノシタ科など多岐にわたる。

★オレンジに黒のまだら模様が特徴

夏型は黒化する
前翅が真っ黒な個体もいる

♀の翅形は円い

春♂

春♀

夏♀

春♂ウラ

夏♀ウラ

水色の紋が出ることも

ベニシジミ 種解説 p.134

全道に広く分布する。平野部の草地に多く住宅地などでもよく見られる普通種。
路傍雑草のエゾノギシギシ・ヒメスイバが主な食草。年多化。

ウラナミシジミ 種解説 p.280　　　　**ヤマトシジミ** 種解説 p.280

近年，本道でもこの2種の確認が増えている。詳しくは p.42

♂は性標がある

♂の白線は
弱い傾向

カラスシジミ 種解説 p.128

広く分布し，樹林地で見られる。個体数は多く花によくくる。
食草はハルニレやスモモなど。7月ごろ発生する。

♂は性標がある

♂の白線は
弱い傾向

ミヤマカラスシジミ 種解説 p.130

渡島半島南部に局所的。不活発で食草のクロウメモドキからあまり離れない。
訪花性は弱い。年1回，7月下旬から発生。

♂は目立たないが性標がある

♀はオレンジ斑が広い

★前翅に黒点列

リンゴシジミ 種解説 p.132

♀は尾状突起が長い

札幌以東に局所的。民家や廃屋のスモモで発生することが多く周辺を離れない。
訪花性は弱い。年1回，6月中旬以降に発生。

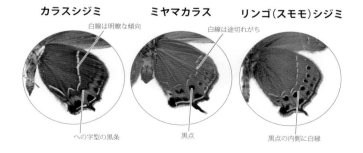

カラスシジミ

ミヤマカラス

リンゴ（スモモ）シジミ

白線は明瞭な傾向

白線は途切れがち

への字型の黒条

黒点

黒点の内側に白縁

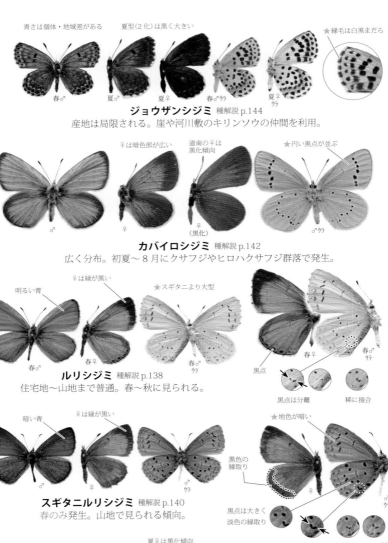

青さは個体・地域差がある 夏型（2化）は黒く大きい ★縁毛は白黒まだら

春♂ 夏♂ 夏♀ 春♂ウラ 夏♀ウラ

ジョウザンシジミ 種解説 p.144
産地は局限される。崖や河川敷のキリンソウの仲間を利用。

♀は暗色部が広い 道南の♀は黒化傾向 ★円い黒点が並ぶ

♂ ♀ ♀（黒化） ♂ウラ

カバイロシジミ 種解説 p.142
広く分布。初夏〜8月にクサフジやヒロハクサフジ群落で発生。

明るい青 ♀は縁が黒い ★スギタニより大型

春♂ 春♀ 春♂ウラ 春♀ 春♂ウラ

黒点 黒点は分離 稀に接合

ルリシジミ 種解説 p.138
住宅地〜山地まで普通。春〜秋に見られる。

暗い青 ♀は縁が黒い ★地色が暗い

♂ ♀ ♂ウラ 黒色の縁取り ♀ ♂ウラ

黒点は大きく淡色の縁取り
黒点が接合 分離することは稀

スギタニルリシジミ 種解説 p.140
春のみ発生。山地で見られる傾向。

夏♀は黒化傾向 ♀の青さはさまざま

春♂ 春♀ 夏♀ 春♂ウラ 春♀

尾状突起

ツバメシジミ 種解説 p.136
広く分布。明るい草原で見ることが多い。

青さは個体・地域差がある
♀は暗色部が広い

地色は褐色を帯びる

最外側の黒点列はぼやける

（青化）　♂　♀　（黒化）　♂ウラ

ゴマシジミ 種解説 p.146

広く分布。夏にナガボノワレモコウのある草原・道端・法面で発生。

♀は暗色部が広く黒点も大きい

黒点は大きく明瞭

♂　♀　♂ウラ

オオゴマシジミ 種解説 p.148

極めて局地的。山地性で8月に食草のある沢沿いや林道で見られる。

地色は青紫

橙斑列があり
前翅にまで及ぶことが多い

青斑が出ることもある

黒点は円く固定的

★黒点になる

♂　♀　♀（変異）　♂ウラ　♀ウラ

♀の地色は褐色を帯びる

ヒメシジミ 種解説 p.150

広く分布。初夏に明るい草原で見られる。

★翅脈に青鱗粉がなく
黒線状になる

♀は暗褐色

黒化して点がつながったタイプ

黒斑が楕円なら本種
変異があり本種に似ることもある

地色は明るい水色

赤斑が
出たタイプ

♂　♀　♂ウラ　♀ウラ

♀の地色は褐色を帯びる

採集禁止 アサマ（イシダ）シジミ 種解説 p.152

道東のごく一部。青いシジミチョウの中で最も珍しい。種の保存法指定。

濃い青

♀は黒っぽい

赤斑と
小青斑

採集禁止 カラフトルリジミ
種解説 p.154

高山帯。根室方面の湿地。
天然記念物。

♂　♀　♀ウラ

次種と比べ黒化しやすい

ホソバヒョウモン 種解説 p.156
日高山脈以東に局所的。深山渓谷の蝶で，普通平野部では見ない。発生は6月下旬。

♀は黒化傾向にあり翅形も円い

前種より小型

カラフトヒョウモン 種解説 p.158
主に道東に局所的に分布。低山地の蝶で，時に伐採地などの森林草原で多産。発生は普通6月中旬以降。

★高山帯のみ

採集禁止 アサヒヒョウモン 種解説 p.160
大雪山系の高山帯に分布。6月中旬ごろから発生するが雪解けに左右される。天然記念物。

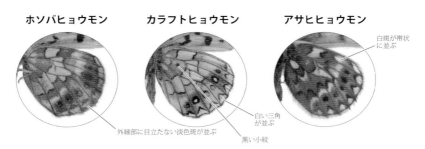

ホソバヒョウモン
外縁部に目立たない淡色斑が並ぶ

カラフトヒョウモン
白い三角が並ぶ
黒い小紋

アサヒヒョウモン
白斑が帯状に並ぶ

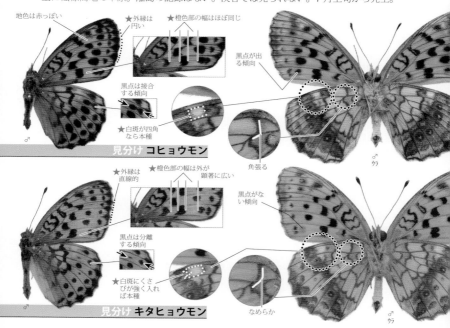

コヒョウモン 種解説 p.162
広く分布するが離島の記録はない。山地性が強い。おおむね6月下旬から発生。

キタヒョウモン（ヒョウモンチョウ） 種解説 p.164
主に低標高地の草原。離島の記録はない。渓谷では見られない。7月上旬から発生。

地色は赤っぽい

★外縁は円い

★橙色部の幅はほぼ同じ

黒点が出る傾向

黒点は接合する傾向

★白斑が四角なら本種

角張る

見分け コヒョウモン

★外縁は直線的

★橙色部の幅は外が顕著に広い

黒点がない傾向

黒点は分離する傾向

★白斑にくさびが強く入れば本種

なめらか

見分け キタヒョウモン

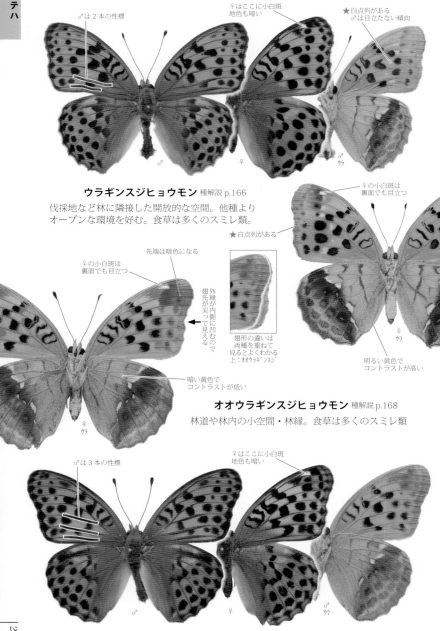

♂は2本の性標

♀はここに小白斑
地色も暗い

★白点列がある
♂は目立たない傾向

ウラギンスジヒョウモン 種解説 p.166

伐採地など林に隣接した開放的な空間。他種より
オープンな環境を好む。食草は多くのスミレ類。

★白点列がある

先端は暗色になる

♀の小白斑は
裏面でも目立つ

外縁が内側に凹むので
翅先が尖って見える

翅形の違いは
両種を重ねて
見るとよくわかる
上：オオウラギンスジ

暗い黄色で
コントラストが低い

明るい黄色で
コントラストが高い

オオウラギンスジヒョウモン 種解説 p.168

林道や林内の小空間・林縁。食草は多くのスミレ類

♂は3本の性標

♀はここに小白斑
地色も暗い

♂

♀

ウラ

ミドリヒョウモン 種解説 p.170

最も個体数が多く普遍的なヒョウモン。
森林性が強い。食草は多くのスミレ類。

♀は地色が暗い

♀ウラ　♀　♂

濃色の線で左右を縁取られた淡黄色紋がある

♂ウラ

白帯がある♀も同様

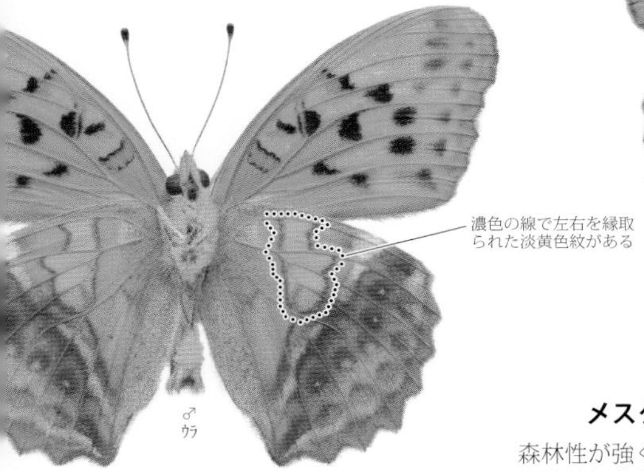

♂ウラ

メスグロヒョウモン 種解説 p.172

森林性が強く前種と同じような場所で見られるが
比較的個体数は少ない。食草は多くのスミレ類。

白斑　　♀は別種のよう

♀ウラ　♀　♂

1本の黒条

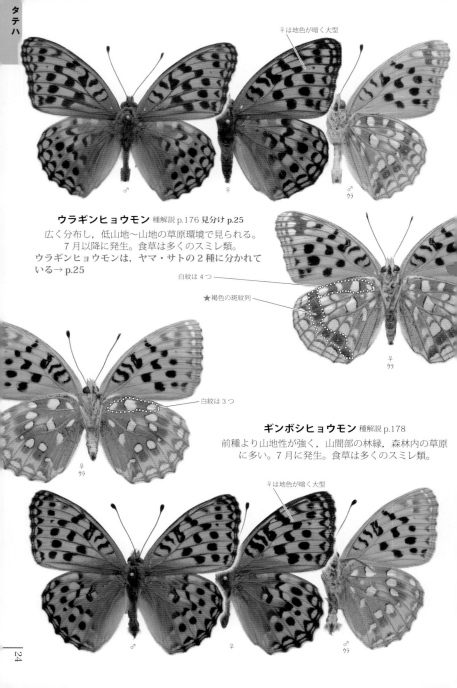

♀は地色が暗く大型

♂　　　♀　　　♂
　　　　　　　ウラ

ウラギンヒョウモン 種解説 p.176 見分け p.25
広く分布し，低山地〜山地の草原環境で見られる。
7月以降に発生。食草は多くのスミレ類。
ウラギンヒョウモンは，ヤマ・サトの2種に分かれて
いる→p.25

白紋は4つ

★褐色の斑紋列

♀
ウラ

白紋は3つ

♀
ウラ

ギンボシヒョウモン 種解説 p.178
前種より山地性が強く，山間部の林縁，森林内の草原
に多い。7月に発生。食草は多くのスミレ類。

♀は地色が暗く大型

♂　　　♀　　　♂
　　　　　　　ウラ

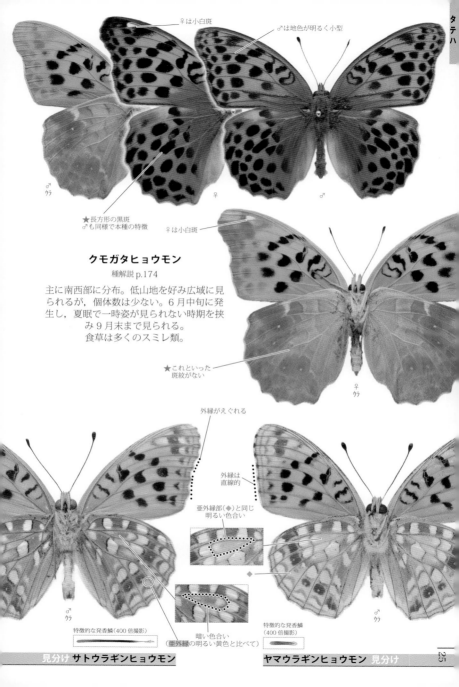

♀は小白斑

♂は地色が明るく小型

♂
ウラ

♀

♂

★長方形の黒斑
♂も同様で本種の特徴

♀は小白斑

クモガタヒョウモン
種解説 p.174

主に南西部に分布。低山地を好み広域に見られるが、個体数は少ない。6月中旬に発生し、夏眠で一時姿が見られない時期を挟み9月末まで見られる。
食草は多くのスミレ類。

★これといった
斑紋がない

♀
ウラ

外縁がえぐれる

外縁は
直線的

亜外縁部（◆）と同じ
明るい色合い

♂
ウラ

◆

暗い色合い
（亜外縁の明るい黄色と比べて）

特徴的な発香鱗（400倍撮影）

特徴的な発香鱗
（400倍撮影）

♂
ウラ

見分け **サトウラギンヒョウモン**

ヤマウラギンヒョウモン 見分け

1 本の白帯　♂　♀　♂ ウラ　白斑

イチモンジチョウ 種解説 p.182

広く分布。平野部〜深山渓谷まで見られる。普通 7 月中旬から発生。

前種より明らかに大型　♀は白帯が太く大型

実物大　実物大　♂ ウラ 実物大

オオイチモンジ 種解説 p.180

主に札幌周辺・夕張・日高山系・上川中央高地周辺に分布。普通 7 月に入って発生。
食草は主にドロノキ・ヤマナラシ。♀は見る機会が極端に少ない。

♀ ウラ　♂ 黒化型　♂ ウラ 黒化型

♀は大型で前翅端の尖りが弱い

★白斑 ♂の方が明瞭

★白線上縁に凸凹（裏面も同様）

♂はここが広く白い

オオミスジ 種解説 p.188
スモモ・ウメを食草とし南西部の主に人里で見られる。7月中旬から発生。

♀は大型 翅形は円い

裏面は前種と似るので注意

★白線はまっすぐ

ミスジチョウ 種解説 p.186
広く分布するがやや局所的。山地性が強い。6月下旬以降に発生。

♀は大型 翅形は円い

♂はここが広く白い

★白線はここで途切れる（裏面も同様）

コミスジ 種解説 p.184
広く分布し離島の記録はない。平野部〜低山地で見られる。5〜6月と8月以降の年2化。

★白線がない

★白線は複数箇所で途切れる

♀は膨らみが強い

フタスジチョウ 種解説 p.190
広く分布し離島の記録はない。平野部〜低山地で見られ，普通6月以降に発生。

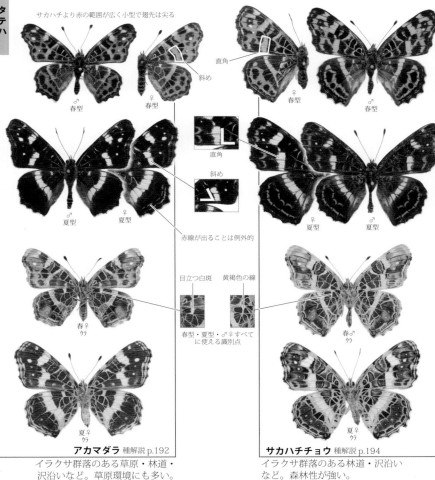

サカハチより赤の範囲が広く小型で翅先は尖る

斜め

直角

直角

斜め

赤線が出ることは例外的

目立つ白斑　黄褐色の線

春型・夏型・♂♀すべて
に使える識別点

♂春型　♀春型　♀春型　♂春型

♂夏型　♀夏型　♀夏型　♂夏型

春♀ウラ　春♂ウラ

夏♀ウラ　夏♀ウラ

アカマダラ 種解説 p.192
イラクサ群落のある草原・林道・
沢沿いなど。草原環境にも多い。

サカハチチョウ 種解説 p.194
イラクサ群落のある林道・沢沿い
など。森林性が強い。

キベリタテハ♂♀の腹部の違い

真正タテハの♂♀の見分けは難しいが，他の種も同じように見分けることができる。

腹端は上を向く

♂

腹端が
下を向く

♀

越冬後の個体は破損し色あせる

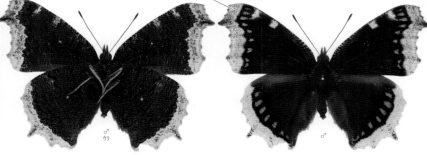

キベリタテハ 種解説 p.200　★類似種はいない。♂♀同色

広く分布するが渡島半島では稀。山地の林道・渓谷・亜高山帯のカバノキ林。
8 月中旬以降に発生し，成虫で越冬する。一般に個体数は少ない。

高温期型は地色が明るい

ルリタテハ 種解説 p.204　★類似種はいない。♂♀同色

全道的に分布するが個体数は少ない。低山地の林緑・林道など。
8 月ごろ発生し成虫（低温期型）で越冬。

クジャクチョウ 種解説 p.206　★類似種はいない。♂♀同色

全道全域的に普通。海岸〜亜高山帯までのあらゆる場所。一部 7 〜 9 月に発生
し年 2 化する。成虫で越冬し冬季に民家内や倉庫で見つかることもある。

★翅の切れ込みが大きい
　秋型は特に顕著

夏型は地色が黄色っぽい

黒色の縁取り

秋型は地色が暗色

♀　　　　　♀　　　　　♂ウラ　　　　　　♂ウラ
秋型　　　　夏型　　　　秋型　　　　　　　夏型

★ C 字の斑紋

シータテハ 種解説 p.196 ♂♀同色

広く普通に見られる。7 月と 9 月ごろに年 2 化し, 秋型が成虫で越冬。

白斑

♀は地色が明るく
あまり模様がない

♂ウラ　　　　　　　♂ウラ

★白斑

L 字型の白斑

エルタテハ 種解説 p.198 ♂♀同色

渡島半島を除き広く分布し個体数も少なくない。低山地〜亜高山帯。
8 月ごろ発生し成虫で越冬する。越冬後の個体は見る機会が多い。

暗青の縁取り

♂

暗青の縁取り

♂ウラ

ヒオドシチョウ 種解説 p.202 ♂♀同色

広く分布するが, 道北・根釧原野・渡島半島では稀。低山地〜山地の林道。
7 月に発生し成虫で越冬する。個体数は少ない。

★黄褐色部がある　　★黒斑はここでつながる　　他種より明らかに小型

コヒオドシ 種解説 p.208 ♂♀同色

広く分布するが渡島半島では稀。平野部～高山帯。7月に発生し成虫で越冬。

暗青斑　　★内側に赤色部がない

アカタテハ 種解説 p.210 ♂♀同色

全道的に分布するが寒冷地には少ない。平野部～低山地。8月に発生し成虫で越冬。多くが北海道で越冬できず春季に本州から飛来している可能性がある。

♂は前翅端の尖りが強い　　★内側に赤色部

★明瞭な眼状紋

ヒメアカタテハ 種解説 p.212 ♂♀同色

主に平野部に見られ、初夏～秋にかけてしだいに数を増やす。越冬はできず本州からの飛来個体からの発生と考えられる。

★赤斑

♂

★赤斑

♂ウラ

♀は茶色

♀

★赤斑

★赤斑

♀ウラ

三日月型の斑紋が並ぶタイプ
栗山亜種とする説もある

♀

オオムラサキ 種解説 p.218

札幌周辺ごく限られた地域のエゾエノキで発生。
7〜8月に発生。

白斑

♂は角度により紫に光る

♀は茶色　白斑

実物大

♀
実物大

白斑

コムラサキ 種解説 p.214

全道全域的に普通。河川敷の公園・林道・深山渓谷。7月上旬から発生し，9月まで見られることもある。

♂ウラ　　♀ウラ

★アサギマダラにやや似る→ p.42

♀ウラ
（春型）

♀は白色部が広い傾向

♂
（春型）
実物大

ここに赤斑があると
アカボシゴマダラという迷蝶

♂ウラ
（春型）

ゴマダラチョウ 種解説 p.216

道南と馬追丘陵のエゾエノキのある山地に局地的。道南では6月と8月の年2化。

春型は黒色部が少ない

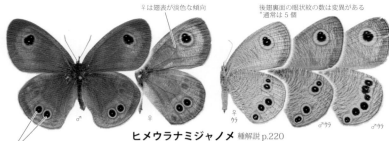

♀は翅表が淡色な傾向

後翅裏面の眼状紋の数は変異がある
*通常は5個

ヒメウラナミジャノメ 種解説 p.220
全道の草原環境に普通。高標高地では見られない。6～7月に発生し温暖地では9月ごろ2化。

眼状紋が2つ

♂はここが膨らむ

★ややぼやけた白帯

ヒメジャノメ 種解説 p.248
渡島半島・奥尻の低標高地。1化は6月下旬から、2化は8月中旬以降。

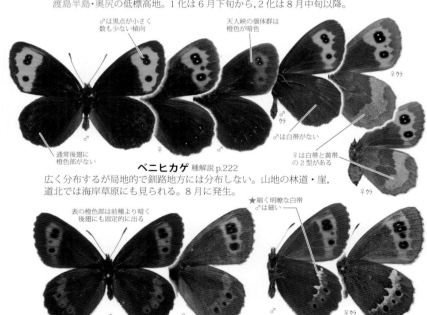

♂は黒点が小さく数も少ない傾向

天人峡の個体群は橙色が暗色

通常後翅に橙色部がない

♂は白帯がない

♀は白帯と黄帯の2型がある

ベニヒカゲ 種解説 p.222
広く分布するが局地的で釧路地方には分布しない。山地の林道・崖，
道北では海岸草原にも見られる。8月に発生。

表の橙色部は前種より暗く後翅にも固定的に出る

★細く明瞭な白帯
♂は細い

クモマベニヒカゲ 種解説 p.224
大雪山周辺と利尻の標高800m以上の林道・崖・高山帯。7～8月に発生。

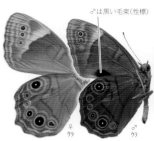

♂は黒い毛束（性標）　　♀白帯が明瞭な傾向　　♂は前翅端の尖りが強い

♀　ウラ　　♂　ウラ　　♀　　♂

クロヒカゲ 種解説 p.240

全道全域的に普通。6月に発生し，8月以降も見られ2化だという。

♀は大型で地色が明色　白色部も広い　　♀は眼状紋が大きい　　★ 2つの明瞭な眼状紋　裏面も同様

♀　ウラ　　♀　ウラ　　♂

ジャノメチョウ 種解説 p.226

広く分布。海岸〜低山地の草原。普通7月中旬以降に発生。6月に飛ぶこともある。

♀は大型になる　北海道最大のジャノメチョウ

♂　　♂ウラ　実物大　　♀ウラ　　♀　実物大

オオヒカゲ 種解説 p.238

広く分布。宗谷地方に記録がない。平野部の湿った草地。7月下旬に発生。

♀は表にも明瞭な
網目模様

♂

♀

★前翅に網目模様が広がる

♀は白色部が広く
はっきりしている

キマダラモドキ

種解説 p.236

渡島半島・胆振日高地方・奥
尻。海沿い〜低山地の落葉樹
林。発生地は局限されるが個
体数は多い。7月下旬以降発
生。

♂
ウラ

♀
ウラ

♂は前翅端の尖りが強い

♀は全体に模様が大きい

♂

♀

眼状紋は黄褐色で広く縁取られる

★前翅中間に波型の暗色帯が走る

ヒメキマダラヒカゲ

種解説 p.242

全道全域に普通。低山地〜亜
高山帯。個体数は多い。7月
下旬に盛期となる。

♂
ウラ

♀
ウラ

サトに比べ翅脈上の
黄褐色線が細い

♂　♂

サトキマダラヒカゲ 種解説 p.244

ササのあるさまざまな環境。次種よりやや局地的。

ヤマキマダラヒカゲ 種解説 p.246

全道全域に普通。ササのあるさまざまな環境。

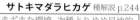

♀はこの斑紋が肥大する

♀はこの斑紋が肥大する

ヤマ・サト♀
の見分け

★凹むか直線　　★膨らんでキノコ型

♀　♀

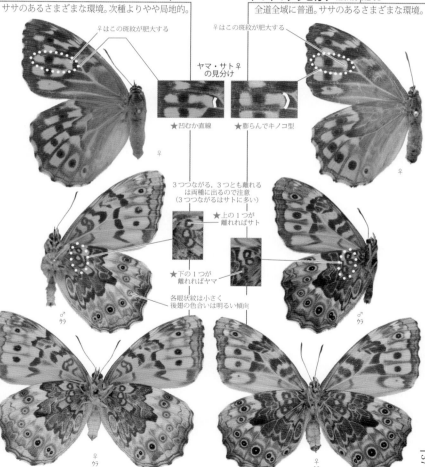

3つつながる，3つとも離れる
は両種に出るので注意
（3つつながるはサトに多い）

★上の1つが
離ればサト

★下の1つが
離ればヤマ

各眼状紋は小さく
後翅の色合いは明るい傾向

♂
ウラ

♂
ウラ

♀
ウラ

♀
ウラ

♂は前翅端の尖りが強い

採集禁止ダイセツタカネヒカゲ 種解説 p.228
大雪山と北日高山脈（日高山脈亜種）の高山帯。天然記念物。
著しく黒化し翅先が尖る p.229

翅を開かない

定山渓亜種は小型で白帯が細く
地色も暗い

♀ウラ
定山渓亜種

シロオビヒメヒカゲ 種解説 p.230
道東亜種は現時点で白老を西限とし広く分布。平野部～山地の草地・林道に普通。
6月に発生。定山渓亜種は定山渓の崖に局所的で6月末以降に発生。

眼状紋が1つ
裏面も同様

♀は白斑が明瞭
裏面も同様

♂ウラ
♀ウラ

ツマジロウラジャノメ 種解説 p.232
日高山脈周辺の崖に生息。崖から離れない。7月上旬に発生し少数が8月に2化。

★眼状紋が帯状に並ぶ
裏面も同様

♂ウラ
♀ウラ

白点がない

♀ウラ
（メナシ型）

ウラジャノメ 種解説 p.234
道東を中心に胆振・日高地方の低山地の広葉樹林。7月中旬に発生。

♀は黄褐色の点々
裏面も同様

キバネセセリ 種解説 p.250
広く分布し個体数も多い。林道・自然公園など樹林地の周り。7月中旬以降に発生。

♀は大きい

ダイミョウセセリ 種解説 p.252
江差町周辺のオニドコロ群落に局地的。個体数は極めて少ない。5月と8月の年2化。

♀は白帯がある
♀は黄褐色部が広い

ミヤマセセリ 種解説 p.254
広く分布し離島の記録はない。低山地〜山地の広葉樹林。5月中旬から発生。

♀は大型で白点が小さい（裏面も同様）

チャマダラセセリ 種解説 p.258
北海道東部に局地的に分布。草原を好み，伐採地では時に多産。5月に発生。

♀は白点が小さい。裏面も同様

採集禁止ヒメチャマダラセセリ 種解説 p.256
アポイ岳と周辺の山岳にのみ生息。風衝地をすばやく飛翔。天然記念物。

♂ ♂ウラ ♀ウラ

ギンイチモンジセセリ 種解説 p.260
比較的広く分布。平野部〜低山地のススキのある湿った草原。北限は遠軽町。

♀は黒色部が多い

♂ ♂ウラ ♀ウラ

カラフトタカネキマダラセセリ 種解説 p.262
夕張・日高山系以東の渓谷，道東では平野部にも見られる。
湿った環境を好む。北限は佐呂間町，西限は芦別市。6月中旬以降に年1化。

次種より小型

★ここで白斑列は途切れる

♂ ♂ウラ ♀ウラ

♀は地色が黄色がかる

コチャバネセセリ 種解説 p.264
全道・全域的に普通。森林環境を好み個体数は多い。
初夏に年1化し温暖地では2化する。

大小の白点列

♂ ♂ウラ ♀ウラ

オオチャバネセセリ 種解説 p.276
全道・全域的に生息。離島では利尻と天売。7月中旬以降に発生。前種より少ない。

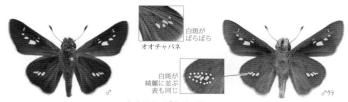

白斑が
ばらばら
オオチャバネ

白斑が
綺麗に並ぶ
表も同じ

♂ ♂ウラ

イチモンジセセリ 種解説 p.279
夏〜秋に見られる飛来種。平野部や海岸に多い。

★表裏とも目立つ斑紋はない

♂は黒い性標

カラフトセセリ 種解説 p.270
1999年に発見され牧草移入と考えられている。道北のオホーツク海側を中心に分布を広げている。現時点の南限は上士幌。個体数は極めて多い。

外縁の黒帯はほぼ同じ太さ

長い

♂は黒い性標

明瞭な黒縁

スジグロチャバネセセリ 種解説 p.266
渡島半島と富良野市周辺の平野部。個体数は多く現時点の北限は当麻。

外縁の黒帯は上下で広がる

短い

黒縁は黄褐色部とのコントラストが低く不明瞭

ヘリグロチャバネセセリ 種解説 p.268
南西部を中心に平野部で見られる。個体数は少なく稀。7月下旬から発生。

♂は黒い性標

黄斑は分断

極めて細い黒縁

コキマダラセセリ 種解説 p.272
全道全域的に普通。6月下旬ごろから発生し9月に新鮮個体が見られることも。

★黄斑は内側に鋭くのびる

黒色部

黄斑が明瞭

キマダラセセリ 種解説 p.274
南西部を中心に平野部に広く分布するが個体数は少ない。7月下旬に発生。

ウラナミシジミ 種解説 p.280
本州では普通。マメ科に結び付き移動性が強い。
近年確認が増加し，今後は注意が必要。

ここに黒点がある

ヤマトシジミ 種解説 p.280
本州では普通。食草のカタバミが生える人為的な環境に多い。
近年確認が増加し，今後は注意が必要。

♂ウラ

♂は黒斑がある

♀ウラ

アサギマダラ 種解説 p.278
高い飛翔力を持ち，あらゆる場所に神出鬼没。
函館や富良野でイケマから幼虫が見つかっている。
春季に襟裳岬周辺で多数確認されたこともある。

キタキチョウ
本州では普通。函館，八雲，乙部，奥尻で記録がある。

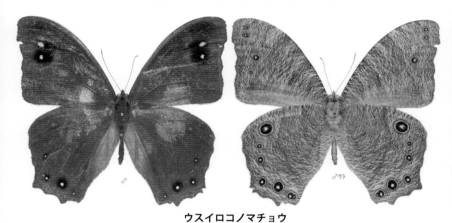

ウスイロコノマチョウ
南西諸島を中心に分布する南方系の蝶。道南を中心に旭川，
富良野（上の写真：1994/9/23 永盛採集）で記録がある。

♀は翅先が黒くなる　　　　　　ヒメアカタテハに似た裏面が特徴的

ツマグロヒョウモン
本州では普通。庭のパンジーやビオラでも発生。渡島半島を中心に札幌，阿寒湖，
帯広（芝田，未発表）などに記録があり，近年確認が増えている。

♂
夏型
本州産

♂
秋型
本州産

♀ウラ
秋型
本州産

キタテハ

巣内の終齢
8/3乙部（辻）

　本州では人里の蝶で普通。1960年代は道南では普通種で，札幌や胆振，日高地方などにも見られたという。1980年以降は乙部町〜江差町周辺に発生地が限られるようになり，2000年代に入って急激に数を減らし，2002年の苫小牧市の芝田の記録を最後に絶滅したと思われる。以前の生息地では食草のカナムグラから幼虫が確認され，7月上旬に夏型，8月中旬から秋型が見られた。適度な草刈りなどで維持されていた食草群落の衰退が絶滅の原因と考えられる。

♂
本州産

♂ウラ
本州産

テングチョウ

エノキ葉上の終齢
5/3神奈川（岸）

　道外では沖縄〜東北まで広く分布。年2化し成虫は通年見られる。道内では，戦前から1950年代に札幌市定山渓・円山，函館市，夕張市，長沼町，日高町などの記録がある。食樹がエゾエノキのため分布は局限されていた。1970〜1980年に札幌周辺で採集・目撃記録はあるが，それ以降正確な記録がない。近年の記録は7，8月のみで，多くの記録は迷蝶の可能性もある。幼生期の記録もなく，多くの謎を残し絶滅したと推定される。

Ⅱ．種解説

〔本文：永盛・辻　編集：芝田〕

ヒメギフチョウ

卵 282　幼 296
蛹 314　草 330

環：準絶滅危惧（NT）

早春の林床で探雌飛翔する♂。口吻を伸縮させている
4/30 当麻（芝田）

生息地：石狩低地帯以東の低山地〜山地の広葉樹林, 混交林, 林縁, 林道。食草の生える明るい二次林を好むが標高800 m程度の山地帯にも生息する。

| 1 | 2 | 3 | 4 | 5 | 6 | 7 | 8 | 9 | 10 | 11 | 12月 |

雪解けが遅い環境では発生が遅れる。早：4/4浜益, 遅：7/24羅臼岳

訪花（多・少・無） 吸汁（水・糞・樹液・腐果） 産卵（芽・葉・幹・枝・他） 越冬態（成・卵・幼・蛹）

観察難易度 ★★★☆
局地性 ★★★☆

成虫 カタクリやエゾエンゴサクなどの早春植物で吸蜜する姿は美しい。時どき日光浴をして体を温め，♂は♀を探して，♀は食草を探して低く飛びまわる。交尾は♂♀向き合うように結合し，♂は♀の腹の先端に交尾栓をつくる。♀が林床の植物に触れながら小刻みに飛んでいたら産卵行動である。ある程度の葉の広がりがある食草を見出すと葉にしがみつき腹部を曲げて10個前後の卵を1つずつゆっくり産みつける。**生活史** 葉の裏に産みつけられた真珠のように輝く卵はやがて黒味を帯び，殻をかじって一斉に孵化する。若齢の食痕は葉に穴をあけ，しだいに葉の縁まで大きく広がっていく。この食痕を頼りに探すと見つけやすい。4齢までの幼虫は摂食，休息も集団行動をとっている。終齢は株を食べつくしながら分散する。蛹化は食草周辺の石や枯葉の間で行われるが，蛹を見つけるのは難しい。**食草** ウマノスズクサ科のオクエゾサイシン

> **one point**
> 年1回早春にのみ現れるのでスプリングエフェメラル（春のはかないもの）と呼ばれ，夏の蛹は来春まで長い眠りに入る。

展開前の葉裏に産卵。卵塊が見える（矢印）
5/5 旭川（芝田）

カタクリを訪花した♂
5/4 旭川（芝田）

エゾエンゴサクを訪花した♂
5/6 旭川（芝田）

食草上での交尾
5/4 旭川（芝田）

葉裏の終齢
6/14 東川（永盛）

食草を根気強く裏返していく
と卵が見つかる。幼虫の食痕
も見つけやすい。

卵が見つかる時期の生息地
5/5 当麻（芝田）

卵殻と1齢と食痕
5/21 旭川（永盛）

石の下から見つかった前蛹
7/3 東川（永盛）

摂食する終齢
6/19 富良野（永盛）

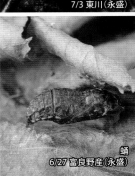

蛹
6/27 富良野産（永盛）

北海道特産種

ヒメウスバシロチョウ

卵 282　幼 296
蛹 314　草 337

渓流沿いのキリンソウを訪花した♂
7/11 日高(芝田)

生息地：低山地〜山地の林縁や林間の草地，山間部の林道，渓谷。スキー場などの人為的な草原にも見られる。おおむね各地で普通。

1 2 3 4	5	6	7	8	9	10 11 12月

高標高地では7月から発生。早：5/21 美唄，遅：8/4 利尻

訪花 多 少 無　吸汁 水 糞 樹液・腐果　産卵 芽 葉 幹・枝 他　越冬態 成 卵 幼 蛹

観察難易度 ★★☆☆

局地性 ★★☆☆

成虫 丘陵地などの斜面を，時どき滑空を入れながらゆったりと飛び各種の花で吸蜜する。♂は地表付近を♀を探しながらパトロールし，♀を見つけると強引に交尾を迫る。交尾中の♂は1時間以上かけ交尾栓をつくる。♀の産卵時にはすでに食草の地上部が枯れていることが多く，♀は食草群落周辺の草むらに潜り込んで，枯枝などに数個ずつ産みつける。**生活史** 卵内で発生が進み幼体で越冬する。雪解け前に孵化し，いち早く食草の芽生えを見つけ出し摂食を始める。食草の花が咲くころはすでに3齢以上に成長していることが多い。枯葉の下は，晴天時には周囲よりかなり高温になり，ここで体を温めて，食草に移動してすばやく食べる。5月下旬ごろ終齢に達した幼虫は，摂食量も多くなり数mの距離まですばやく歩き次つぎと食草の株を食べつくす。枯葉に多量に吐糸し，とても丈夫な繭をつくり蛹化するが野外での発見は難しい。

食草 ケシ科のエゾエンゴサク

one point
> 基本的にウスバシロチョウとは棲み分けるが，混生地では雑種をつくることもある。

飛翔する♀
6/5 新篠津(茨木)

チシマフウロを訪花した♂
6/17 幕別(芝田)

交尾栓で交尾をブロックする♀
6/8 札幌(永盛拓)

交尾。♀の体毛は黄色い
6/26 共和(芝田)

産卵する♀
6/17 旭川(川合)

雪解けの地面で日光浴する1齢
4/16 富良野(永盛)

日光浴する2齢
4/10 富良野(永盛)

蛹化のため繭をつくる終齢
4/23 富良野産(永盛)

産卵直後の卵
7/11 札幌産(永盛拓)

摂食する終齢
5/10 東川(永盛)

花を食う終齢
4/10 富良野(永盛)

繭内の蛹
4/29 富良野産(永盛)

ウスバシロチョウ

卵 282　幼 296
蛹 314　草 337

カンボクを訪花した♀
6/22 千歳（芝田）

生息地： 主な分布は，渡島半島，胆振日高，十勝，根釧原野。離島では奥尻に古い記録がある。平地～丘陵地の，伐採地などの林間草原や河川沿いや湿地周辺の草原。

1	2	3	4	5	6	7	8	9	10	11	12月

寒冷地の根釧原野などは7月中旬以降に発生。早：5/8 函館，遅：8/3 福島

訪花 ⟮多⟯ 少 無　吸汁 水 糞 樹液・腐果　産卵 芽 葉 幹・枝 ⟮他⟯　越冬態 成 ⟮卵⟯ 幼 蛹

成虫 食草の生える林間草原や林縁をゆったりと一定の高さで循環するように飛び続ける。セリ科の花などで吸蜜する。♂は羽化したばかりの♀を見つけると，翅を広げた♀の背中に止まり腹部を強く曲げ交尾する。♀は，すでに枯れた株が多い食草の分布域付近を飛び，時おり地表に降りて歩きまわり，枯枝や石などの下面に腹を強く曲げ1～数卵ずつ産む。**生活史** ヒメウスバシロチョウと同様な生活史を送る。孵化した幼虫は歩きまわりながら芽吹いた食草を探し出し，枯葉の中に生活場所を定める。幼虫は枯葉の上に出て日光浴をするが，日差しが強い時は枯葉の下に隠れていることが多い。終齢はすばやく歩きまわり，食草の株に這い登って花や葉を食べる。中齢以降は見つけやすくなり，茎だけが残った株の周囲に潜んでいる幼虫を発見できる。蛹化の際は，枯葉の間に多量に吐糸し，淡黄色の紙の袋のようなとても丈夫な繭をつくる。**食草** ケシ科のムラサキケマン，エゾエンゴサク

one point

ヒメウスバシロチョウとの区別は注意が必要。特に♀を本種と間違えて同定，発表されることがある。

芽吹き始めた林をバックに飛翔する♂
5/30 函館（芝田）

耕作地を飛翔する♂
5/8 函館（芝田）

草むらに潜り込み産卵
6/14 千歳（芝田）

交尾
6/22 千歳（芝田）

羽化
5/30 函館（芝田）

日光浴する2齢
4/18 千歳（永盛）

日光浴する1齢
4/18 千歳（芝田）

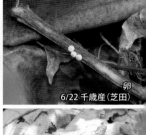
卵
6/22 千歳産（芝田）

幼虫探索は，日光浴や摂食する姿が見られる晴れ
の日がいい。食草の周囲を探そう。

5/11 千歳（永盛）
終齢の摂食

枯葉に隠れる終齢
5/11 千歳（永盛）

繭内の蛹
5/14 千歳産（永盛）

天然記念物　北海道特産種

ウスバキチョウ

卵 282　幼 296
蛹 314　草 338

環：準絶滅危惧（NT）
北：留意（N）

日光浴する♀。止まっていると意外に目立たない
6/30 大雪山（芝田）

生息地：大雪山系にのみ分布。黒岳・赤岳〜トムラウシ山，富良野岳などの十勝連峰。食草のコマクサが生える高山帯の岩礫地や砂礫地。石狩岳などの東大雪では近年見ない。

1	2	3	4	5	6	7	8	9	10	11	12月

2年目

標高 2000 m付近では 7 月初旬が盛期。早：5/23 大雪，遅：9/14 大雪

訪花 多 少 無　吸汁 水 糞 樹液・腐果　産卵 芽 葉 幹・枝 他　越冬態 成 卵 幼 蛹

観察難易度
★★☆☆

局地性
★★★★★

成虫 早い年は 5 月末から発生するが，場所によっては雪解けの遅延により，発生時期は変わる。成虫は午前 6 時ごろより飛び始め，主に午前中に活発に活動する。各種高山植物を訪花し翅を広げて吸蜜する。♂は 1 〜 2 mの高さで探雌飛翔を続ける。♀は好天時を選んでコマクサ周辺を飛びまわり，岩礫などに 1 個ずつ卵を産みつける。交尾は♂が♀に体当たりするような荒あらしい形で行われる。**生活史** 産付された卵は風衝地の厳しい気象条件の中で長い越冬に入る。5 月上旬に孵化し 6 月上旬には 2 〜 3 齢の幼虫が見つかる。夏にコマクサ群落を丹念に探すと，花に登って摂食していたり，付近の岩礫上で日光浴をしている幼虫が見つかる。黒い体は体温を上げるのに効果があると考えられる。老熟幼虫は雪の降る前に枯葉や砂粒を集め吐糸して長さ 3 cmほどの楕円形の繭をつくり，その中で蛹化し越冬に入る。足かけ 3 年かけて翌春に羽化することになる。**食草** ケシ科のコマクサ

one point

羽化したてはその名のとおり黄色い翅が美しい。観察は登山コース内で行うこと。

探草飛翔。低空を緩やかに飛ぶ
6/18 大雪山(芝田)

日光浴する♀
6/18 大雪山(芝田)

イワウメを訪花した♂
6/18 大雪山(芝田)

交尾(♀右)
6/17 大雪山(川合)

食草付近の石に産卵
7/1 大雪山(芝田)

摂食する終齢
7/28 大雪山(渡辺)

コマクサの花を食う終齢
8/2 大雪山(渡辺)

孵化した幼虫と卵殻
8/2 大雪山(渡辺)

根際の蛹の繭
6/11 大雪山(渡辺)

コマクサの花を食う4齢(矢印)と環境
8/2 大雪山(渡辺)

繭内の蛹
6/15 大雪山(渡辺)

キアゲハ

卵 282　幼 296
蛹 314　草 369

山頂で占有する♂。いわゆるヒルトッピング行動
8/2 上ノ国（辻）

生息地：都市公園，畑地を含む低地～高山までの草地が混ざる明るい環境。全道全域的に普通。

| 1 2 3 4 | 5 | 6 | 7 | 8 | 9 | 10 11 12 |

地域により3化の可能性も。早：4/21 新ひだか町（森，2019），遅：10/6 別海

訪花 多 少 無 ｜ 吸汁 水 糞 樹液・腐果 ｜ 産卵 芽 葉 幹・枝 他 ｜ 越冬態 成 卵 幼 蛹

観察難易度
☆☆☆

局地性
☆☆☆

成虫 人里近くにも多く見られ親しまれている蝶。♂は山頂に集まり（ヒルトッピング），近づいてくる同種の♂や他の蝶を追いかけまわす。♀は食草を見つけると葉や花を前脚でたたくように触れて確認した後，羽ばたきながら葉の裏などに1個ずつ産卵する。♂の翅に鼻を近づけるといい香りがするが，その香気物質の意味合いはよくわかっていない。**生活史** 林道沿いのハナウドなどのセリ科植物，家庭菜園のニンジンなどで幼虫を見つけることができる。若齢は鳥の糞に擬態しているといわれ，葉の表面に静止しているこ

とが多い。幼虫はサシガメやアシナガバチの仲間に捕食される。この捕食者に対して幼虫は頭部を曲げ前胸部から臭角を伸ばし威嚇抵抗する。蛹は食草を離れ付近の木や草の茎，人家の壁などで見つかる。蛹には褐色系と緑色系がある。前蛹時の周囲の色や表面のざらつき，日長や温度などの要因が絡み合って決定されるという。**食草** セリ科のエゾニュウ，セリ，ドクゼリ，ミツバ，栽培種のパセリ，ニンジンなど

one point

大型で成虫も美しく，飼育教材に適した蝶である。

54

海岸のエゾオグルマを訪花した♂
7/30 奥尻（辻）

探草飛翔する♀
6/7 千歳（芝田）

エゾニュウの花へ産卵
8/11 伊達（永盛）

求愛飛翔（♂右）
8/15 札幌（茨木）

羽化した♀
5/6 伊達産（永盛）

幼虫はセリ科の葉上にいること が多く見つけやすい。

蛹化
9/7 伊達（永盛）

蛹
9/8 伊達（永盛）

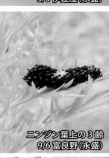
ニンジン葉上の３齢
9/6 富良野（永盛）

若齢がいた路傍のオオバセンキュウ
6/22 七飯（芝田）

臭角を伸ばす中齢
7/14 苫小牧（芝田）

オオハナウドを摂食する終齢
9/4 札幌市（永盛拓）

（ナミ）アゲハ

卵 282　幼 297
蛹 314　草 359

ねぐらの♀。庭木のサンショウやミカン科で発生することが多く身近な場所で見られる
6/1 苫小牧（芝田）

生息地：本州では最普通種。本道では上川〜北見地方より南の温暖地に見られることが多い。平野部の人家周辺や公園。低山地の二次林主体の明るい里山環境。

| 1 2 3 4　5 | | 6 | 7 | 8 | 9 | 10 11 12 月 |

地域により発生時期はシフト。3化の可能性も。早：4/18 札幌，遅：10/12 函館

訪花 多 少 無　**吸汁** 水 糞 樹液・腐果　**産卵** 芽 葉 幹・枝 他　**越冬態** 成 卵 幼 蛹

観察難易度
★★☆☆
局地性
★★☆☆

成虫 人家周辺に多く，明るい環境を活発に飛び各種の花に集まる。♂は一定のルートを飛ぶ「蝶道」をつくる。♀は小刻みに翅をふるわせてホバリングするように食樹に触れながら繰り返し産卵する。移動能力にすぐれ，本道ではサンショウなどが植えられた人為的環境に適応しながら数を増やしたようだが，発生個体数の変動が大きい。**生活史** 卵は若い芽に産みつけられている。若齢幼虫は他のアゲハチョウと同じように鳥の糞状の斑紋で，体の前半を持ち上げて静止している。幼虫が育ち摂食量が増えると食害が目立つようになる。終齢は黄緑色で胸に目玉のような斑紋がある。臭角を出しての威嚇行動には，この目玉が効果を増すように見える。蛹は人家の壁や石垣などで見つかる。野外から採った幼虫を飼育すると，寄生蜂のアゲハヒメバチが蛹に円い穴をあけて脱出することがある。

食草 ミカン科のキハダ，サンショウ，温州ミカン，レモン，ヘンルーダなどの栽培ミカン類

one point

庭にサンショウやミカンを植えると飛んできて卵を産みつけることがある。

吸水する♂。奥はキアゲハで色味がまったく異なる
7/25 苫小牧（芝田）

路傍のフキに止まる♀
6/1 苫小牧（芝田）

交尾（♂右）
6/8 札幌（永盛拓）

ヒヨドリバナを訪花
8/4 札幌（茨木）

サンショウへ産卵
6/2 札幌（永盛拓）

庭木のサンショウやミカン
類で発生することも多い。

庭木のサンショウ葉上の3齢
8/25 伊達（永盛）

鉢植えのミカン科と蛹
9/26 札幌（茨木）

臭角を伸ばし威嚇する終齢
7/7 札幌（永盛拓）

終齢（サンショウ）
7/12 富良野（永盛）

サンショウに産付された卵
8/9 江別（茨木）

終齢と寄生蜂
8/20 札幌（永盛拓）

オナガアゲハ

卵 282　幼 297
蛹 315　草 359

渓流沿いのムシトリナデシコを訪花した♂。♂の翅表には白斑がある
7/9 日高（芝田）

生息地：道北〜日高地方以西の自然度の高い落葉広葉樹林〜針広混交林の林道や渓流沿いなど。人家周辺や都市部では，ほとんど見られない。

| 1 2 3 4 | 5 | 6 | 7 | 8 | 9 | 10 11 12 月 |

2化は少なく部分的なものと思われる。早：5/22 芦別，遅：8/27 札幌

訪花 多 少 無 ・ 吸汁 水 糞 樹液・腐果 ・ 産卵 芽 葉 幹・枝 他 ・ 越冬態 成 卵 幼 蛹

観察難易度
★★★☆

局地性
★★★☆

成虫 ♂は低山の渓流沿いをゆったりと飛び，しばしば湿った地面におりて吸水するので目につきやすい。♀は訪花時以外には日当たりを避けるように食樹を探して樹間を飛ぶことが多く目立たない。母蝶はツルシキミの株を見つけるとまとわりつくように飛び，若い葉の裏に1個ずつ卵を産みつける。

生活史 若齢幼虫は渓流沿いの斜面に生えるツルシキミの，小さな食痕がついた柔らかい若い葉の表面に止まっている。4齢はみごとな鳥の糞状で他の種よりつやがある。ツルシキミには稀にカラスアゲハがつくが，他に食べて

いる昆虫も少なく，食痕があれば本種のことが多い。終齢は株の上部をほとんど食べつくし，若い枝に頭を上にして止まっていることが多い。蛹は緑色型と褐色型があるという。飼育すると共食いすることがある。食樹の葉の量は少ないので自然状態でも起こっているかもしれない。

食草 ミカン科のツルシキミ

one point

ツルシキミはやや湿った斜面に生える低木だが，生息地は限られる。常緑樹なので早春や晩秋の方が見つけやすい。

タニウツギを訪花した♂
6/17 札幌（茨木）

夏型の求愛飛翔（♂下）
8/14 八雲（茨木）

羽化した♂
7/20 富良野産（永盛）

羽をのばす♂
7/20 富良野産（永盛）

吸水する♂
6/17 札幌（茨木）

葉裏の卵
6/22 富良野（永盛）

蛹化が近い終齢
7/19 富良野（永盛）

蛹化
7/6 富良野産（永盛）

幼虫の探索は林内の食樹を探す
ことから始まる。

林床のツルシキミと鳥糞状の4齢
7/23 富良野（永盛）

葉上の2齢と食痕
7/2 富良野（永盛）

カラスアゲハ

卵 282　幼 297
蛹 315　草 359

吸水する♂。次種のような大集団になることは稀
6/9 旭川（芝田）

生息地：本州では広く分布するが，本道ではやや温暖な地域に多く，ミヤマカラスアゲハが山地まで優勢なのと比較すると，平地や低山地が主な生息域になる。

| 1 2 3 4　5 | | 6　7 | | 8　9 | 10 11 12 月 |

2 化は少なく部分的なものと思われる。早：5/21 札幌，遅：10/2 松前

訪花 多 少 無　吸汁 水 糞 樹液・腐果　産卵 芽 葉 幹・枝 他　越冬態 成 卵 幼 蛹

観察難易度
★★☆

局地性★★
☆☆☆

成虫 林縁をミヤマカラスアゲハより低い所を飛ぶ。林道で「蝶道」をつくって飛ぶことも見られる。♂は湿地などで吸水し，しばしばミヤマカラスアゲハに混ざっているが，それほどの大集団はつくらない。春型はツツジ，夏型はクサギを好んで訪花する。**生活史** 春型はミヤマカラスアゲハより発生が遅れ，6 月ごろからだらだらと発生し，7 月にも新鮮な個体を見る。飼育下でも羽化する期間が 1 〜 2 か月にも及ぶ。夏型の発生は道南など暖地に限られるが，これは食樹のキハダの落葉が早いため幼虫が成虫まで育たな

い危険を避けていると考えられる。キハダへの産卵はミヤマカラスアゲハより小さな木を選ぶようである。越冬蛹には緑色型と淡褐色型があるが，ミヤマカラスアゲハのような暗褐色の蛹は見られない。野外における蛹は，キハダの場合，葉裏で見つかることがあるが，越冬蛹は食樹を離れると考えられる。**食草** ミカン科のキハダ，サンショウ，ツルシキミ

one point

名前が知られている割に個体数は少ない。日本での分布をみても南方系の蝶といえる。

ミツバウツギを訪花した♂
5/29 函館(芝田)

渓流沿いのムシトリナデシコを訪花した♂
7/9 日高(芝田)

日光浴する夏型♂
8/8 札幌(永盛拓)

クサギを訪花した♀
8/18 せたな(芝田)

求愛飛翔
7/27 奥尻(辻)

林内のキハダの低い枝にいた4齢
7/20 富良野(永盛)

2齢と食痕
7/9 富良野(永盛)

産付直後の卵
8/8 札幌(永盛拓)

終齢への脱皮
7/20 富良野(永盛)

緑タイプの蛹
7/29 富良野産(永盛)

ミヤマカラスアゲハ

卵 282　幼 297
蛹 315　草 359

吸水のため渓流沿いに集まってきた♂
6/19 新得(芝田)

生息地：全道に広く分布。高山帯のお花畑でも見られる。低山地の農地周辺部〜山地の渓流沿いの林道の林縁。発生が多い年には市街地でも見られる。

| 1 2 3 4 | 5 | 6 | 7 | 8 | 9 | 10 11 12 月 |

渓谷では7月に1化を見ることも。早：4/28丸瀬布、遅：10/3小樽

訪花 多 少 無　吸汁 水 糞 樹液・腐果　産卵 芽 葉 幹・枝 他　越冬態 成 卵 幼 蛹

観察難易度 ★☆☆☆

局地性 ★★☆☆

成虫 春型は，♂♀ともにツツジ類，タニウツギを訪花する。♂は湿地で吸水し，山地の渓流沿いなどで，数十個体が集団をつくることもある。またヒルトッピングも見られる。♀は林縁の比較的高い所を飛びキハダを見つけると翅をふるわせながら葉裏に1卵ずつ産みつける。年によって発生数が変動し，2化個体が特に多く見られる年がある。**生活史** 孵化した1齢幼虫は葉の縁から食べ始める。2齢は褐色で鳥の糞状になる。終齢まで葉の表面に吐糸した台座をつくり静止するので，食樹を下から見上げると葉に透けて止まっている幼虫が見つかる。終齢は台座から別の葉に移動し，周辺の葉を食べる。その際，小葉や複葉全体を切り落とすことがある。キハダの葉で蛹化した緑色型の蛹は，落葉とともに地表で越冬するという。夏の遅くに産みつけられた卵から孵化した幼虫は，落葉までに蛹化できず死亡することがある。**食草** ミカン科のキハダ。ツルシキミ，サンショウの記録もある。

one point
日本の蝶の中で最も美しい種のひとつ。本道産の春型は裏面の白帯や表面の緑色部が広がり特に美しい。

吸水する♂は同時に腹端から排水している
7/30 共和(芝田)

ムシトリナデシコを訪花した♂
7/9 日高(芝田)

キハダへの産卵
8/15 富良野(永盛)

吸水する集団
7/24 中札内(芝田)

求愛飛翔(♂上)
8/13 上ノ国(茨木)

前蛹
7/11 富良野(永盛)

緑タイプの蛹
7/12 富良野(永盛)

2齢
6/18 富良野(永盛)

3齢への脱皮
6/18 富良野(永盛)

葉上に静止する終齢
7/18 富良野(永盛)

終齢の摂食
7/18 富良野(永盛)

ヒメシロチョウ

卵 283　幼 298
蛹 316　草 341

環：絶滅危惧 IB 類(EN)
北：絶滅危惧 II 類(Vu)

食草群落で探雌飛翔する♂。飛翔は極めて緩やか
8/25 苫小牧（芝田）

生息地：主に胆振・日高の海沿い，函館市周辺や十勝地方の一部などに分布は限られる。食草群落のある自然度の高い草原，河川敷など開放的な環境。

| 1 2 3 4 | 5 | 6 | 7 | 8 | 9 | 10 11 12 月 |

温暖地では 7 月に 2 化、9 月に 3 化。早：4/18 音更、遅：9/21 音更

訪花 ⟨多⟩少⟨無⟩　吸汁 ⟨水⟩糞⟨樹液・腐果⟩　産卵 芽⟨葉⟩幹・枝⟨他⟩　越冬態 成⟨卵⟩幼⟨蛹⟩

観察難易度
★★★☆

局地性
★★★★★

成虫 1 化はまだ草原がほとんど枯葉に覆われているころに発生し，ごくゆったり飛びまわる。2 化の♂はよく地表で吸水する。求愛行動はエゾヒメシロチョウとよく似て，お互いに触角を前方に伸ばし正対し，♂は口吻をふりまわす。♀は食草群落付近をまとわりつくようにごくゆっくりと飛び，腹部を強く曲げ大きく輪をつくるようにして主に葉表に 1 卵ずつ産卵する。
生活史 1 ～ 2 齢幼虫は葉裏から葉脈を残して食べ，褐色の網目状を残す。この食痕からエゾヒメシロチョウなどと区別できる。終齢は食草の茎とよく似た淡緑色で食草の中肋(小葉を連ねる脈)に静止し，隠ぺい効果で見つけづらい。複葉を切り取るように食べ中肋が残った食痕を探すとよい。蛹は，年内羽化のものは緑色で，食草の茎で見られることが多い。越冬するものは淡褐色で，食草を離れ地表付近の他，植物の茎などで見られる。
食草 マメ科のツルフジバカマ

one point

エゾヒメシロチョウとよく似ているので同定には注意する。また，その際は局地性の強いツルフジバカマの分布も確認したい。

芽吹く草地でキジムシロを訪花した春型
5/20 苫小牧（芝田）

口吻を伸ばし求愛する♂（右）と拒否する♀
8/27 苫小牧（芝田）

夏型の交尾（♂右）
8/27 苫小牧（芝田）

夏型の産卵。産卵直後の卵は白い
8/31 苫小牧（芝田）

食草の芽吹きへの産卵（春型）
6/2 苫小牧（芝田）

3齢以降は先端から葉を食い尽くし、食痕がよく目立つ。

食痕とその葉裏の2齢
9/13 苫小牧（芝田）

1齢。T字の微毛が目立つ
8/27 苫小牧産（芝田）

3齢と食痕
9/16 苫小牧（芝田）

終齢と食痕
9/13 苫小牧（芝田）

食草の茎についた越冬蛹
1/10 苫小牧（芝田）

前蛹
9/13 苫小牧産（芝田）

北海道特産種
エゾヒメシロチョウ

卵 283　幼 298
蛹 316　草 341

吸水のため林道の湿りに集まってきた夏型♂
7/9 福島（芝田）

生息地：海岸や低地の草原〜低山地の林道わきや河川の土手など食草のクサフジが生える小草原。草刈りや外来植物の侵入などの環境変化を受けやすく絶滅した生息地も多い。

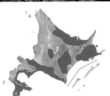

1	2	3	4	5	6	7	8	9	10	11	12 月

寒冷地では6月に発生。部分的に9月頃に3化。早：4/6帯広，遅：9/19札幌

訪花 （多）（少）（無）　吸汁 （水）（糞）（樹液・腐果）　産卵 （芽）（葉）（幹・枝）（他）　越冬態 （成）（卵）（幼）（蛹）

観察難易度
★★★☆

局地性
★★★★☆

成虫 食草の生える草原上をゆっくりふわふわと飛んでいる。♂は吸蜜時以外は♀を求めて生息地を低く飛びまわっていることが多い。求愛行動がよく見られ，♂は♀を見つけると正面から接近し，触角を上下させて，互いの触角が触れ合うようにする。さらに♂は頭を左右にふり，これに呼応し♀も口吻を伸ばし，翅をすばやく開閉する。♂は横から腹を曲げて交尾に至る。母蝶は食草群落の中のごく小さな株を好んで産卵する傾向がある。**生活史** 卵は成虫の飛んでいた草原で丹念に探すと見つかる。若齢幼虫は葉の表に静止し葉の縁から摂食する。中齢期から複葉の中脈に静止することが多くなる。成熟幼虫は小葉を連続的に食べつくした食痕を残すが，擬態効果により発見は難しい。1化の蛹は食草や周囲の植物の茎で見つかるが，2化の越冬蛹の発見は困難である。

食草 マメ科のクサフジ，エゾノレンリソウ，稀にツルフジバカマ，ヒロハクサフジ

one point

ヒメシロチョウとは食草が異なる「食い分け」は厳密だが，混生する場所も見られる。

早春の草原を飛翔する春型♂
5/10 帯広（芝田）

口吻を振り回し求愛する♂と拒否する♀
8/30 富良野（永盛）

クサフジへ産卵する夏型
7/29 富良野（永盛）

セイヨウタンポポを訪花した♂
5/20 安平（芝田）

交尾成立の瞬間
5/20 札幌（永盛拓）

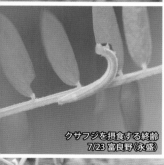

クサフジを摂食する終齢
7/23 富良野（永盛）

1齢
8/16 富良野産（永盛）

3化する蛹
8/1 富良野（永盛）

幼虫は食草に紛れて見
つけずらい。

クサフジを摂食する終齢
8/23 富良野（永盛）

越冬蛹
9/11 札幌（永盛拓）

モンキチョウ

シロ

卵 283　幼 298
蛹 317　草 340

ユウゼンギクを訪花した♀
9/12 室蘭（芝田）

生息地：全道に広く分布する最普通種。市街地の空き地〜山地の草地までの多様な開放的環境に生息する。しかし，深山渓谷や高山帯で見られることはほとんどない。

1 2 3 4 5	6	7	8	9 10 11 12 月

地域により発生時期はシフトし4化の可能性も。早：4/16 函館，遅：12/2 函館

訪花 (多)(少)(無)　吸汁 (水)(糞)(樹液・腐果)　産卵 (芽)(葉)(幹・枝)(他)　越冬態 (成)(卵)(幼)(蛹)

観察難易度 ☆☆☆☆

局地性 ☆☆☆☆

成虫 身近な普通種で，道端や草むらを活発に飛びまわっている。♂は♀を探して休むことなく飛びまわり，♀を見つけると♀の前に出てアピールする。時に絡み合って高く舞い上がったり地表に降りたりする。産卵行動の観察は容易で，大きな株よりも，露出した地面に這うような小さな株を選ぶ。年2〜3回発生し，10月過ぎまで見られ，♀は日だまりで日光浴をしながら晩秋まで産卵を続ける。**生活史** 孵化した幼虫は葉の中央の台座に静止し，周囲の葉の表面を葉脈に沿ってなめるように食べる。若齢はこのすだれ状の食痕を目当てに探すとよい。中齢以降は食草の茎に静止することが多い。2齢以上に育った幼虫は雪の下に潜り込んで越冬する。しかし遅く発生した♀が産んだ卵や，そこから孵化した1齢幼虫は，霜のついた葉の上で凍死することが多い。雪解け後に摂食を始め蛹化するため，モンシロチョウたちよりは発生が遅れる。**食草** 外来種のシロツメクサ，ムラサキツメクサ，在来種のクサフジなどマメ科植物

one point

本道に広く分布し飼育も容易なので教材として利用できるチョウである。

センダイハギへ産卵。黄色型♀(右下)も見られる
7/26 奥尻(辻)

早朝の空き地でねぐらにいる♂
9/15(芝田)

求愛飛翔(♂右)
♂が♀を先導するように飛翔する
8/5 富良野(芝田)

交尾(♂上)
10/1 室蘭(芝田)

クローバーの小さな株に
産卵する黄色型の♀
8/7 岩内(辻)

2齢と食痕
9/25 富良野(永盛)

葉の表面を食べる1齢
10/6 富良野(永盛)

霜にあたる越冬前の3齢
11/13 富良野(永盛)

晩秋に孵化した幼虫
11/2 富良野(永盛)

草刈り後の土手にいた
終齢(クサフジ)
6/21 富良野(永盛)

蛹
10/21 富良野産(永盛)

ツマキチョウ

卵 283	幼 298	
蛹 317	草 362	

林内空間に咲くコンロンソウを訪花した♂。芽吹きの季節に盛りを迎える
5/27 安平（芝田）

生息地：低地〜低山地の雑木林の縁などに見られる。農地や牧草地周辺，自然環境が豊かな公園にも姿を見せるが，各地で姿を消していく傾向があり，札幌周辺では極めて稀。

1 2 3 4	5		6		7		8	9	10 11 12 月

温暖地では5月中旬から発生。早：4/28 函館，遅：7/11 津別

訪花〔多・少・無〕 吸汁〔水・糞・樹液・腐果〕 産卵〔芽・葉・幹・枝・他〕 越冬態〔成・卵・幼・蛹〕

観察難易度 ★★★☆

局地性 ★★★☆☆

成虫 ♂♀ともに，人の背丈ほどの高さを一定に保ち，小刻みに羽ばたきながら直線的に一定のコース（「蝶道」）を休まず飛び続ける習性がある。見慣れると，この特徴的な飛び方で他のシロチョウ科から区別することができる。日差しに敏感で日が陰ると翅をたたみ独特の姿勢で葉陰に静止する。産卵は食草の花の周辺に1個ずつ行われる。

生活史 固定的な年1化で夏〜翌春まで蛹で越冬するが，中にはもう1年経過し翌々春羽化するものもある。幼虫はいわゆる里山環境の林道沿いや水辺近くのコンロンソウやタネツケバ

ナなどの花や果実を食べているが，細長い果実に似ていて見つけづらい。幼虫は移動能力が乏しく，1本の花に多数の卵が産みつけられた場合は餌不足となり共食いを始めるという。蛹は棘や細い枝のような独特な形をしており，褐色の枯枝に付着すると枝に紛れて見つけづらい。

食草 アブラナ科のコンロンソウ，タネツケバナ，ミヤマハタザオなど

one point

本道では個体数が少なく発生も不安定。♂の翅の先にある鮮やかなオレンジ色の斑紋が美しい。

求愛する♂（左）
5/26 函館（芝田）

コンロンソウのつぼみへの産卵
6/2 安平（芝田）

タンポポを訪花した♂
5/25 安平（芝田）

産卵のためナズナに近づく♀
5/22 富良野（永盛）

クモにとらわれた♀
6/5 安平（芝田）

幼虫は花や果実を食べ
ているが発見は難しい。

コンロンソウの果実を摂食する終齢
6/22 富良野（永盛）

色づいた卵（ハルザキヤマガラシ）
6/8 函館（芝田）

コンロンソウの花を摂食する1齢
6/5 富良野（永盛）

前蛹
6/25 富良野産（永盛）

蛹
6/25 富良野産（永盛）

オオモンシロチョウ

卵 283　幼 298
蛹 316　草 362

ユウゼンギクを訪花した♀。人家周辺〜林道までさまざまな環境で見られる
9/30 室蘭（芝田）

生息地：市街地近郊〜低山地の草地・林道。本道では 1995 年から日本海側で次つぎに見つかり，その後，市街地近郊〜農村地帯を中心にほぼ全道に分布を拡大した。

1 2 3 4	5	6	7	8	9	10 11 12 月

地域により発生時期はシフト。4 化の可能性も。早：3/29 函館，遅：11/10 函館

訪花 多 少 無　吸汁 水 糞 樹液・腐果　産卵 芽 葉 幹・枝 他　越冬態 成 卵 幼 蛹

観察難易度 ★☆☆☆

局地性 ★★☆☆

成虫 海外からの飛来種と考えられ，モンシロチョウより飛翔力が強く，各種の花で吸蜜しながら，時に高い所をすばやく飛ぶ。♂♀ともモンシロチョウより大きく白い翅もよく目立つので，慣れると飛んでいる時に区別できる。産卵は食草の葉の裏に数十から時に 100 個以上まとめて産みつけられる。**生活史** 卵塊から一斉に孵化して集団をつくり生活する。幼虫は黒い斑点を持ち，集団ということもありモンシロチョウとはかなり雰囲気が異なったグロテスクな印象となる。終齢は黄色と黒のより目立つ斑紋となり，集団を維持したまま激しく食害する。葉脈だけが残るなど食害されている無農薬の菜園のアブラナ科を探すと見つかるが，郊外の食草では発生数の割にはなかなか発見しづらい。

食草 アブラナ科の栽培種（キャベツ，ダイコンなど），ハルザキヤマガラシ，キレハイヌガラシなどの外来植物，野生種のコンロンソウなど

one point

ヨーロッパ原産で全道に急速に広がった大陸からの移入種。道外では青森県と岩手県の一部にも分布している。

ツツジを訪花した♂
4/25 当麻（芝田）

交尾を迫る♂（上）
9/2 中札内（芝田）

交尾（♂上）
7/11 旭川（芝田）

ホザキシモツケを訪花
8/25 苫小牧（芝田）

コンロンソウへの産卵
5/7 札幌市（永盛拓）

2齢の集団（キレハイヌガラシ）
8/25 標茶（永盛）

4齢と終齢（真ん中）と食痕
9/11 富良野（永盛）

畑のダイコンの葉上の終齢
9/14 富良野（永盛）

林内のコンロンソウについた
中齢の群れ
6/9 富良野（永盛）

民家の壁の越冬蛹
1/7 芽室（前田）

モンシロチョウ

卵 283　幼 298
蛹 316　草 363

用水路沿いの草地での求愛飛翔（♂左）
8/8 比布（芝田）

生息地：全道の平野部に広く分布する。市街地近郊の耕作地や放置された草原などの開放的環境。人類の農耕とともに分布拡大し北半球全体に広がった。

1 2 3 4	5	6	7	8	9	10 11 12 月

地域により発生時期はシフト。4化の可能性も。早：3/13函館，遅：11/10函館

訪花 多 少 無　吸汁 水 糞 樹液・腐果　産卵 芽 葉 幹・枝 他　越冬態 成 卵 幼 蛹

観察難易度
☆
☆☆

局地性
☆
☆☆

成虫 住宅地周辺の野菜畑に多く，繁殖力が強く，特に農薬の少ない家庭菜園では群がって飛んでいる。鳥などの捕食者に捕らわれにくいよう，細かく方向転換しながら不規則に飛び回るという特徴を持つ。♂は探雌飛翔を続け，♀を見つけると交尾を迫り，♀が交尾拒否姿勢をとるのもよく見られる。♀を目で追うと，食草の確認から産卵までの一連の行動を容易に観察することができる。**生活史** 幼虫は「青虫」と呼ばれ，害虫として嫌われるが卵や若齢は見逃されていることが多い。幼虫は明るい緑色で，気門上に橙黄色紋が

あることで他種と区別できる。蛹は葉裏などに蛹化した時は緑色，枝などに蛹化した場合は灰褐色になる。蛹化前の幼虫からは，しばしば天敵の寄生蜂であるアオムシコマユバチの幼虫が多数脱出し，幼虫の周囲で黄色い繭をつくる。**食草** アブラナ科のキャベツ，ダイコンなど多くの栽培種。キレハイヌガラシなどの外来種や野生種も食べている。

one point

私たちの生活に最も身近な蝶なので，学校教材として，ぜひ室内での人工産卵から観察してほしい。

海岸のハマゼリを訪れた探草飛翔中の♀
7/21 伊達（芝田）

カブへの産卵
6/23 富良野（永盛）

エゾミソギハギへの訪花
8/25 苫小牧（芝田）

交尾（♂上）
9/8 美唄（芝田）

羽化直後の♂
8/1 伊達（永盛）

無農薬の菜園が主たる発生地
となっている。

終齢（キレハイヌガラシ）
6/23 富良野（永盛）

孵化した1齢と卵
8/21 札幌（永盛拓）

ダイコン畑の幼虫
9/12 富良野（永盛）

ダイコンの葉を摂食する終齢
8/30 札幌（永盛拓）

羽化直前の蛹
6/17 札幌（永盛拓）

スジグロシロチョウ

卵 283　幼 298
蛹 317　草 362

早春の林道でセイヨウタンポポを訪花した春型
5/19 千歳（芝田）

生息地： モンシロチョウは明るい環境，本種（エゾスジグロシロチョウも含む）はよりやや暗い環境と「棲み分け」ている。低地〜低山地の公園緑地，林間空き地や林縁が主な生息地。

1　2　3　4　　5	6	7	8	9　10　11　12

地域により発生時期は大きくシフト。一部3化。早：4/28 札幌，遅：11/7 札幌

訪花（多・少・無）　吸汁（水・糞・樹液・腐果）　産卵（芽・葉・幹・枝・他）　越冬態（成・卵・幼・蛹）

成虫 発生はモンシロチョウやエゾスジグロシロチョウより遅れ，セイヨウタンポポが満開になるころになる。寒冷地ではさらに遅れ6月に多くなる。各種の花で吸蜜し，♂は湿地で吸水する。エゾスジグロシロチョウと混生するが，本種の方が低地に多い。エゾスジグロシロチョウとの見極めは大変難しい。♂では翅にある発香鱗という特殊な鱗粉で区別する方法もある。この発香鱗の出すレモンのような臭いは本種の方が強い。**生活史** コンロンソウ，ハタザオなど野生種が主な食草になる。本州では本種はタネツケバナ属やイヌガラシ属など比較的幅広く食草として利用している。これに対し，エゾスジグロシロチョウはハタザオ属に強く依存し「食い分け」が見られるという。市街地近郊ではセイヨウワサビをよく利用する。幼虫段階でモンシロチョウと区別することはできるが，エゾスジグロシロチョウと区別するのは難しい。**食草** アブラナ科のコンロンソウ，タネツケバナ，ハタザオなど

one point
> エゾスジグロシロチョウとの棲み分けや食草の食い分けなど，普通種ではあるが生態的に未知な所が多い。

林内のコンロンソウへの産卵
6/6 安平（芝田）

カセンソウを訪花。夏型は裏面の筋がほぼ消失する
8/1 室蘭（芝田）

崖の湿りで吸水する♂
8/6 伊達（芝田）

交尾拒否（♀下）
8/30 札幌（永盛拓）

春型の交尾
6/2 富良野（永盛）

3齢（キレハイヌガラシ）
5/31 富良野（永盛）

コンロンソウの茎をかじる4齢
6/6 富良野（永盛）

終齢（コンロンソウ）
7/8 富良野（永盛）

ハルザキヤマガラシを摂食する終齢
8/24 札幌（永盛拓）

終齢（ハルザキヤマガラシ）
8/28 札幌（永盛拓）

越冬蛹
11/2 札幌（永盛拓）

エゾ(ヤマト)スジグロシロチョウ

卵 283　幼 298
蛹 317　草 362

吸水する夏型の♂の集団
7/6 当麻(芝田)

生息地：全道に広く分布(石狩低地帯以西はヤマトスジグロシロチョウ)。生息環境は広く，沢筋の林道，林縁の草地や耕作地〜都市近郊にまで及ぶ。

1 2 3 4	5	6	7	8	9	10 11 12月

地域や残雪により発生時期は大きくシフト。早：4/7 芽室，遅：10/27 江別

訪花	多 少 無	吸汁	水 糞 樹液・腐果	産卵	芽 葉 幹・枝 他	越冬態	成 卵 幼 蛹

成虫 春一番に飛ぶ春型はフキノトウでよく吸蜜している。♂♀ともに林縁や林間の低い所を飛ぶことが多い。夏型の♂は晴天時に林道上で多数集まって吸水しているのをよく見かける。郊外では最普通種であり，成虫をしばらく見続けていると交尾拒否行動や産卵行動などを容易に観察することができる。**生活史** 栽培植物はあまり利用せず，主な食草は畑周辺の里山環境〜山地に生育するコンロンソウなどの野生植物である。土手や林道わきにたくさん見られる外来種のハルザキヤマガラシにも盛んに産卵するが，卵や1齢幼虫時に死亡する場合が多い。葉に含まれる忌避物質の影響と考えられる。幼虫は葉の表面や茎に静止し，主に葉，時に花・果実を食べる。場所や時期によって幼虫が何を食草としているかの情報は少ない。蛹は越冬時以外は食草の茎につくことが多い。

食草 アブラナ科のコンロンソウ，タネツケバナ，ハタザオ。外来種のキレハイヌガラシ，スカシタゴボウなど

one point
飼育ケースの中で簡単に産卵するので，飼育の手始めとするとよい。

ハルザキヤマガラシの小さい株に産卵
8/6 岩内(辻)

♀が先頭の交尾飛翔
5/29 千歳(芝田)

ラベンダーを訪花した♀と
求愛する♂(左)
7/7 富良野(芝田)

交尾拒否(下♀)
8/6 富良野(永盛)

炭に集まった♂
7/18 富良野(永盛)

林内の日陰の食草が好ま
れる傾向にある。

コンロンソウ葉上の4齢
6/9 富良野(永盛)

1齢(ハルザキヤマガラシ)
5/16 富良野(永盛)

コンロンソウの茎で蛹化
6/22 富良野(永盛)

1齢と食痕(シロイヌナズナ)
5/16 富良野(永盛)

キレハイヌガラシを摂食する2齢
7/24 富良野(永盛)

終齢(キレハイヌガラシ)
7/24 富良野(永盛)

エゾシロチョウ

北海道特産種

卵 283　幼 298
蛹 317　草 347

庭木のサクラで発生した本種。羽化した♀は探雌飛翔する♂により直ちに発見され交尾に至る
6/21 室蘭（芝田）

生息地：全道に広く分布するが，離島では利尻のみの記録。住宅街〜農村部の庭や公園，原野周辺の低木林，山地の林道沿い。

| 1 2 3 4 | 5 | 6 | 7 | 8 | 9 | 10 | 11 | 12 月 |

寒冷地では6月下旬以降に発生。早：6/2 札幌，遅：8/5 鹿追

訪花 多 少 無　吸汁 水 糞 樹液・腐果　産卵 芽 葉 幹・枝 他　越冬態 成 卵 幼 蛹

観察難易度 ★☆☆☆

局地性 ★★☆☆

成虫 6月ごろ市街地の発生木周辺を多くの個体がふわふわと飛びまわっているのをよく見る。近寄って見ると蛹が鈴なりについていて，羽化したての♀に交尾している♂個体もよく見られる。山間の本来の生息地から植栽樹に食性選好を広げたものと考えられる。各種の花を訪れ，山間の林道では♂の集団吸水もよく見かける。時に大発生した集団が一定方向に移動するのが観察される。**生活史** 葉の裏の卵塊から孵化した幼虫は集団をつくり，葉の表面に薄い膜を張り葉の表面をなめるように食べ進める。秋になると数枚の葉を枝先に括りつけ，やがて枯れた葉の内部に吐糸で越冬用の小部屋をつくる。庭木の防除はこの越冬巣を駆除するとよい。翌春の芽吹きとともに摂食を始め，休息時は枝に体を寄せ合っている。終齢のころから蛹にかけては寄生蜂の繭も多く見られるようになる。**食草** 植栽種のリンゴやボケ，各種サクラ類。野生種ではシウリザクラ，エゾノコリンゴ，エゾサンザシなど

one point
朝鮮半島〜ヨーロッパまで広く分布する。日本では津軽海峡を越えず本道の特産種となっている。

♂の吸水集団
7/9 日高（芝田）

ムシトリナデシコを訪花した♂
7/9 日高（芝田）

交尾を迫る♂と拒否する♀（下）
こうして♀の前翅の鱗粉ははがれる
7/9 日高（芝田）

羽化後まもない♀
6/28 苫小牧（芝田）

ナシへの産卵
6/21 札幌（永盛拓）

卵塊
7/1 苫小牧（芝田）

越冬巣（サクラ）と強固な固定糸（円内）
4/10 富良野（永盛）

一斉に葉を食い進む2齢
7/24 札幌（永盛拓）

糸で張られた巣の中の1齢
7/23 富良野（永盛）

街路樹（ボケ）の越冬巣上で日光浴する2-3齢と，新芽を摂食する2齢（円内）
4/18 苫小牧（芝田）

葉を食べる終齢（ボケ）
5/14 苫小牧（芝田）

ゴイシシジミ

卵 286　幼 299
蛹 320　草 334

林床のササ葉裏につくアブラムシから吸汁する集団
8/25 苫小牧（芝田）

生息地：主に石狩〜日高西部より西に局地的に分布。平野部や低山地のクマイザサが生い茂る疎林。発生地のササの葉裏にはアブラムシがたくさんついている。

| 1 | 2 | 3 | 4 | 5 | 6 | 7 | 8 | 9 | 10 | 11 | 12 月 |

部分的な 3 化も。早：6/6 千歳（高木，2018），遅：10/26 釧路町（網田，2018）

訪花 多 少 無　吸汁 水 糞 樹液・腐果　産卵 芽 葉 幹・枝 他　越冬態 成 卵 幼 蛹

成虫 発生地はごく限られ，発生状況の年次変化は著しい。発生地ではササ群落に執着して弱よわしく飛ぶが，♂は午後 3 〜 5 時ごろに占有行動をとる。♂♀とも葉裏のアブラムシのコロニーに集まり，直接分泌物を吸っている。♀の産卵はアブラムシがいる葉を選び葉裏で行われる。発生地が移動するので♀の移動能力は高いと推定される。

生活史 卵は 6 日程度で孵化する。幼虫はアブラムシのコロニーの近くにテント状の巣をつくる。この巣の隙間はゴイシシジミの幼虫は潜り込めるが天敵のヒラタアブの幼虫などは通れな

い。すばやく歩き，アブラムシ幼虫に食いつき体液を吸い取る。3 齢から緑色に変化し，アブラムシの集団の中に潜り込み，アブラムシが分泌する白い蝋状の粉をつけているため目立たない。幼虫は雪が積もるとアブラムシの集団とともに雪の下で越冬に入るが，越冬後はアブラムシとともに死亡している個体も多い。

食餌 純肉食性でササの葉裏に寄生するササコナフキツノアブラムシ

one point

> ササに発生したアブラムシを食べるという極めて特殊な生態を持つ

アブラムシ群中へ産卵
8/11 苫小牧（芝田）

占有する♂。夕方に活発化し卍飛翔に発展することがある
8/15 苫小牧（辻）

交尾（♂左）
9/28 苫小牧（芝田）

鳥糞から吸汁する♂
8/18 苫小牧（芝田）

翅表は角度により虹色に輝く
9/30 苫小牧（茨木）

初冬の葉裏のアブラムシと越冬巣
○内は巣を開けたところ。黄緑色の3齢
12/7 江別（芝田）

巣から身を乗り出す1齢
9/7 苫小牧（辻）

アブラムシを襲う1齢
8/25 札幌（永盛拓）

巣に潜む3齢
9/7 苫小牧（永盛）

葉裏の終齢
9/7 苫小牧（永盛）

ササ葉上の蛹
8/25 苫小牧（芝田）

ウラゴマダラシジミ

卵 284　幼 299
蛹 318　草 366

♂同士の追飛（民家の生垣のイボタノキで発生）
7/11 札幌（茨木）

生息地：道北部を除き分布は広い。落葉広葉樹の二次林主体の平地～低山地の沢沿い。市街地や公園でも食樹の生垣があれば発生する。

1 2 3 4	5	6	7	8	9 10 11 12 月

道北など寒冷地では7月下旬に発生。早：6/21 江差，遅：8/19 中川

訪花 (多)(少)(無) 吸汁 (水)(糞)(樹液・腐果) 産卵 (芽)(葉)(幹・枝)(他) 越冬態 (成)(卵)(幼)(蛹)

成虫 日中は谷沿いのハシドイ，ノリウツギなどに訪花する以外は不活発で，♂♀とも飛びまわる姿をあまり見ない。♂は午後3時ごろから食樹周辺を活発に飛びまわる。産卵は日中に行われる。林縁の食樹を見つけた♀は，葉先から枝沿いに腹部を曲げながら歩き始め，枝の分岐点などの産卵位置を定めると通常複数個産みつける。**生活史** 卵は林縁や，やや暗い道沿いの食樹のそれほど高くない枝についている。その他，水辺の食樹にも多い。特殊な形をした卵だが，枝の上についた冬芽によく似ている。孵化した幼虫は

膨らみ始めた芽に穴をあけるように食べ始め，若齢も枝先の柔らかい葉を中心に食べる。終齢は大きく展開した葉の裏に張りつくように止まっている。アリがまとわりついていることがあり発見の目安になる。蛹化は食樹の葉の裏で行われる。蛹は刺激すると腹節をすり合わせて発音する。

食草 モクセイ科のイボタノキ，ミヤマイボタ，ハシドイ

one point

卵はおもしろい形をしているが，枝にある「こぶ」によく似ている。擬態なのかもしれない。

イボタノキへの産卵と産付直後の卵
7/23 小樽(永盛)

羽化した♀と蛹殻
7/4 函館産(芝田)

川沿いのイボタノキの越冬卵
鮮やかだった卵は越冬中に色あせる
2/15 苫小牧(芝田)

ヒヨドリバナを訪花した♀
7/30 札幌(永盛拓)

終齢と食痕
5/15 函館産(芝田)

幼虫が見つかった沢沿いのイボタノキ
4/28 函館(芝田)

若葉上に静止する若齢
4/28 函館(芝田)

脱皮殻を食べる終齢
5/7 函館(芝田)

吐糸で補強された葉と前蛹
5/28 函館産(芝田)

蛹
5/31 函館産(芝田)

ウラキンシジミ

卵 284　幼 299
蛹 318　草 366

沢沿いで見られた♀
7/31 新得(芝田)

生息地：石狩〜網走地方を結ぶ線より南側に分布。アオダモの生える低山地〜山地の沢沿い，林道など。南西部では少ない種ではない。

| 1 2 3 4 | 5 | 6 | 7 | 8 | 9 | 10 | 11 | 12 月 |

ほとんどの地域で7月中旬から発生。早：7/10 札幌，遅：9/4 釧路

訪花 多 少 無　吸汁 水 糞 樹液・腐果　産卵 芽 葉 幹・枝 他　越冬態 成 卵 幼 蛹

観察難易度
★★★☆

局地性
★★★★☆

成虫 アオダモの生える沢沿いや低山地の林道を主に夕暮れ時に飛翔するが，全体的に不発で注意して探さなければ目につきにくい。クリやヒヨドリバナなどで吸蜜する時が観察しやすい。湿った地面や露のついたササの葉などで吸水することもある。産卵は枝の分岐点や樹皮の裂け目などに数〜30個程度の塊で産みつける。**生活史** 卵や幼虫は，とくに沢筋の谷側に伸びたアオダモの枝で見つかる。孵化した幼虫は分散しながら先にある膨らんだ芽に穴をあけて入り込む。2齢は折りたたまれた鱗片の内部に隠れていて見

つけづらい。3齢以降は十分展開した葉の表や枝の分岐点に台座をつくり静止している。葉に半円形の食痕が目立つようになる。終齢は複葉の主脈を切り落とし，葉とともに落下する奇妙な習性をもっている。落下した葉を探すと摂食している幼虫や付近の枯葉で前蛹〜蛹が見つかることがある。

食草 モクセイ科のアオダモ

one point

日本固有種である。生息地は限られ見つけづらいが，冬季に沢沿いのアオダモ林で卵を探すのが早道かもしれない。

葉上に静止する羽化後まもない♀
7/21 苫小牧（芝田）

アオダモの枝先を徘徊し産卵場所を探す♀
7/31 芦別（永盛）

葉上の♀
7/20 苫小牧（芝田）

ヒヨドリバナを訪花した♂
8/5 芦別（永盛）

幹のコブの隙間の越冬卵
2/19 苫小牧（芝田）

林道わきにアオダモがあれば，南西部なら5/下～6/上に葉を切り落としパラシュート落下した幼虫が見つかる。落ちている葉を裏返してみよう。

枝の分岐の卵塊
8/5 芦別（永盛）

鱗片に静止する2齢
5/9 芦別（永盛）

幼虫が見つかった葉
5/30 七飯（芝田）

葉上の終齢
6/11 苫小牧（芝田）

パラシュート落下が見つかった林道
5/30 七飯（芝田）

終齢と食痕
5/30 七飯（芝田）

ムモンアカシジミ

卵 284　幼 299
蛹 318　草 351

オオイタドリを訪花した♂。訪花の頻度は高い
9/3 札幌(芝田)

生息地：全道広域に分布するが産地は限られる。平地〜低山地のアブラムシとクロクサアリなどが共生する落葉樹周辺。

| 1 2 3 4 | 5 | 6 | 7 | 8 | 9 | 10 11 12 月 |

本道のゼフィルスで最も発生が遅い。早：7/31 帯広，遅：9/28 札幌

訪花（多・少・無）　吸汁（水・糞・樹液・腐果）　産卵（芽・葉・幹・枝・他）　越冬態（成・卵・幼・蛹）

観察難易度 ★★★☆
局地性 ★★★★★

成虫 午前中〜日中は発生木周辺の葉に止まっていることが多い。ヒヨドリバナなどに訪花する他，枝や葉の表面についたアブラムシの分泌物を吸汁しているのを見る。午後3時ごろから飛び始め，梢の高い所を追いかけ合うように飛びまわる。♀はクロクサアリが徘徊する木の幹〜太枝をまとわりつくように飛び，樹皮に1卵ずつ産みつける。**生活史** 1齢幼虫は枝の樹皮の皺に潜み，アブラムシなどの分泌物をなめて育つという。2〜終齢にかけては，若い葉から茎を食べているのを見る。3齢ごろからアブラムシを盛んに食べ始める。終齢では1分に1匹以上のスピードで食べ続けるという。枝上を移動するが，その間も常にアリがつきまとっている。アリは，幼虫が分泌する臭い物質に反応していると考えられている。老熟した幼虫は枝から降り，木の根元の石や枯葉に潜り込んで蛹化する。

食樹・食餌 ミズナラ，コナラ，カシワ。食樹に寄生するアブラムシ・カイガラムシ類とその分泌物

one point
観察はアブラムシとアリがついている食樹を見つけることから始まる。

羽化直後は脚が灰色の毛に覆われている。匂い物質が付着していてアリの攻撃を防ぐためだといわれている。

発生木の根元での羽化
8/4 東川(永盛)

ミズナラの樹皮へ産卵
8/24 東川(永盛)

交尾(13：22)
8/9 札幌(永盛拓)

占有する♂
8/9 札幌(永盛拓)

アブラムシを襲う終齢
5/31 東川(永盛)

ミズナラの葉を食い尽くし
茎をかじる終齢 5/31 東川(永盛)

越冬卵
3/9 愛別(芝田)

2齢とミズナラの食痕
5/17 東川(永盛)

徘徊する2齢
5/17 東川(永盛)

花殻を摂食する3齢
6/7 東川(永盛)

石の裏の蛹
8/4 東川(永盛)

オナガシジミ

卵 284　幼 300
蛹 318　草 352

活動時間外は発生木付近の葉上に静止していることが多い
8/13 札幌（茨木）

生息地：全道に広く分布するが，道北・道東では産地は限定される。ゼフィルスの中では発生は遅い方。低地〜山地の主に川沿いのオニグルミが生える周辺。

1 2 3 4	5	6	7	8	9	10 11 12月

多くの地域で7月下旬以降が盛期。早：7/14 函館，遅：9/24 芽室

訪花 [多][少][無]　吸汁 [水][糞][樹液・腐果]　産卵 [芽][葉][幹・枝][他]　越冬態 [成][卵][幼][蛹]

観察難易度 ★★☆☆

局地性 ★★☆☆

成虫 オニグルミの高い所を午後飛びまわるが，普段は林の内部に隠れていて見つけづらい。訪花は稀。葉上の水滴やアブラムシの分泌物やヤマグワの実で吸汁する。後翅端の黒い紋のあるオレンジ部分が頭のように見え，静止時に後翅をすり合わせるように動かすと，長い尾状突起が，あたかも触角のように見える。そこを狙って天敵が攻撃すると，想定とは逆方向に逃げ去るという。**生活史** 卵は頂芽基部付近〜枝上や幹にかけて1〜数個ずつ見つかる。5月に入って孵化した幼虫は，展開しきっていない芽に深く食い込んでいるので外からはまったく見えない。芽は2つに分かれているが，その境に穴をあけて深く食い入っている。2齢から3齢になるころからは芽が開くので，その小葉面に静止している幼虫を，葉を透かしながら探すと見つけやすい。終齢は枝に近い小葉の裏に止まっていることが多い。蛹化は地表に降りて枯葉の裏で行われる。

食草 クルミ科のオニグルミのみ

one point

オニグルミと強く結びついていることを意識して探すとよい。発生数は年によるむらが多い。

ヒヨドリバナを訪花した♀
7/28 札幌（茨木）

ディスプレイフライト（16：23）
8/5 札幌（茨木）

占有する♂
8/12 札幌（茨木）

日光浴する♀
8/5 札幌（永盛拓）

葉上の♀
7/31 札幌（永盛拓）

一年生枝の越冬卵
4/3 苫小牧（芝田）

芽に食い込む1齢
5/11 伊達（永盛）

葉裏に静止する3齢
6/3 富良野（永盛）

3齢と食痕
5/31 札幌（永盛拓）

終齢と環境
6/7 富良野（永盛）

蛹
6/22 富良野産（永盛）

ミズイロオナガシジミ

卵 284 　幼 300
蛹 318 　草 351

ミズナラ葉上に静止するネオアッテリア型
7/21 苫小牧(芝田)

生息地：分布は広いが，釧根地方ではほとんど見られない。主に人里に近い平野部の雑木林や落葉広葉樹林の林縁。

1	2	3	4	5	6	7	8	9	10	11	12 月

寒冷地では7月下旬から発生。早：7/2 小樽，遅：9/6 斜里

訪花 多少無　吸汁 水糞 樹液・腐果　産卵 芽葉幹・枝他　越冬態 成卵幼蛹

観察難易度 ★★☆☆

局地性 ★★☆☆

成虫 分布は広く人里近くにも生息しているが狙いをつけて観察することは意外に難しい。日中は全般に不活発で下草や低木に静止していることが多い。♂は早朝と夕暮れ時に樹上を飛ぶ。晴天時には稀にヒメジョオン，セリ科植物などを訪れる。葉上のアブラムシの排泄物に口吻を伸ばしていることもある。♀は林縁の食樹の低い枝を選んで，頂芽付近や小枝の皺，分岐部に1卵ずつ産みつける。**生活史** 卵は扁平で楕円形をしていて，長い突起が並ぶ独特な形態を持つ。孵化した幼虫は，膨らみ始めた芽に穴をあけて潜り込む。2齢から若草色に変わり，葉の付け根や裏に止まっていることが多い。中齢は葉に穴をあけるような食痕を残す。蛹化が近づくと体色が赤褐色に変わり摂食を止める。数日〜1週間かけて枝や幹の上を歩きまわり，やがて地表に降り枯葉の裏などで蛹化する。**食草** ブナ科のミズナラ，コナラ，カシワ

one point

本州では里山の普通種であるが，本道ではそのような環境が少なく多産地はほとんどない。翅の裏の黒い紋が広くなるタイプもいる。

静止する黒化傾向にある個体
7/20 苫小牧（茨木）

下草に静止する♂
7/21 苫小牧（芝田）

カシワ葉上の♂
7/12 石狩（辻）

葉上の♂
7/15 苫小牧（芝田）

日光浴する♀
7/23 小樽（芝田）

幼虫と葉の食痕3齢
5/6 富良野産（永盛）

終齢
6/1 標茶産（永盛）

葉を食べる3齢
5/21 富良野（永盛）

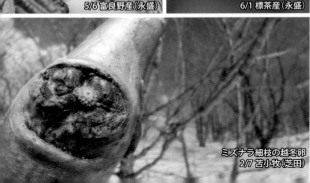

ミズナラ細枝の越冬卵
2/7 苫小牧（芝田）

蛹
6/6 伊達産（永盛）

ウスイロオナガシジミ

卵 284 　幼 300
蛹 318 　草 351

下草で占有姿勢をとる♂(10：54)
7/15 苫小牧(芝田)

生息地：全道に分布するが，道北では少ない。離島では焼尻・奥尻。カシワやミズナラの生える海岸林や，コナラ・ミズナラの生える低山地の林道や渓流沿い。

1	2	3	4	5	6	7	8	9	10	11	12月

道東や道北では8月に入って発生することも。早：6/29 当麻，遅：9/18 芦別

訪花 多 少 無　吸汁 水 糞 樹液・腐果　産卵 芽 葉 幹・枝 他　越冬態 成 卵 幼 蛹

観察難易度
★★★☆

局地性
★★★☆

成虫 日中は不活発で枝をたたき出さないと飛ばない。♂は早朝と夕方4〜6時にかけて活発に飛ぶ。頻繁ではないがノリウツギ，クリ，セリ科植物を訪花する。地面や葉の上での吸水，吸汁も見られる。交配，産卵活動の観察は難しい。**生活史** 卵は横に張り出した枝や低木の，太い枝の付け根や，樹皮の内側や枝の皺に3〜15個程度の卵塊をつくっているが，隠すように産みつけられているので発見は難しい。孵化した幼虫は，膨らみ始めた大きな芽に潜り込み，外からは見えない。2齢から緑色に変わり，若齢では

葉の付け根付近，3齢以降は重なった葉の表の付け根近くの主脈に静止していることが多い。葉に不規則な食痕を残す。ミズイロオナガシジミと同様に蛹化が近づくと摂食を止め体色が赤褐色に変わり，日中も枝や幹の上を歩きまわる。蛹化のため突然，自発的に落下する個体も多い。

食草 ブナ科のミズナラ，カシワ，コナラ

one point

個体数が少なく見つけづらい。カシワ林で丹念に探し出すとよい。ミズナラとカシワの混生地では，カシワが好まれる。

カシワ葉上に静止する♀
7/16 石狩（茨木）

ミズナラ葉上に静止する♂
7/14 苫小牧（辻）

中脈を切って（矢印）萎れさせた葉
の枯れた部分に静止する終齢
6/2 札幌（永盛拓）

下草に静止する♂
7/23 旭川（永盛）

日光浴する♀
7/16 石狩（茨木）

孵化が近い卵と孵化殻
5/1 愛別産（芝田）

蛹化場所を探す終齢
6/26 江別（永盛拓）

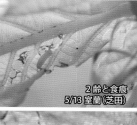

2齢と食痕
5/13 室蘭（芝田）

蛹
5/28 富良野産（永盛）

中脈をかみ切った（矢印）葉上に静止する中齢
5/28 室蘭（芝田）

ウラミスジ（ダイセン）シジミ

卵 285　幼 300
蛹 319　草 351

日没後まで続いた交尾。撮影していると月が昇ってきた。交尾は日没前後に多く見られる（♂右）
8/4 小樽（芝田）

生息地：低地〜山地の落葉広葉樹林，海岸のカシワ林。分布は広いが多産地は少ない。離島では焼尻と奥尻。深い山地でも見られる。

1	2	3	4	5	6	7	8	9	10	11	12月

寒冷地では7月下旬から発生。早：7/3 小樽，遅：9/19 芦別

訪花 [多] 少 無　吸汁 水 糞 [樹液・腐果]　産卵 芽 葉 幹・枝 他　越冬態 成 [卵] 幼 蛹

成虫　午前中は活動が不活発で下草などに止まっている。♂の活動は午後3時ごろから始まり，午後5時ごろから増え，暖かい日は日没後まで続く。クリなどを訪花するが稀。クワの実で吸汁しているのを観察している。翅を開くことはほとんどなく，止まると翅の裏の2つのパターンの模様が確認できる。産卵は休眠芽が形成されるのを待って8月末〜9月ごろに行われる。**生活史**　孵化した幼虫は芽に穴をあけ中に入る。2齢もまだ芽の中や鱗片の内側にいるが，3齢からは芽が開き，若葉の基部上面に静止している

こともあるので見つけやすくなる。幼虫は葉脈や枝に噛み傷を入れしおらせることが多い。オオミドリシジミの巣のように目立つわけではないが，これを目当てに見つけることができる。老熟すると幹に移動し，体色を緑からしだいに紫褐色に変化させる。食樹の幹のコルク層を食べてくぼみをつくり蛹化する。**食草**　ブナ科のミズナラ，カシワ，コナラ，モンゴリナラ

one point
翅の模様のシグナータ型は本道に多く，指紋のようにさまざまな模様をつくりおもしろい。

カシワ葉上に静止
7/16 石狩（茨木）

日光浴する♂
7/23 石狩（茨木）

ミズナラの越冬卵
4/4 富良野（永盛）

ケルキボルス型♀
7/23 石狩（茨木）

訪花したシグナトゥス型
8/18 石狩（茨木）

葉の基部の終齢（ミズナラ）
5/20 富良野（永盛）

静止場所の鱗片にもどる3齢
5/13 富良野（永盛）

幹をうろつく蛹化が近い終齢
6/7 江別（永盛拓）

2齢と葉の食痕（カシワ）
5/29 旭川（永盛）

鱗片から出てきた2齢
5/17 東川（永盛）

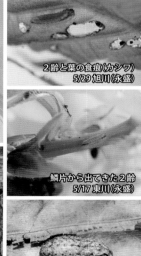

蛹
5/28 富良野産（永盛）

アカシジミ

卵 284　幼 299
蛹 318　草 351

セリ科を訪花した♀
7/11 芦別（永盛）

生息地：全道に広く分布するが個体数は多くない。平地〜低山地の人家周辺の二次林〜山地の林縁。

1 2 3 4	5	6	7	8	9	10 11 12 月

道東や道北では7月下旬に発生。早：6/17 小樽，遅：9/4 中札内

訪花 多 少 無　吸汁 水 糞 樹液・腐果　産卵 芽 葉 幹・枝 他　越冬態 成 卵 幼 蛹

観察難易度 ★★☆☆☆

局地性 ★★★☆☆

成虫 午前中は不活発で林縁の葉上に静止していることが多い。薄暮飛翔性が強く午後4時ごろ〜日没まで活発に飛翔する。ゼフィルスの仲間の中では訪花性が強く，特にクリの花に集まり吸蜜する。卵は食樹の枝先，休眠芽の基部に1個ずつ産みつけられる。この際，♀は産んだ卵の周囲に腹部を押しつけ卵に枝の表面の毛やゴミをかぶせるというおもしろい行動をとる。卵に寄生する蜂に見つからないようにしているのだろう。分布は広いがそれほど多い種ではない。年によって大発生数することがあるが原因はよくわか

らない。**生活史** 春に孵化した幼虫は，膨らみ始めた芽に穴をあけて中に入る。葉が展開し始めると葉の裏や鱗片の内部に隠れているので見つけづらい。それ以降は緑色の体色を活かして葉裏に張りついている。蛹化も葉裏で行われる。本種をはじめゼフィルス類は葉の中脈をかじり，葉が硬くなるのを防ぐことをする。

食草 ブナ科のミズナラ，コナラ，カシワ

one point

伐採後にできる落葉樹林，いわゆる里山環境の代表種

沢沿いの下草に静止
7/31 新得（芝田）

ディスプレイフライト（17：25）
7/24 石狩（茨木）

下草に静止
7/17 旭川（芝田）

羽化した♀
7/8 白老（永盛）

ミズナラへの産卵
7/9 札幌（茨木）

越冬卵
4/4 富良野（永盛）

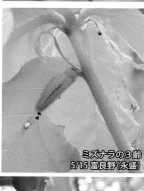

ミズナラの3齢
5/15 富良野（永盛）

孵化殻と1齢が食込んだ跡
5/6 富良野（永盛）

2齢
5/6 富良野（永盛）

ミズナラの食痕と終齢の静止位置
6/11 富良野（永盛）

色づいた葉裏の蛹
7/14 標茶（永盛）

キタ（カシワ）アカシジミ

卵 284　幼 299
蛹 318　草 350

環：絶滅危惧 II 類（VU）

活動時間外は下草に静止していることが多い
7/11 伊達（永盛）

生息地：産地は限定され，海岸沿いや平野部の，ある程度の広がりを見せるカシワ林に生息する。発生数の変動が大きい。アカシジミと混生することは稀。

| 1 2 3 4 | 5 | 6 | 7 | 8 | 9 10 11 12 月 |

寒冷地では 7 月中旬以降に発生。早：6/26 小樽，遅：8/4 むかわ

訪花（多）（少）（無）　吸汁（水）（糞）（樹液・腐果）　産卵（芽）（葉）（幹・枝）（他）　越冬態（成）（卵）（幼）（蛹）

成虫 生息地であるカシワ林の樹間を飛ぶ。早朝〜午前中は下草に止まっていることが多い。最も活動が活発になるのは午後 3 時ごろ〜日没前後で，♂は樹冠部上方まで飛びまわる。ササの葉についた水滴などを吸うことを見るが，花の蜜を吸うことは少ない。♀は枝先から歩き始め当年枝の側芽に産付位置を決め，1 卵ずつ産みつけては尾端で枝に生えている微毛をかき集め卵の表面を覆い隠す行動をとる。**生活史** 卵は当年枝の上面に数〜 10 卵ほどが少し重なるように産付される。孵化した幼虫は新芽に食い込むが，芽が硬いうちに孵化し芽の周辺に静止していることもある。若齢は芽の中に潜入しているので発見は難しい。中齢からは葉の裏や表に静止する。葉が大きくなり硬くなると中脈をかじり葉をしおらせる。摂食は昼夜問わずに行われる。蛹化は食樹の葉裏で行われる場合と，下草，特ににササの葉の裏面の場合がある。**食草** カシワ，稀にミズナラ

one point

1993 年にカシワ林のアカシジミが何か変だと気づいて，詳しく調べて別種であることがわかった。アカシジミとの見極めは難しい。

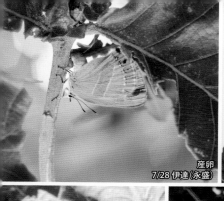
産卵
7/28 伊達（永盛）

ディスプレイフライト（15：30）
7/13 小樽（芝田）

一年生枝の越冬卵
2/28 小樽（芝田）

薄暮時の交尾（19：00）
8/4 小樽（芝田）

セリ科を訪花
7/13 小樽（三藤）

枯れた花穂を摂食する3齢
6/14 伊達（永盛）

鱗片にかくれる2齢（糞をしている）
5/24 伊達（永盛）

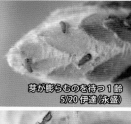
芽が膨らむのを待つ1齢
5/20 伊達（永盛）

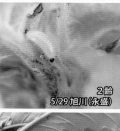
2齢
5/29 旭川（永盛）

葉に大きな食痕を残す終齢2頭
6/14 伊達（永盛）

葉裏の蛹
7/6 伊達（永盛）

ウラナミアカシジミ

卵 284　幼 299
蛹 318　草 351

活動時間を前にコナラ葉裏に静止する♀
7/14 北広島(芝田)

生息地:石狩南部から空知，胆振・日高の海沿い，飛び離れて函館周辺と分布は限定される。平地～低山地のコナラが生える落葉広葉樹林。

| 1 2 3 4 | 5 | 6 | 7 | 8 | 9 10 11 12月 |

日高の太平洋側では7月下旬から発生。早: 7/3 函館，遅: 9/19 恵庭

訪花 多 少 無 ｜ 吸汁 水 糞 樹液・腐果 ｜ 産卵 芽 葉 幹・枝 他 ｜ 越冬態 成 卵 幼 蛹

観察難易度 ★★★☆

局地性 ★★★★★

成虫　林縁で葉上に静止していることが多く，他のゼフィルスとともにクリの花に飛来する，吸蜜する。食樹の葉の表面のアブラムシの分泌物と思われる「汚れ」に口吻を伸ばす。また，葉表の水滴を吸う。午後2時過ぎから飛び始め午後6時ごろまでが活動時間で，梢の高い所をゆるやかに追いかけあうように飛びまわる。**生活史**　卵はコナラの枝先に1～数個ついているが，アカシジミ属特有の「ゴミ」に覆われ見つけづらい。翌春孵化した幼虫は新芽に食い込み，しばらくは若葉の中に潜んでいる。1～2齢は新芽を巻きつけるように吐糸し，葉の展開が妨げられギョウザのような巣となるので見つけやすい。幼虫は巣の葉も周囲の葉も食べる。4齢(終齢)になると造巣性は失われ，幼虫は葉裏中脈沿いに静止し，葉を縁から食べる(巣は食べられてぼろぼろになりながらも残っている)。蛹は葉裏や食樹から降りて枯葉から見つかっている。

食草　コナラ

one point

見つけるには，まずコナラ林を探し，枝をたたきながら飛び出してきたアカシジミのゼブラ模様を確認する。

コナラ細枝への産卵
7/28 北広島（芝田）

クリを訪花した異常型
7/14 北広島（芝田）

ディスプレイフライト
7/25 札幌（永盛拓）

羽化
6/27 札幌産（永盛拓）

飛翔
7/14 北広島（芝田）

終齢と食痕
5/31 北広島（芝田）

巣内の2齢
5/20 北広島（芝田）

前蛹 6/11
北広島産（芝田）

蛹 6/18
同左

2齢の巣（矢印）と通常の若葉
5/20 北広島（芝田）

2齢と吐糸で巻かれた新芽
5/6 恵庭（芝田）

ウラクロシジミ

卵 284　幼 300
蛹 318　草 338

北：情報不足(Dd)

発生木の下草に静止する♀
7/7 福島（茨木）

生息地：分布が渡島半島南部に局限される稀種。低山地のマンサクが生える沢沿いの林道や斜面。

| 1 | 2 | 3 | 4 | 5 | 6 | 7 | 8 | 9 | 10 | 11 | 12 月 |

日当たりの悪い渓谷では7月末に発生。早：7/4 木古内，遅：8/2 上磯

訪花（多・少・無）　吸汁（水・糞・樹液・腐果）　産卵（芽・葉・幹・枝・他）　越冬態（成・卵・幼・蛹）

観察難易度
★★★★★
局地性★★★★★

成虫 日中は下草などに止まっていることが多い。♂は午後3時ごろから飛び始め，日没前後に特に活発化する。活動中の♂は，真珠光沢の白い翅の表と暗色の翅の裏を交互にきらめかせながら樹間を飛びまわる。♂♀ともに訪花は稀だが，クリやノリウツギで観察されている。翅を閉じて止まることが多いが，活動の前などに翅を半開する個体を見る。分布は道南部に局限され，絶滅した産地も多く，観察は極めて難しい。**生活史** 卵は越冬芽の基部付近に1〜数個産付されている。孵化した幼虫は芽に穴をあけて内部に入る。若葉が伸び始めると葉の溝の中にはまり込むようになる。3齢くらいからは展開した葉裏の葉脈の間に静止する。葉に穴があいているのが食痕で，これを目当てに葉を透かしながら幼虫を探すとよい。孵化から成長まで他のゼフィルスより早く，6月上旬には，葉の裏で蛹化する。

食草 マンサク科のマルバマンサク

one point

♂の翅表が白銀色という異色のゼフィルス。早春に咲くマンサクを目当てに発生地を探す。

日光浴する♀
7/9 福島（芝田）

日没した谷間でのディスプレイフライト（17時10分）
7/4 福島（茨木）

終齢のシルエット
5/27 福島（芝田）

葉上の♀
7/4 福島（茨木）

樹上の♀
7/9 福島（芝田）

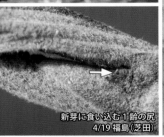

新芽に食い込む1齢の尻
4/19 福島（芝田）

3齢と食痕
5/18 福島（辻）

前蛹
4/29 福島産（永盛拓）

マンサクの花と卵
4/13 福島（芝田）

葉裏の蛹は意外なほど目立たない
7/2 福島（芝田）

ミドリシジミ

卵 285　幼 300
蛹 319　草 352

夕日を浴びながら占有する♂（17：31）
8/3 苫小牧（芝田）

生息地：全道に広く分布し個体数も多い。低地〜低山地の湿性地に生えるハンノキ林。ケヤマハンノキ・ミヤマハンノキが生える山地の林道沿いなど。

1	2	3	4	5	6	7	8	9	10	11	12

寒冷地も含め多くの地域で7月下旬から発生。早：7/15 島牧、遅：9/26 鶴居

訪花 多 少 無　**吸汁** 水 糞 樹液・腐果　**産卵** 芽 葉 幹・枝 他　**越冬態** 成 卵 幼 蛹

観察難易度 ★☆☆☆

局地性 ★★☆☆

成虫　早朝はハンノキ林のササなどの下草に止まっている。日が昇り始めると吸蜜や吸水，吸汁活動が見られるようになる。早朝と夕方4時ごろ〜夕暮れまで，♂は開けた空間の枝先に静止し占有行動を活発に行い，絡み合いが見られる。産卵は主に午後に行われ，腹部を曲げ腹端を枝にこすりつけながら移動して，枝の分岐部や葉の脱落痕などの位置に1，2個産みつける。**生活史**　卵はハンノキのひこばえなどの低い枝が選ばれている。芽ぶきに合わせて孵化し，1齢幼虫は芽に食い込む。2齢以降は葉の内側を部分的に密着させた巣をつくる。初めは葉の表面を食べ，その後，巣の外側の葉も食べ始める。終齢では葉全体が半分に折りたたまれた巣になる。摂食は巣の葉は食べず巣から出て先端部の若い葉を好んで食べる。幼虫の発見は容易で，わかりやすい巣を目当てに探すとよい。蛹はハンノキの根ぎわの枯葉の中などで発見されている。

食草　カバノキ科のハンノキ，ケヤマハンノキ，ミヤマハンノキ

one point
♀の翅表の模様に4タイプがあるが本道ではB型が圧倒的に多い。

ハンノキの細枝に産卵
9/14 苫小牧（芝田）

下草での占有
8/9 標茶（永盛）

オス同士の空中戦。いわゆる卍飛翔
8/5 苫小牧（芝田）

ホザキシモツケを訪花した異常型
8/2 苫小牧（芝田）

日光浴する AB 型の♀
8/9 標茶（永盛）

ハンノキ細枝の越冬卵
2/7 苫小牧（芝田）

春先の若齢の巣
5/21 安平（辻）

芽に食い込む1齢
5/8 富良野（永盛）

蛹
6/22 富良野産（永盛）

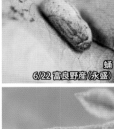

幼虫は餃子のような巣を
目印に探すとよい。

幼虫の巣と巣内の終齢
5/30 富良野（永盛）

巣と2齢
6/19 安平（永盛）

メスアカミドリシジミ

卵 285　幼 301
蛹 319　草 346

木漏れ日差す林内空間での♂同士の縄張り争い。いわゆる卍飛翔
7/7 旭川（芝田）

生息地：全道に広く分布するが，道北道東の低地には分布しない。低山地〜山地の林道，谷沿いの林縁など。自然度の高い公園にも生息する。

| 1 2 3 4 | 5 | 6 | 7 | 8 | 9 | 10 | 11 | 12月 |

他の緑光沢のゼフィルスより発生が早い。早：6/29 札幌，遅：9/12 音更

訪花（多）（少）（無）　吸汁（水）（糞）（樹液・腐果）　産卵（芽）（葉）（幹・枝）（他）　越冬態（成）（卵）（幼）（蛹）

観察難易度
★☆☆

局地性
★★☆☆

成虫 林道を歩いていると♂どうしが絡み合う卍巴飛翔がよく見られる。枝先に見張り場所を決め，侵入する♂を追い払う行動で，♂どうしが争いながら♀との出会いを待っていると考えられる。♀は不活発で♂に比べ見る機会は極端に少ない。♂♀ともクリなどの花で吸蜜し，地面や葉の上で吸水する。**生活史** 卵は林縁のあまり高くない枝先で見つかる。ミヤマザクラでは林道わきのごく小さな幼木が選ばれている。孵化は4月下旬ごろ，サクラの芽の膨らみを待って始まる。1齢幼虫は膨らんだ芽の表面をかじり穴を

あけ中に入り込み内部を食べ始める。花芽の場合はつぼみの内部を食べつくす。2〜3齢は鱗片の内部や折りたたまれた若葉の内部に静止するが，終齢は葉の裏面の基部に静止することが多い。主に夜間に摂食するが，成長は他種に比べ早く，6月上旬から蛹化する。蛹化は根ぎわの枯葉などで行われるようである。**食草** バラ科のミヤマザクラ，エゾヤマザクラ，チシマザクラ，シウリザクラなど

one point
人里のサクラから卵が見つかり飼育も容易である。

クモの巣にかかった♂
8/23 安平 (辻)

占有する♂。見る角度により輝きは異なる
7/7 旭川 (芝田)

樹上で占有する♂
7/7 旭川 (芝田)

日光浴する♀
7/17 恵庭 (茨木)

葉上に静止する♀
7/16 苫小牧 (芝田)

エゾヤマザクラひこばえの越冬卵
2/5 苫小牧 (芝田)

鱗片に静止する2齢
5/9 富良野 (永盛)

終齢と食痕
6/8 白老 (芝田)

幼虫は枝の先端部の若い葉を
食べ成長は早い。

芽に食い込む1齢
4/22 旭川 (永盛)

公園のエゾヤマザクラ葉裏の終齢
5/21 旭川 (永盛)

蛹
5/21 伊達産 (永盛)

アイノミドリシジミ

シジミ

卵 285	幼 301	
蛹 319	草 351	

ミズナラ林の空間で占有する♂
7/20 苫小牧（芝田）

生息地：全道に広く分布するが，個体数は少なく見るチャンスは少ない。離島では利尻・焼尻・奥尻。低山地〜山地の落葉広葉樹林。海岸のカシワ林にも生息する。

1 2 3 4	5	6	7	8	9	10 11 12月

寒冷地では8月に入って発生することもある。早：7/3 旭川，遅：10/2 石狩

訪花〔多・少・無〕 吸汁〔水・糞・樹液・腐果〕 産卵〔芽・葉・幹・枝・他〕 越冬態〔成・卵・幼・蛹〕

観察難易度
★★★☆

局地性
★★★☆

成虫 ♂は枝先に止まり，金属光沢の翅をきらめかせながら，近づいてくる他の♂を敏捷に追い払う。卍巴飛翔になることは少なく遠くまで猛スピードで追いかける。この占有行動の活動時間は早朝〜午前10時ごろがピークで，ゼフィルスの仲間では最も早い部類に入る。♂♀とも湿った地面での吸水はよく見られる。♀の産卵は夏が終わり越冬芽が形成されてから行われる。本州では山地性の蝶とされるが，本道では平地にも多産することも多い。**生活史** 卵は林縁の空間に張り出した梢の先端部の冬芽に1〜数個ついている。

孵化した幼虫は膨らんだ芽に食い入る。葉が伸び始めてからは，鱗片の内側をゆるく吐糸し，雄花の花穂も寄せ集めて体を隠す。幼虫の色が鱗片や枝とよく似ていて見つけづらい。老熟幼虫が地表に落下して近くの枯葉の裏に潜って静止し，約1週間後に蛹になったという観察例がある。

食草 ブナ科のミズナラ，時にコナラ，カシワ

one point

本種を含めゼフィルスの仲間の♂の緑色光沢は美しいが，それぞれ微妙な色合いや輝きの違いが見られる。

110

吸水する♂
7/28 苫小牧（芝田）

樽前山山頂に吹き上げられた♀
8/14 苫小牧（芝田）

越冬卵
1/13 富良野（永盛）

日光浴する♀
8/1 標茶（永盛）

占有する♂
7/18 富良野（永盛）

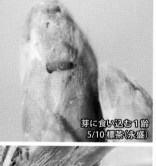

芽に食い込む1齢
5/10 標茶（永盛）

若葉内の1齢
5/1 富良野（永盛）

終齢
6/1 標茶産（永盛）

鱗片に静止する脱皮前の1齢
5/4 富良野（永盛）

3齢
5/12 富良野（永盛）

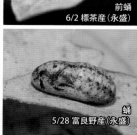

前蛹
6/2 標茶産（永盛）

蛹
5/28 富良野産（永盛）

ウラジロミドリシジミ

卵 285　幼 301
蛹 319　草 350

日光浴する♂。他のゼフィルスと比べ光沢は弱い
7/12 石狩（辻）

生息地：全道に広く分布し個体数も多いが，海岸沿い〜低山地に分布するカシワ林に限られ，山地帯には分布しない。

| 1 2 3 4 | 5 | 6 | 7 | 8 | 9 | 10 11 12 月 |

道東や道北など寒冷地では 7 月下旬以降に発生。早：7/3 小樽，遅：9/8 函館

訪花 多 少 無　吸汁 水 糞 樹液・腐果　産卵 芽 葉 幹・枝 他　越冬態 成 卵 幼 蛹

成虫　午前中は不活発で，カシワの高い梢を網でたたくと，白い翅を輝かせながら飛び出すがすぐ止まる。♂は午後 4 時ごろ〜日没後薄暗くなるまで樹幹部をなめるように絶え間なく飛び続ける。日中にシナノキ，クリの花で吸蜜しているのを見る。地面で吸水したり，葉についたアブラムシの分泌物を吸汁する個体も見られる。**生活史**　卵は林縁の空間に張り出した比較的低い位置のカシワの枝の，分岐点〜当年枝の表面や冬芽の基部についている。10 個以上まとまって産みつけられていることもある。孵化した幼虫は膨ら

みかけた芽に食い込んで内部を食べる。2 〜 3 齢は展開した葉の基部に残る鱗片を糸で絡めた巣をつくり，中に隠れているので見つけづらい。葉に穴をあけ，食べ跡が縮れたような食痕を残す。終齢は葉の裏面に静止していることもある。蛹の発見例はないが，自然状態に模した環境で飼育すると敷き詰めた枯葉の中で蛹化する。

食草　ブナ科のカシワ，道北ではモンゴリナラ

one point

♂の翅の色は深い青で光沢は弱い。裏の白い色や模様も同属の中では異質。

カシワ細枝への産卵
8/25 伊達（永盛）

占有する♂
7/20 旭川（永盛）

日光浴する♀
7/12 石狩（辻）

交尾
7/23 石狩（茨木）

朝露を吸水する♂
7/23 旭川（永盛）

産卵直後の卵
8/1 石狩（永盛）

カシワ葉上の2齢
5/27 旭川（永盛）

鱗片に隠れる2齢
5/29 旭川（永盛）

鱗片に隠れる3齢
5/29 旭川（永盛）

葉を食べる終齢
6/4 石狩（永盛）

蛹
6/4 旭川産（永盛）

オオミドリシジミ

シジミ

卵 285　幼 301
蛹 319　草 351

ミズナラ葉上で占有する♂（10：54）
7/25 北斗（辻）

生息地：全道に分布し，ゼフィルスの中では見るチャンスは多い。離島では焼尻・奥尻。平野部〜山地の明るい落葉樹主体の林。

1 2 3 4	5	6	7	8	9	10	11	12月

多くの地域で7月中〜下旬が盛期。早：7/2 旭川，遅：9/19 芦別

訪花 [多][少][無]　吸汁 [水][糞][樹液・腐果]　産卵 [芽][葉][幹・枝][他]　越冬態 [成][卵][幼][蛹]

観察難易度 ★★☆☆

局地性 ★☆☆☆

成虫 ♂は明るい二次林の，木漏れ日が入る枝先に止まり，近くに入ってくる♂と絡み合う。この占有行動は午前中の一定時間で，ジョウザンミドリシジミなど近縁種と活動時間が重ならないように調整されている。♀の活動は不活発で葉上に静止していることが多いが，時どき吸蜜，吸水や吸汁行動を見る。♀は幼木の葉に止まった後，腹端を曲げながら枝を伝って降り，枝の分岐部などに1〜数個産卵する。

生活史 卵は近縁のゼフィルスと異なり食樹の発芽後数年の幼木や幹下のひこばえなど，ごく低い位置についてい

る。林道の両側の斜面に生えている小さな木を探すとよい。幼虫は2〜3齢以降，葉の主脈に傷をつけしおらせて内部をゆるく吐糸でからめ，閉じかけた傘のような独特の巣をつくるので発見しやすい。傷つけた葉が枯れて黒くなると，体色も黒ずんで，その内部に隠れている。蛹化は地表の枯葉の中で行われる。

食草 ブナ科のミズナラ，カシワ，コナラ

one point

ゼフィルスの中では，人手の入った二次林に多いので観察しやすい。

占有する♂(8:54)
7/18 旭川（永盛）

ミズナラへの産卵
8/13 日高（辻）

日光浴する♂
活動時間外はお互い干渉しない
7/24 富良野（永盛）

葉上で吸汁する♀
7/11 札幌（永盛拓）

日光浴する♀
7/21 苫小牧（芝田）

葉脈をかじり枯れた所にいる終齢
5/24 富良野（永盛）

鱗片を糸で絡めて隠れる3齢
5/17 富良野（永盛）

ミズナラ細枝の越冬卵
2/15 苫小牧（芝田）

終齢の巣と終齢
5/19 富良野（永盛）

若齢の巣
5/15 富良野（永盛）

蛹
6/7 札幌（永盛拓）

ジョウザンミドリシジミ

卵 285　幼 301
蛹 319　草 351

他の♂が盛んに占有行動する中，交尾（上♂）を観察した（9：09）
7/20 苫小牧（芝田）

生息地：全道に広く分布しゼフィルスの仲間では最も見つけやすい。離島では利尻・焼尻・奥尻。低地〜山間部の落葉広葉樹林。特に若いミズナラ主体の二次林に多い。

| 1 2 3 4 | 5 | 6 | 7 | 8 | 9 | 10 11 12月 |

寒冷地では7月中旬以降に発生。早：7/2 余市，遅：10/5 札幌（倉田，2019）

訪花 多・少・無　吸汁 水・糞・樹液・腐果　産卵 芽・葉・幹・枝・他　越冬態 成・卵・幼・蛹

観察難易度
★★☆

局地性
★☆☆☆☆

成虫　♂は午前7時ごろ〜正午近くまで活発に林縁を飛びまわる。空間に張り出した枝先で占有行動をとる。♀の活動は不活発であるが，♂とともにクリやノリウツギなどで吸蜜し，ミズナラなどの樹液を吸うこともある。またフキの葉などの上に止まり盛んに吸水する。♀はミズナラの休眠芽の形成を待ちながら9月末まで生き残り産卵する。また♀は発生時期の後半には発生地から数百m〜数km移動し産卵活動を行う。**生活史**　卵は比較的低い枝の頂芽基部に1卵ずつ産みつけられ，冬季のゼフィルスの越冬卵調査では最

も発見が容易である。孵化した幼虫は芽に食い込んで内部を食べる。2齢からは他の種と同様に鱗片の中に潜む。体色はこの鱗片によく似ている。終齢は葉の中脈を噛み，葉をしおらせてから食べることが多い。主に夜間に摂食する。蛹化直前になると幼虫は摂食を止めて歩きまわり，地表に落下し枯葉の中で蛹化する。**食草**　ブナ科のミズナラ，カシワ，コナラ

one point

ゼフィルス飼育の入門的な種。近郊の落葉したミズナラ林で卵を探すとよい。

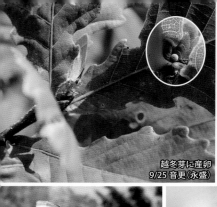
越冬芽に産卵
9/25 音更（永盛）

占有する個体は前脚をあげていることが多い
7/13 石狩（辻）

卍飛翔する♂
8/7 稚内（辻）

クリを訪花した♀
7/11 札幌（永盛拓）

占有する♂（9：25）
7/174 小樽（永盛）

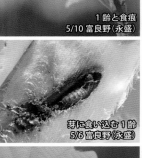
1齢と食痕
5/10 富良野（永盛）

芽に食い込む1齢
5/6 富良野（永盛）

中脈をかじる3齢
5/12 富良野（永盛）

葉裏の終齢
5/24 富良野（永盛）

3齢と食痕
5/12 富良野（永盛）

蛹
5/28 伊達産（永盛）

エゾミドリシジミ

卵 285　幼 301
蛹 319　草 351

樹冠で占有する♂（15：35）他のゼフィルスと比べ活動時間が遅い
7/17 北広島（芝田）

生息地：全道に広く分布するが見かけるチャンスは少ない。離島では利尻・焼尻・奥尻。低山地〜山地にかけてのミズナラの生える落葉広葉樹林。

1	2	3	4	5	6	7	8	9	10	11	12 月

寒冷地では 7 月下旬に発生。早：7/2 小樽，遅：9/24 札幌

訪花〔多・少・無〕　吸汁〔水・糞・樹液・腐果〕　産卵〔芽・葉・幹・枝・他〕　越冬態〔成・卵・幼・蛹〕

観察難易度 ★★★☆

局地性 ★★☆☆

成虫 ♂が飛ぶのは昼前〜夕方にかけてで，低山地の林道や林間の開けた空間で占有行動を見せる。午前中は地面で吸水するのをよく見る。♀はクリやノリウツギなどでの吸蜜，吸水活動以外は目にふれることは少なく，林間に隠れているか林縁の下草に静止している。同定は採集して確認する必要がある。**生活史** 卵は林縁の谷や林道などに向かって横に張り出した，指の太さくらいの枝の分岐点を中心に複数産卵されている。孵化した幼虫は枝の上を移動し，芽に食いつく。この間の絶食に強いという。若齢は芽の鱗片を吐糸

で絡めて中に潜り込んでいる。葉が展開してからは，枝の分岐部に体を巻きつけて静止しているなどさまざまな位置から見つかる。色彩が樹皮によく似ていて見つけづらい。主に夜間に摂食する。蛹化時には幹を降りるが，途中で落下することが多く，落ちた場所の近くの落葉下で 1 週間ほど経った後に蛹化するという。

草食 ブナ科のミズナラ。稀にカシワ，コナラ，モンゴリナラ

one point

本種はカシワを食べるハヤシミドリシジミと兄弟種の関係と考えられる。

葉上で吸水する♀
8/5 共和（辻）

産卵
8/7 岩内（辻）

樹上から水域に落下してしまった終齢
地面で蛹化するため落下することも多い
5/31 共和（芝田）

占有する♂
7/15 札幌（永盛拓）

日光浴する♀
7/13 富良野（永盛）

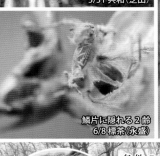
鱗片に隠れる2齢
6/8 標茶（永盛）

葉裏の終齢
5/21 富良野（永盛）

葉裏の1齢
5/7 富良野（永盛）

枝のすき間に静止する終齢
6/6 富良野（永盛）

条件のいい枝にまとまって産付
されていることも多い。

卵（矢印）がたくさんついていた枝
1/27 標茶（永盛）

石の裏の蛹
7/3 旭川（永盛）

ハヤシミドリシジミ

卵 285　幼 301
蛹 319　草 350

夕方のカシワ林で占有する♂
7/25 小樽（茨木）

生息地：カシワが密生する海岸林や平野部〜低山地の火山灰地に成立するカシワ林に限定的に分布する。生息地での個体数は少なくない。

1	2	3	4	5	6	7	8	9	10	11	12月

道東や道北など寒冷地では7月下旬から発生。早：7/3 小樽，遅：9/28 小樽

訪花（多・少・無）　吸汁（水・糞・樹液・腐果）　産卵（芽・葉・幹・枝・他）　越冬態（成・卵・幼・蛹）

観察難易度 ★★☆☆☆

局地性 ★★★☆☆

成虫　日周活動は午前中と日没前の二山型。♂は低木やススキの葉先に翅を半開にして静止し，周囲に入ってくる同種や他種を追い払う行動が見られる。♀の活動は不活発で，葉の上での吸水などを見るくらいである。産卵行動は長期間に及び，7月下旬から始まり，遅くは9月に入っても見られる。産卵時，♀は林縁の比較的低い位置の枝先を飛び，枝を歩きまわり，時どき腹端を枝にすりつけ産卵位置を探し，枝の分岐点や樹皮の皺部に1〜数個産みつける。**生活史**　カシワの芽吹きは遅く，孵化した幼虫が硬い芽の付近にとどまる場合がある。卵が枝に産みつけられるエゾミドリシジミ同様絶食に強いようである。幼虫は冬芽の基部に残る鱗片や枯れた雄花穂を吐糸で絡めて巣をつくり，内部に隠れていることが多い。3齢の後半からは葉の裏の基部や葉の重なった部分に静止し，日没前後から葉の表に移動し，夜間にかけて積極的に摂食行動をとる。

食草　ブナ科のカシワ，道北ではモンゴリナラ

one point
カシワ林を歩くとウラジロミドリシジミとともに見られる。

卍飛翔
7/15 石狩（茨木）

カシワへの産卵
8/25 伊達（永盛）

羽化した♂
6/18 旭川産（永盛）

カシワ葉上の♀
7/20 小樽（永盛）

占有する♂
7/23 旭川（永盛）

越冬卵
2/7 苫小牧（芝田）

鱗片に隠れる3齢
6/14 伊達（永盛）

カシワ葉上の終齢
6/14 伊達（永盛）

葉裏の終齢
6/4 石狩（永盛）

カシワ葉上の終齢
6/4 石狩（永盛）

蛹
6/4 旭川産（永盛）

フジミドリシジミ

卵 285 　幼 301
蛹 319 　草 350

北：情報不足（Dd）

下草に静止する♀
7/12 七飯（茨木）

生息地：長万部町〜黒松内町以南のブナが自生する山地に局限される。積雪の多い渓谷や山岳を好み，二次林には見られない。離島では奥尻が唯一。

| 1 | 2 | 3 | 4 | 5 | 6 | 7 | 8 | 9 | 10 | 11 | 12 月 |

ほとんどの地域で7月上〜中旬が盛期。早：7/1 七飯，遅：8/30 島牧

訪花 多 少 無 　吸汁 水 糞 樹液・腐果 　産卵 芽 葉 幹・枝 他 　越冬態 成 卵 幼 蛹

観察難易度 ★★★★★

局地性 ★★★★★

成虫 渓谷沿いのブナ林の樹冠を飛び交うので観察は容易ではない。♂の活動は午後2〜5時ごろにかけてピークとなり，卍巴飛翔も見る。♂♀とも，早朝や天気が荒れた時に，暗い林内の開けた空間の下草に止まっていることがあり，観察できる数少ない機会となる。**生活史** 卵は谷に張り出した枝の先端部の細い枝の分岐点や，皺の上に多いが，幹や太い枝から出た小さな枝にも見られる。1卵のことが多いが2〜3卵産みつけられることもある。ブナの新葉は短期間で硬化するためか成長は早い。5月初め，開芽を待つか

のように硬い芽の表面に静止している個体が観察されている。芽が膨らむと内部に潜り込み，葉が展開し始めると鱗片を絡めた簡単な巣をつくる。終齢では複数枚の葉を重ね合わせた巣をつくり，その中にいることが多い。摂食は巣の外側部分と，周囲の葉の縁から食べ進む。飼育下では容器の下に敷いた枯葉表面で蛹化した。

食草 ブナ科のブナ

one point

最も観察の難しい部類の種。沢筋のブナの低木が混じる発生地を見つけることから始まる。

下草に静止する♀
7/9 七飯（茨木）

ブナの樹上の♀。下草で見られることは稀
7/12 七飯（茨木）

卵が見つかった生息地の環境
11/18 長万部（永盛）

林道上で日光浴する♂
7/23 七飯（対馬）

日光浴する♀
7/12 七飯（茨木）

巣内の3齢
5/7 長万部産（永盛）

終齢の巣と食痕
5/7 長万部産（永盛）

2齢
5/2 長万部産（永盛）

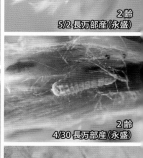

2齢
4/30 長万部産（永盛）

ブナ下枝の枝先の越冬卵
2/25 長万部（芝田）

蛹
5/20 長万部産（永盛）

トラフシジミ

卵 286 　幼 302
蛹 320 　草 339

ハルザキヤマガラシを訪花
5/29 札幌（茨木）

生息地：全道に広く分布するが道北では少ない。農村部の雑木林，平地～山地の林道など。山頂に吹き上げられた個体を見ることもある。

1	2	3	4	5	6	7	8	9	10	11	12月

温暖地では2化（夏型）を生じる。早：4/23 美唄，遅：8/26 乙部

訪花 多 少 無 ｜ 吸汁 水 糞 樹液・腐果 ｜ 産卵 芽 葉 幹・枝 他 ｜ 越冬態 成 卵 幼 蛹

観察難易度 ★★☆☆
局地性 ★★☆☆

成虫 林縁の低木が覆うマント群落周辺に多い。公園や土手，林道沿いの各種の花を訪花する。吸蜜をしながら閉じた後ろ翅をすり合わせるが，尾状突起と翅の肛角部の模様で頭部に見せかけているように思える。湿地での吸水もよく見られる。夕方，ゼフィルスのような卍巴飛翔も観察される。春型の♀は比較的長生きし，エゾヤマハギなどマメ科を中心に各種の花を選んで産卵する。夏型の発生は温暖な地域に限られる。**生活史** 卵は若いつぼみの隙間に挟み込まれるように産みつけられている。幼虫は各種の花と実，時に若い芽を好んで食べ広食性を示す。幼虫の体色は淡緑色～赤紫色まで花の色に合わせて変化する。クロオオアリなどのアリがつきまとうのが普通。成長は極めて早い。白緑色だった終齢幼虫が紫紅色に変化し食樹のハリエンジュから落下し，下草の中に隠れてしまうという観察がある。

食草 マメ科のエゾヤマハギ，フジ，イヌエンジュ，ツツジ科やシナノキ科などの花や実

one point

珍しい種ではないが，発生が不安定で見る機会の少ない蝶である。

林道の湿りで吸水する春型♂
5/31 札幌（茨木）

シロバナシナガワハギへの産卵
7/24 石狩（茨木）

エゾノシロバナシモツケを訪花
5/30 札幌（茨木）

ヒメジョオンを訪花した夏型♀
8/4 富良野（芝田）

日光浴
7/18 大樹（川合）

フジの花を摂食する終齢
花柄（矢印）は吐糸でつながれ
花は落下しない
6/20 札幌（永盛拓）

花を食う紫色の終齢
7/17 富良野（永盛）

緑色の終齢
7/17 富良野（永盛）

2齢（エゾヤマハギ）
7/7 富良野（永盛）

前蛹
7/21 富良野産（永盛）

蛹
6/29 札幌産（永盛拓）

コツバメ

卵 286　幼 302
蛹 320　草 349

占有場所に戻ってきた♂。本種は♂♀とも基本的に開翅しない
5/22 苫小牧(芝田)

生息地： 全道に広く分布する。低地〜山地の道沿いなどの低木の多い開けた空間。深山渓谷にも少なくない。

1 2 3 4　5　6　7　8　9 10 11 12月

残雪の多い渓谷などでは6月以降の発生。早：4/12 石狩，遅：8/17 丸瀬布

訪花 多 少 無　吸汁 水 糞 樹液・腐果　産卵 芽 葉 幹・枝 他　越冬態 成 卵 幼 蛹

成虫 雪解け直後の山道の日だまりをすばやく飛びまわる。♂は低木の先に止まっては，他の♂を追いかけまわし，また戻ってくる。黒っぽい翅を閉じ，体を傾けて日差しを浴びている。フキ，エゾエンゴサクなど早春植物を訪花し吸蜜する。母蝶は食樹の先端部のつぼみの部分に執着し，触角を下げ上下に動かしながら歩きまわり，つぼみの隙間や花柄に産卵する。**生活史** 卵〜幼虫にかけては花のつぼみや花，実にうまく隠れていて発見が難しい。孵化した幼虫はつぼみや花弁に穴をあけ内部を食べ始める。摂食時以外はつぼみ

の基部，花柄などに静止している。白い花についた終齢は比較的見つけやすい。クシケアリ類が体にまとわりつくこともある。幼虫の成長は早く6月下旬〜7月中旬には蛹となり長い休眠に入る。**食草** バラ科，ツツジ科，ユキノシタ科，スイカズラ科などに属する各種の花を好み，ルリシジミと同様な広食性を示す。

one point

早春にのみ見られる典型的なスプリングエフェメラル（春のはかないもの）。決して稀な蝶ではないが，目だたないので見逃してしまうことも多い。

交尾
5/16 苫小牧（芝田）

エゾノシロバナシモツケへの産卵
5/3 富良野（永盛）

翅を傾けて日を浴びる♂
5/16 苫小牧（芝田）

求愛（♂右）翅をふるわせていた
5/16 苫小牧（芝田）

♀の飛び立ち
5/16 苫小牧（芝田）

この写真の幼虫は目立っているが，幼虫探索は難しい部類にはいる。

ヤマブキショウマの終齢
7/5 芦別（永盛）

トリアシショウマの卵と1齢
5/22 富良野（永盛）

アリを随伴していた
7/5 芦別（永盛）

エゾノシロバナシモツケの3齢
6/6 富良野（永盛）

前蛹
6/2 富良野産（永盛）

蛹
7/10 富良野産（永盛）

カラスシジミ

卵 286　幼 302
蛹 320　草 343

ヒヨドリバナを訪花
8/5七飯(芝田)

生息地：全道に広く分布し個体数も多い。市街地の公園や農村部周辺の雑木林〜山地にかけての二次林や針広混交林の林縁。

| 1 | 2 | 3 | 4 | 5 | 6 | 7 | 8 | 9 | 10 | 11 | 12 月 |

寒冷地では7月下旬の発生。早：6/23 芽室、遅：9/1 中札内

訪花 (多)(少)(無)　吸汁 (水)(糞)(樹液・腐果)　産卵 (芽)(葉)(幹・枝)(他)　越冬態 (成)(卵)(幼)(蛹)

観察難易度 ★☆☆☆

局地性 ★★☆☆

成虫 緑が多い住宅地の庭〜山地の林間の開けた空間まで各種の花によく集まる。本道に食樹のハルニレが普遍的に分布するためであろう。♂は枝先で見張り行動をとることもある。また地上で吸水するのもよく見る。翅を閉じたまま体を太陽に向けて傾け日光浴をするが、この習性はコツバメ、同属のリンゴシジミにも見られる。♀は訪花以外不活発で、産卵行動を見る機会はほとんどない。**生活史** 卵は林縁の若い木の横に伸びた細い枝でよく見つかり、大きな樹であれば低い枝やひこばえにも産みつけられている。孵化した幼虫は膨らんだ芽の側面から穴をあけ内部に潜り込む。開葉前に咲く花も食べる。葉が展開すると葉の重なりの中に隠れながら、葉に穴をあけたり葉脈を残しながら食べる。終齢になると葉裏に台座をつくり、移動して枝の先端部の若い葉を食べる。このころアリが集まることがあるので見つけやすくなる。蛹化が近づくと体色は紫褐色を帯び始め、枝から落下し地面の枯葉の中で蛹化する。**食草** ニレ科のハルニレ、オヒョウ、バラ科のスモモ

one point

地味だが普通種で観察しやすい蝶。

ノリウツギを訪花した♀
8/8 日高 (辻)

腹を曲げて求愛する♂ (右)
7/1 札幌 (辻)

異常型
7/21 札幌 (永盛拓)

交尾 (♂左)
7/30 札幌 (茨木)

若葉と若齢
5/10 富良野 (永盛)

葉の裏の終齢 (ハルニレ)
6/6 富良野 (永盛)

終齢とアリと食痕 (オヒョウ)
6/6 富良野 (永盛)

ハルニレの芽に食い込む1齢
4/23 富良野 (永盛)

落下し地面で前蛹になる
6/21 標茶 (永盛)

スモモ細枝の越冬卵
3/9 上川町 (芝田)

下草の蛹
6/26 森 (芝田)

ミヤマカラスシジミ

卵 286 幼 302
蛹 320 草 342

北：情報不足(Dd)

ヒヨドリバナを訪花した♀
8/7 上ノ国(芝田)

生息地：生息箇所は限定され見つけにくい。渡島半島南部の平野部〜低山地の雑木林が主な生息地。クロウメモドキは，渡島半島〜胆振，上川南部まで分布している。

| 1 2 3 4 | 5 | 6 | 7 | 8 | 9 10 11 12月 |

前種より発生が遅い。早：7/16 函館，遅：8/30 江差

訪花(多)(少)(無)　吸汁(水)(糞)(樹液・腐果)　産卵(芽)(葉)(幹・枝)(他)　越冬態(成)(卵)(幼)(蛹)

成虫 観察は，小さな沢が流れる農村環境の山道で，林縁のブッシュ(やぶ)の中から食樹を見つけることから始まる。日中にはノリウツギ，シシウドなど各種の花で吸蜜する。♂は午後3〜5時ごろにかけて林縁の樹上を飛び，低木上で占有行動を見せる。♀の産卵は交尾後すぐに始まり，食樹の小枝の分岐部や皺の隙間に1〜数個産みつける。**生活史** 卵は高さ1〜3mほどの食樹の，横に伸びた枝についている。若齢幼虫は芽に食い込みながら内部を食べる。葉が展開してくると葉裏や枝の上に静止していることが多

い。体色が食樹の若い葉の色と同じで発見は難しい。まずは食痕を目当てに探すとよい。若い葉には穴があいた食痕，成長した柔らかい葉には円形の食痕が残されている。また花や果実があれば好んでこれを食べている。蛹化は，道外では食樹上で行われる場合と，食樹を離れて地表で行われる場合があるという。

食草 クロウメモドキ科のエゾクロウメモドキ

one point
限られた生息地も開発によって失われており，本道では絶滅が心配される。

細枝に産卵
8/15 上ノ国（芝田）

クロウメモドキ葉上の♀
8/15 上ノ国（芝田）

クロウメモドキの葉に静止していた♀
8/8 上ノ国（芝田）

占有する♂
8/13 上ノ国（茨木）

オオハンゴンソウを訪花した♀
8/13 上ノ国（茨木）

芽の付近の越冬卵
4/2 上ノ国（芝田）

3齢
5/18 上ノ国（永盛）

2齢と食痕
4/30 上ノ国産（永盛）

前蛹
6/3 上ノ国（永盛）

終齢の静止位置
5/16 上ノ国産（永盛）

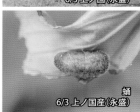

蛹
6/3 上ノ国産（永盛）

北海道特産種
リンゴシジミ

卵 286　幼 302
蛹 320　草 348

北：留意（N）

廃屋の周りに植えられていたスモモで発生した♀
6/30 安平（芝田）

生息地：道央以東のエゾノウワミズザクラが自生する渓谷や河川敷が本来の生息地。1970年代に入って農村部に放置されたスモモに食性を広げ分布も拡大した。

| 1 | 2 | 3 | 4 | 5 | 6 | 7 | 8 | 9 | 10 | 11 | 12 月 |

寒冷地や渓谷では7月以降の発生。早：6/10 美唄，遅：8/16 平取

（訪花 多 少 無）（吸汁 水 糞 樹液・腐果）（産卵 芽 葉 幹・枝 他）（越冬態 成 卵 幼 蛹）

観察難易度 ★★★☆ 局地性 ★★★★★

成虫 発生木からあまり離れず，♂は主に昼から夕方にかけスモモ周辺の梢を活発に飛ぶ。セリ科植物などの花で吸蜜するが訪花性は低い。地面や葉の上での吸水，吸汁行動も見られる。♀は全般に不活発で，産卵行動は気温の高い日中に行われる。母蝶は枝の上を，触角を交互に動かしながら歩き，枝の分岐部や皺に1～3個ずつ産卵する。**生活史** 孵化は4月中旬ごろから始まり，幼虫はつぼみや花を好んで食べ，急速に成長する。2齢までは体色は濁った褐色，3齢からは葉の色に似た黄緑色となるが，変異があり紅色斑が

発達するものも見られる。終齢は食痕のある葉裏や伸びた若い枝の上に静止している。小型のアリが幼虫の周囲にまとわりつくこともある。蛹は下草のササやアキタブキなどの葉表などで見つかる。無防備とも思えるほど目立つが，鳥の糞に似せた形状・模様の擬態効果を示すものと考える。**食草** バラ科のスモモやエゾノウワミズザクラの他，稀に栽培種のウメやアンズ

one point
> 自生するバラ科の食樹から栽培種に食性を広げ，分布も拡大したのはエゾシロチョウに似ており興味深い。

スモモの蜜線から吸蜜する♀
6/30 安平（芝田）

スモモへの産卵
7/1 札幌（茨木）

スモモの終齢
5/21 旭川（永盛）

ヒメジョオンを訪花した♂
7/9 札幌（茨木）

翅を傾けて日光浴する♂
6/20 安平（芝田）

発生木の下草を探すと，葉上
や茎に蛹が見つかる。鳥糞に
擬態しているが人の目には目
立って見つけやすい。

1齢と食痕
4/29 上川産（永盛）

スモモ小枝の越冬卵
3/9 上川（芝田）

発生木のスモモ（中央）
下草から蛹が見つかった
6/7 札幌市（芝田）

下草のササから見つかった蛹
6/7 札幌（芝田）

シウリザクラを食う3齢
5/4 上川産（永盛）

ベニシジミ

卵 286　幼 302
蛹 320　草 367

草原での求愛飛翔（♂右）
6/2 壮瞥（芝田）

生息地：全道に広く分布する普通種。住宅地周辺の空き地や公園，河川の土手など，外来種も含めた雑草が生える草地。平野部を中心に生息している。

1	2	3	4	5		6		7		8		9	10	11	12 月

温暖地では5月から発生し4化の可能性がある。早：5/10 七飯，遅：11/5 函館

訪花 多 少 無　吸汁 水 糞 樹液・腐果　産卵 芽 葉 幹・枝 他　越冬態 成 卵 幼 蛹

観察難易度 ☆☆☆☆☆

局地性 ☆☆☆☆☆

成虫 道端などの低い所を小刻みに飛びまわっては，シロツメクサやセイヨウタンポポなど各種の花を訪れる。春型と夏型は日長によって決まるようで，秋にはまた春型タイプが出る。♂はよく草むらの葉先で♀を待つ見張り行動を行う。♂♀ともに美しい翅を半開にして止まることが多い。身近な蝶なので求愛行動や産卵行動も観察しやすい。**生活史** 卵は食草のごく小さな株の茎や葉裏，その周囲の枯葉についている。若齢は葉裏に静止し，なめるように摂食する。このため，若齢期は葉をめくらないと見つからない。終齢になると葉の中央部や縁に切れ込みを入れながら食べる。幼虫の体色は黄緑色の地色に背線と体の両側が紅色になるものなど変異に富む。蛹は周辺の石の隙間，塀や柵などの壁などから見つかる。秋に産卵された卵から孵化した若齢幼虫は，食草の裏に静止したまま雪の下で越冬する。

食草 タデ科のヒメスイバ，スイバ，エゾノギシギシ

one point

食草はすっかり定着した外来種を利用しているので人間との関わりが深い種といえる。

ヒメスイバへの産卵
6/1 札幌（永盛拓）

秋の草原での交尾
9/27 苫小牧（辻）

日光浴する白化型の♂
6/20 安平（芝田）

カセンソウを訪花した夏型
8/7 上ノ国（茨木）

訪花した春型
後翅の青斑が目立つ個体
6/2 壮瞥（芝田）

ヒメスイバと3齢と食痕
11/14 富良野（永盛）

越冬前の2齢
10/25 富良野（永盛）

終齢（エゾノギシギシ）
8/20 札幌（永盛拓）

終齢と食痕（エゾノギシギシ）
8/22 富良野（永盛）

前蛹
7/10 富良野（永盛）

蛹
7/10 富良野（永盛）

ツバメシジミ

卵 286　幼 302
蛹 320　草 340

春型の求愛（♂右）花は食事場であり出会いの場になる
6/16 幕別（芝田）

生息地：広く分布する普通種だが，宗谷地方などでは記録がほとんどない。離島では利尻・焼尻・奥尻。平野部〜低山地の草地や耕作地周辺，山地の植林地などの明るい草原。

| 1 2 3 4 | 5 | 6 | 7 | 8 | 9 10 11 12 月 |

温暖地や年により9月に部分的な3化が見られる。早：5/3 函館，遅：10/9 芽室

訪花 [多] 少 無　吸汁 [水] 糞 樹液・腐果　産卵 [芽] 葉 幹・枝 他　越冬態 成 卵 [幼] 蛹

成虫 ♂♀ともに日なたを活発に飛びまわっては，葉先に翅を半開きにしてすぐ止まる。シロツメクサなど各種の花を訪れる。♂は地上に降りて吸水することも多い。食草の周りを飛ぶ♀を見続けていると，産卵するのが容易に観察される。夏の終わりにはクローバー類の枯れた花穂にも産みつける。

生活史 卵は花の周囲に産みつけられることが多い。1齢幼虫は淡黄褐色で2齢以降は緑色となる。若齢は花に頭を突っ込んで内部を食べるが，とても小さいので観察は容易ではない。終齢などが葉を食べる場合は，葉裏の表面をなめるように食べる。ナンテンハギやクサフジを食べている幼虫にはアリが集まること多いが，クローバー類ではあまり見られない。蛹は主に葉裏で見つかっている。越冬前の幼虫は紫紅色に変わるが，野外での越冬の様子はよく調べられていない。

食草 マメ科のシロツメクサ，クサフジ，ナンテンハギ，エゾヤマハギ，ムラサキウマゴヤシなど

one point
♀の翅表は通常，黒褐色。青い鱗粉が発達するものもあり，これは本道産の特徴である。

ムラサキツメクサのつぼみへの夏型の産卵
8/1 乙部（辻）

カメラにしみ込んだ汗を吸う集団
6/9 音更（芝田）

飛翔する♂
7/16 中札内（芝田）

夏型の交尾（♂右）
8/23 富良野（永盛）

春型の青い♀
6/17 帯広（茨木）

エゾヤマハギ葉上に静止する3齢
9/19 富良野（永盛）

クサフジの花を摂食する終齢
8/23 富良野（永盛）

エゾヤマハギに産付された卵
8/30 富良野（永盛）

前蛹
7/29 富良野（永盛）

クサフジの3齢
7/29 富良野（永盛）

蛹
7/29 富良野（永盛）

ルリシジミ

卵 286　幼 303
蛹 320　草 339

食草のヤマブキショウマの周りを飛翔する♀
6/17 幕別（芝田）

生息地：全道に広く分布する。年多化し個体数も多いので見つけやすい。住宅地の庭や公園，農地周辺などの緑地。低地〜山地の林縁，河川の堤防，峠の法面など。

1 2 3 4	5	6	7	8	9	10 11 12月

model 富良野

地域で発生時期が変わり 3-4 化する可能性も。早：4/12 石狩，遅：11/4 函館

訪花 多 少 無　吸汁 水 糞 樹液・腐果　産卵 芽 葉 幹・枝 他　越冬態 成 卵 幼 蛹

観察難易度
☆☆☆

局地性
☆☆☆

成虫 身近に見られる蝶で，春早くから公園や雑木林の明るい林縁をチラチラ飛びまわる。春型の♂は山頂占有性（ヒルトッピング）を見せ，キアゲハなどとともに開けた山頂部に集まり，低い草の先などで見張り行動をする。各種の花で吸蜜し，♂は湿地で集団で吸水する。♀の産卵行動もよく観察できる。食草のつぼみ周辺をしばらく飛びまわり，気に入ったつぼみの先に止まり，翅を閉じたまま腹部を曲げ1個ずつ産みつける。**生活史** 卵の産付位置は花のつぼみの隙間や花柄など。孵化した幼虫はつぼみの側面から穴を

あけ内部を食べる。花がなくなると果実や若葉を食べるものもいる。体色は食べている花の色に合わせて変化する。中齢以降の幼虫，特に終齢はアリを随伴することが多い。蛹化は食樹の根元の石の下，枯葉の裏などから見つかっている。**食草** マメ科木本のエゾヤマハギ，ニセアカシア，ミカン科のキハダ。マメ科草本のクサフジ，クズ，タデ科のオオイタドリなどの花

one point

幼虫は多種多様な花を食べているようだが，時期や地域による報告例は少ないので調べてほしい。

吸水する♂
8/14 江差（芝田）

ヤマブキショウマへの産卵
6/17 幕別（芝田）

エゾエンゴサクを訪花した♂
4/22 石狩（芝田）

交尾（♀左）
5/17 石狩（芝田）

羽化した♂
7/10 富良野（永盛）

幼虫の出す甘露をなめる
アリ。アリからの攻撃を
防ぎ，同時に他の外敵か
らの防衛も得る。

終齢とエゾアカヤマアリ
8/8 富良野（永盛）

終齢（クサフジ）
7/9 富良野（永盛）

ミズキの花を摂食する終齢
6/1 富良野（永盛）

2齢（カラコギカエデ）
6/1 富良野（永盛）

脱皮し終齢幼虫になる（キハダ）
6/9 富良野（永盛）

蛹
7/20 富良野産（永盛）

スギタニルリシジミ

卵 286　幼 302
蛹 320　草 360

早春の沢沿いで，新芽をうかがう探草飛翔中の♀
5/5 富良野市（芝田）

生息地：全道に広く分布するが，発生する期間は短く観察は容易ではない。低山地〜山地の主に自然度の高い渓流沿い。

1	2	3	4	5	6	7	8	9	10	11	12

渓谷や高標高地では6月に入って発生。早：4/12 北斗，遅：7/10 利尻

訪花 多 少 無　吸汁 水 糞 樹液・腐果　産卵 芽 葉 幹・枝 他　越冬態 成 卵 幼 蛹

成虫 早春に渓流沿いの林道上の湿地に吸水に集まっているのが目につく。ほとんどが♂で30頭にもおよぶ大きな集団をつくることもある。フキ，エゾエンゴサクなどの早春植物を訪花する。♂は枝先で占有行動を見せる。♀は，訪花や林縁の日だまりでの日光浴を見るが，食樹の高い所で活動しているようで目立たない。**生活史** 卵は密集したつぼみの側面や花柄に産みつけられており，上からはほとんど見えない。孵化した幼虫はつぼみの横から中に食い入ってしまう。2齢以降に外に出ても細長いつぼみとそっくりで見

つけるのは容易ではない。終齢は果実もよく食べ，葉の裏に静止し若葉も食べることが多い。このころアリが幼虫にまとわりつくことがある。幼虫は花を食べ急速に成長し，6月中には蛹になる。蛹はルリシジミに比べて腹部の膨らみが強いことから区別できる。野外での蛹化は未確認。**食草** トチノキ科のトチノキ（石狩低地帯以西），ミズキ科のミズキ，ミカン科のキハダ

one point

早春に出現するスプリングエフェメラル（春のはかないもの）の一種。ルリシジミとの同定は注意

エゾノリュウキンカを訪花した♂
5/4 当麻（芝田）

河原を飛翔する♂
5/18 当別（芝田）

ミズキの花を摂食する終齢
5/30 富良野産（永盛）

日光浴する♀
5/4 旭川（芝田）

吸水しながら排水する♂
4/29 札幌（永盛拓）

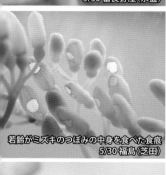
若齢がミズキのつぼみの中身を食べた食痕
5/30 福島（芝田）

終齢と吐糸で固定された
ミズキの花びら
5/30 福島（芝田）

黄をする1齢（トチノキ）
5/18 福島（永盛）

前蛹
6/1 福島産（永盛）

ミズキのつぼみを摂食する2齢
5/14 富良野（永盛）

トチノキのつぼみの卵
5/18 福島（永盛）

蛹
6/6 福島産（永盛）

カバイロシジミ

卵 287　幼 303
蛹 321　草 341

環：準絶滅危惧（NT）

海岸を飛翔する♀。例外的に海岸のヒロハクサフジを食草とする個体群がいる
8/2 乙部町（芝田）

生息地：広く分布するが発生地は限られる。海岸沿い〜低山地の明るい草原や，人里に近い河川沿いの土手や伐採後の草原などに見られる。道外では青森県の一部に分布。

1 2 3 4	5	6	7	8	9	10	11	12月

渡島半島の海岸では8月下旬まで見られる。早：5/26 砂川，遅：8/28 福島

訪花 多 少 無 ｜ 吸汁 水 糞 樹液・腐果 ｜ 産卵 芽 葉 幹・枝 他 ｜ 越冬態 成 卵 幼 蛹

観察難易度 ★★☆☆

局地性 ★★★☆

成虫 明るい草原を活発に飛びまわっている。♂♀ともに行動範囲は食草にこだわっているように見えるが，♀は時に発生地からかなり離れた場所まで飛んでいくことがある。♀の産卵を観察するのは難しくない。母蝶は，食草周辺をゆっくりと飛び，たびたび食草に止まる。花芽に触れるように触角を上下しながら産卵位置を慎重に選び1卵ずつ産みつける。**生活史** 孵化した幼虫はつぼみに穴をあけ中に潜り込む。2齢以降はつぼみの横から頭を入れ内部を食べる。3齢以降は花の色に似た体色になり，花全体から若い芽ま

で食べる。このころからトビイロケアリやクシケアリの仲間など各種のアリがつきまとうことが多い。終齢幼虫に近づいて観察すると，幼虫が背面の伸縮突起を伸ばし，アリは触角で幼虫の体表をたたくような行動を続けているのが見える。

食草 マメ科のクサフジ，ヒロハクサフジ，ナンテンハギ，外来種のムラサキウマゴヤシ，シナガワハギ

one point

草原に強く結びついた蝶であるが，草刈などの管理が入るタイミングが悪く絶滅することも多い。

142

交尾ペアに絡む♂2頭
6/27 愛別(芝田)

日光浴する♂
6/27 愛別(芝田)

シロツメクサを訪花した♂
6/27 愛別(芝田)

吸水する♂
6/30 札幌(永盛拓)

クサフジのつぼみへの産卵
7/3 小樽(永盛)

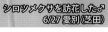

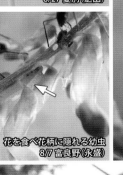
花を食べ花柄に隠れる幼虫
8/7 富良野(永盛)

クサフジの花芽の卵
7/2 愛別(芝田)

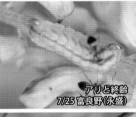
アリと終齢
7/25 富良野(永盛)

クサフジの花を食う2齢
7/25 富良野(永盛)

アリを随伴し花を摂食する終齢
7/19 富良野(永盛)

蛹
8/5 富良野産(永盛)

ジョウザンシジミ

北海道特産種

卵 287　幼 303
蛹 321　草 338

食草の生える崖での求愛飛翔（♂左）
6/8 帯広（芝田）

生息地：局地的で，海岸部〜山間の渓谷沿いや山頂部の食草の生える露岩地。十勝地方では河原の砂礫地。道南，道北，釧根地方には分布しない。

| 1 2 3 4 | 5 | 6 | 7 | 8 | 9 | 10 | 11 | 12 月 |

長期間だらだら発生する産地もある。一部が２化。早：4/14中札内，遅：9/5帯広

訪花 多 少 無　吸汁 水 糞 樹液・腐果　産卵 芽 葉 幹・枝 他　越冬態 成 卵 幼 蛹

観察難易度 ★★★☆

局地性 ★★★★★

成虫　岩が露出した崖が主な発生地で，食草周辺から離れず，地面から低い高さを小刻みに羽ばたきながら飛びまわっている。探雌飛翔する♂は♀を見つけると交尾を迫り，♀が翅をふるわせて拒否する姿をよく見る。♀が飛んでいるのは探雌飛翔で，しばらく目で追うと産卵するのを観察できる。食草を見つけると葉先から茎伝いに降りながら葉の付け根の上面や茎に１個ずつ産みつける。黒色で大型の夏型は，その年の気象条件によって出現が決まるようで部分的な発生になる。**生活史**　孵化した幼虫は，葉の内部に潜り込む

ようにして葉肉を食べる。３齢以降は葉を茎から切り落として食べるという変わった習性を見せる。幼虫は内部が食われ薄い皮だけになった葉が混じる，切り落とした葉の中に隠れている。各種のアリが集まっていて近寄って見ると写真のような幼虫とアリのやり取りが観察できる。蛹は周囲の石の隙間や枯葉の上から発見される。

食草　ベンケイソウ科のエゾキリンソウ，イワベンケイなど

one point
生息地が極めて限られる珍種の部類だが，飼育は容易である。

河川敷の
イワベンケイへの産卵
5/15 帯広（芝田）

発生地の崖をバックに探雌飛翔する♂
5/31 札幌（芝田）

日光浴する夏型
8/8 日高（辻）

交尾（♂左）
5/14 帯広（芝田）

訪花した春型♂
5/14 帯広（芝田）

幼虫にはアリが随伴して
いる。そのアリがよい目
印になる。

食草の根際にいる終齢とアリ
7/4 日高（永盛）

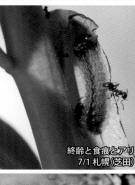

終齢と食痕とアリ
7/1 札幌（芝田）

切り落とした葉を食う終齢
7/11 日高（永盛）

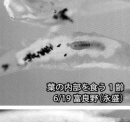

葉の内部を食う1齢
6/19 富良野（永盛）

甘露をなめる小型のアリ
7/8 富良野（永盛）

石の裏の蛹
7/7 富良野（永盛）

ゴマシジミ

卵 287　幼 303
蛹 321　草 346

環：準絶滅危惧（NT）
北：留意（N）

産卵する♀。本種の産卵は目にする機会が多い。
8/7 室蘭（芝田）

生息地： ナガボノワレモコウが生える火山性草原や岩礫地，湿地帯が本来の生育域。近年道路の法面に植えられたナガボノワレモコウで分布を広げている。

| 1 2 3 4 | 5 | 6 | 7 | 8 | 9 | 10 11 12 |

多くの地域で8月上旬が盛期。早：6/15 興部，遅：9/25 苫小牧

訪花 [多] 少 無　吸汁 水 糞 [樹液・腐果]　産卵 [芽] 葉 幹・枝 他　越冬態 成 卵 [幼] 蛹

観察難易度 ★★☆☆

局地性 ★★★☆

成虫 日の当たる草原を活発に飛び，食草群落を離れない。食草を中心に各種の花で吸蜜する。止まっている♀に♂が盛んに求愛行動をするのがよく見られる。ワレモコウ類の花穂に止まって腹部を曲げる産卵行動もよく見られる。**生活史** 夏の終わりに孵化した幼虫は，花穂の中に潜り込んで花の内部を食べているので外からは見えない。花穂が枯れるころ，終齢はアリの巣の中に運び込まれ，アリの幼虫を食べて育つという特異な生活に入る。地面を徘徊するクシケアリは幼虫を見つけると，幼虫から甘露をもらい，幼虫の胸部をくわえて巣の方に運び込む。クシケアリのコロニーはススキなどの株の根元に見られ，幼虫はこの巣の中で越冬する。翌春，クシケアリのコロニーの拡大にともない，アリの幼虫を多量に食べ成長する。蛹はコロニーの最上部から見つかる。**食草・食餌** バラ科のナガボノワレモコウ，ミヤマワレモコウ。終齢からはハラクシケアリの幼虫

one point

アリの巣の中の生活については未知の部分が多い。最近の知見では女王の発する音も出して働きアリをだましているという。

産卵中の♀に求愛する♂
8/1 室蘭（芝田）

住宅地での産卵。身近な場所で見られることも多い
8/25 苫小牧（芝田）

交尾（♂右）
8/17 上ノ国（辻）

日光浴する♀
8/6 伊達（芝田）

湿地のサワギキョウを訪花
8/12 苫小牧（芝田）

アリに運ばれる4齢
9/16 芦別（永盛）

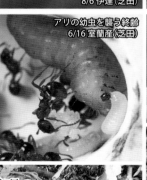
アリの幼虫を襲う終齢
6/16 室蘭産（芝田）

花に食い込む1齢
8/22 富良野（芝田）

クシケアリに甘露を与える4齢
9/16 芦別（永盛）

アリの巣は草の根際を探ると見つ
かる。幼虫は巣の上部にいることが
多く，指で少し掘る位で見つかる。

ササ根際のアリ巣の最上部から見つかった終齢
6/3 室蘭（芝田）

蛹と巣口
7/8 室蘭（芝田）

オオゴマシジミ

卵 287　幼 303
蛹 321　草 368

環：準絶滅危惧（NT）
北：情報不足（Dd）

食草群落での求愛飛翔（♂右）
8/5 共和（芝田）

生息地：道南と樺戸山群の山地渓流沿いの崩落斜面に成立した草地に極めて局地的に生息する稀種。生息地の遷移が進み，イタドリや低木に覆われると姿を消す。

| 1 | 2 | 3 | 4 | 5 | 6 | 7 | 8 | 9 | 10 | 11 | 12 月 |

多くの地域で7月末に盛期となる。早：7/20 月形，遅：8/25 熊石

訪花 [多] 少 無 　吸汁 [水] 糞 樹液・腐果 　産卵 [芽] 葉 幹・枝 他 　越冬態 成 卵 [幼] 蛹

観察難易度 ★★★★☆
局地性 ★★★★★

成虫 食草の生える渓流の斜面に生息する。食草につぼみができ始めるころ，羽化した成虫は斜面に沿ってゆるやかに飛び，クロバナヒキオコシ，ヨツバヒヨドリなどの花で吸蜜する。♂は午前9時ごろから探雌飛翔を始めるが，食草群落から離れることはほとんどない。産卵の観察は容易で，♀は食草のつぼみや花に1個ずつ産みつける。
生活史 孵化した幼虫は若いつぼみを食べ始める。生息地で花を丹念に見まわると若齢の発見はそれほど難しくない。4齢になると摂食を止め，アリと出会い巣の中に運ばれるという。越冬後の終齢を斜面に半分埋まった朽木につくられたアリのコロニーから1例発見した。アリの人工巣で飼育したところ，1日当たり15匹くらいのペースでアリの幼虫を食べ，蛹化した。**食草・食餌** シソ科のクロバナヒキオコシ（1～4齢）。4齢の途中からはハラクシケアリの巣の内部でアリの幼虫を食べる。

one point

本種の特異な生活史は1952年，当時中学生だった平賀壮太の飼育観察記録によって明らかになったが，野外でのアリの巣内の生態観察は極めて難しい。

沢の崩壊による森林内の空間を飛翔する♂
8/1 仁木（芝田）

食草のつぼみへの産卵
8/1 共和（永盛）

食草のつぼみにタッチングする♀
8/5 共和（芝田）

ヒヨドリバナを訪花した♀
8/1 仁木（芝田）

日光浴する♀
8/5 共和（芝田）

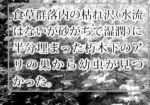

食草群落内の枯れ沢（水流
はないが砂かちで湿潤）に
半分埋まった朽木下のア
リの巣から幼虫が見つ
かった。

つぼみを食う2齢
8/23 上ノ国（永盛）

アリの幼虫を襲う終齢
6/24 月形産（芝田）

前蛹
帯糸はかけず蛹は半落する（下）
7/1 月形産（芝田）

幼虫が見つかった枯れ沢
両岸には食草が繁茂していた
6/19 月形（芝田）

幼虫は朽木の下部に
張りついていた
6/19 月形（芝田）

蛹
7/3 月形産（芝田）

ヒメシジミ

卵 287　幼 303
蛹 321　草 368

夏のスキー場での求愛。スキー場は草原環境が保たれるのでさまざまな蝶が見られる穴場
7/1 栗山（芝田）

生息地：全道に広く分布するが発生地は限定的。平地〜低山地の農村部周辺，スキー場，河川沿い，林間の草原。

| 1 | 2 | 3 | 4 | 5 | 6 | 7 | 8 | 9 | 10 | 11 | 12 月 |

寒冷地などでは 7 月中旬以降に発生。早：6/7 旭川，遅：8/17 美唄

訪花（多・少・無）　吸汁（水・糞・樹液・腐果）　産卵（芽・葉・幹・枝・他）　越冬態（成・卵・幼・蛹）

観察難易度 ★★☆☆

局地性 ★★★☆☆

成虫　草原に強く結びついた蝶で，草むらをゆるやかに飛翔し，♂は吸蜜時以外もっぱら草むらを縫うように探雌飛翔を続けている。天候に敏感で，曇ると翅を閉じて草の上で静止しているのが目につく。この時，頭を下に向けることも多い。求愛活動〜交尾行動，産卵行動は比較的観察しやすい。♀は飛びまわりながら食草を確認し，食草付近の草むらに潜り込んで，食草を含め，主に周辺の枯葉や茎に 1 個ずつ産みつける。**生活史**　卵で越冬するが，野外での翌春の孵化直後の観察はできていない。中齢幼虫以降は，内部の葉肉を食べた後の透明な表皮が残った独特の食痕ができるので，これを目安に探すとよい。終齢になるとトビイロケアリなどのアリが集まり，摂食時以外は食草の根元に隠れていることが多い。蛹は食草周辺の石の隙間，枯葉の間やアリの巣口などから見つかる。

食草　キク科のオオヨモギ，マメ科のミヤコグサ，ナンテンハギ

one point

以前は各地に普通に見られたが，最近はさまざまな理由で草原が維持されることがなくなり，次つぎに姿を消している。

150

日光浴する♂
7/1 栗山(芝田)

青鱗粉が発達した♀
6/20 安平(芝田)

求愛(♂左)
7/15 更別(芝田)

交尾(♂左)
7/8 安平(辻)

クローバーの花殻に産卵
7/8 札幌(永盛拓)

食痕(上)と幼虫につきまとう
アリが目印になる。

フキに産付された卵
7/19 東川(永盛)

ヨモギ根際にいた終齢
6/4 東川(永盛)

ヨモギから見つかった3齢
5/24 東川(永盛)

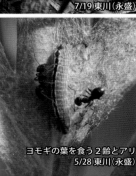
ヨモギの葉を食う2齢とアリ
5/28 東川(永盛)

ヨモギの2齢
5/6 東川(永盛)

木片の裏から見つかった蛹
6/7 東川(永盛)

国内希少野生動植物種

アサマ（イシダ）シジミ

卵 287　幼 303
蛹 321　草 341

環：絶滅危惧 IA 類（CR）
北：絶滅危惧 IB 類（En）

草原を飛翔する♂
7/15 更別（芝田）

生息地： 本来の生息環境はカシワの疎林や湿原周囲の草原。鉄道線路わきや牧草地の農道わきなど人為的な小草原にも適応している。近年生息地の消滅が著しい。

1 2 3 4	5	6	7	8	9 10 11 12 月

根室方面では 7 月中～下旬が盛期。早：6/23 更別，遅：8/5 忠類

訪花 多 少 無　吸汁 水 糞 樹液・腐果　産卵 芽 葉 幹・枝 他　越冬態 成 卵 幼 蛹

観察難易度 ★★★★★
局地性 ★★★★★

成虫 食草の生える草むらの上をゆるやかに飛翔し，ヒメジョオン，クサフジなど各種の花を訪れる。♂は日中もっぱら生息地周辺を縫うように探雌飛翔を続けるが，曇天や低温時は不活発。♀はさらに不活発で活動時間も短い。♀は食草の地面に近い茎に 1 卵ずつ産みつける。また周囲の植物にも産みつけていることがある。**生活史** 卵で越冬し翌春の雪解け後孵化する。このころの野外の観察はない。飼育下では孵化した幼虫は芽吹いた食草にたどりつき摂食を始める。摂食時以外は食草の根際の枯葉に隠れることが多い。3 齢～終齢は，日中に食草に登って先端部の若い葉から食べているのをよく見る。この時，トビイロケアリなどのアリがまとわりつく。幼虫は時どき背面の伸縮突起を伸ばし，アリはこれに反応し幼虫の体を触角で触れまわる。6 月中旬には終齢になり，蛹化は周辺の石の隙間，枯葉の間で行われると推測される。

食草 マメ科のナンテンハギ

one point

本道で最も絶滅が危惧される種の 1 つ。開発や，逆に放置することで草原環境が維持されないのが主な原因。

シロツメクサを訪花した♂
7/15 更別（芝田）

ナンテンハギの茎へ産卵
7/14 浜中（芝田）

求愛飛翔
7/18 更別（芝田）

後翅に赤斑が現れた♀
7/15 更別（芝田）

交尾（♂左）
7/18 更別（芝田）

幼虫は見つけやすく違法
採集も減少の一因。

終齢と食痕とアリ
6/18 浜中（永盛）

食草根際の終齢と真新しい糞
6/11 浜中（永盛）

食痕とアリ
6/18 浜中（永盛）

2齢
5/2 遠軽産（永盛）

甘露をなめるアリと
終齢の伸縮突起
6/14 遠軽（永盛）

蛹
6/22 遠軽産（永盛）

天然記念物　北海道特産種

カラフトルリシジミ

卵 287　幼 303
蛹 321　草 364

環：準絶滅危惧（NT）
北：留意（N）

高層湿原を飛翔する♂。本来高山蝶である本種が根室周辺では低地にも生息する
7/24 根室（芝田）

生息地：天然記念物に指定されており，高山帯の岩礫地に広がる矮性植物群落と根室地方の海岸低地の高層湿原に限定的に生息する。

| 1 2 3 4 | 5 | 6 | 7 | 8 | 9 | 10 11 12 月 |

根室方面では 7 月下旬に盛期を迎える。早：6/30 十勝岳，遅：9/3 大雪山

訪花 （多）（少）（無）　吸汁 （水）（糞）（樹液・腐果）　産卵 （芽）（葉）（幹・枝）（他）　越冬態 （成）（卵）（幼）（蛹）

観察難易度
★★★☆

局地性
★★★★★

成虫 生息地の矮性植物周辺を低く飛び，コケモモ，エゾイソツツジなどを訪花し吸蜜する。日が陰ると翅を広げ日光浴をする。晴天時には♂♀ともに湿った地面で吸水する。♂の探雌飛翔は一定のコースがあるようにも見え，♂どうしが出会うと絡み合って追飛するのをよく見る。求愛〜交尾行動は午前中によく見られ，交尾を拒否する♀は翅を激しく羽ばたかせる。♀の観察を続けると比較的容易に産卵活動を観察できる。**生活史** 卵は食草の若い芽に産みつけられている。孵化した幼虫は食草の葉の表面やつぼみを食べ成長

し，2〜3齢で越冬に入るという。若齢については発見が難しいが，翌年の春〜初夏の3〜終齢では，葉の先端部を根気よく見まわると，若葉や果実を食べている幼虫を発見することができる。蛹は食樹の幹や葉の裏などから見つかっている。**食草** ガンコウラン科のガンコウラン。ツツジ科のコケモモ，クロマメノキ，ツルコケモモ

one point

高山植物に依存する特異なシジミチョウ。氷河時代の寒冷な時期に，名前のとおり樺太（サハリン）経由で本道に移入したと考えられる。

エゾノヨロイグサを訪花した♀
7/24 根室(芝田)

交尾(♀右)
7/17 鹿追(芝田)

日光浴する♂
7/17 鹿追(芝田)

吸水する♂
7/22 大雪山(茨木)

ガンコウランへの産卵
7/24 根室(芝田)

ガンコウランに産付された卵
7/24 根室(芝田)

ガンコウランの終齢
6/10 鹿追(永盛)

若齢(ガンコウラン)
8/8 大雪山(渡辺)

ガンコウラン根元の蛹
6/28 鹿追(渡辺)

幼虫探索は摂食のため目立つ
ところに出てくる時がわずか
なチャンス。

高山帯の生息地のガンコウラン
(矢印)に幼虫がいる
6/10 鹿追(永盛)

ガンコウランを摂食する終齢
6/21 鹿追(渡辺)

北海道特産種
ホソバヒョウモン

卵 288　幼 304
蛹 322　草 356

縄張り争いする♂同士の追飛
6/19 新得（芝田）

生息地：上川〜日高以東のおおよそ標高 300 m 以上の山地の渓谷沿いの林道や林間草原に局地的に見られる。発生はカラフトヒョウモンより遅れる。

1	2	3	4	5	6	7	8	9	10	11	12月

高標高地などでは 7 月中旬以降の発生。早：6/6 清里，遅：8/16 平取

訪花 多 少 無　吸汁 水 糞 樹液・腐果　産卵 芽 葉 幹・枝 他　越冬態 成 卵 幼 蛹

観察難易度 ★★★☆

局地性 ★★★☆

成虫　成虫をよく見かけるのは，本道の植生を特徴づける針広混交林帯の林道沿いで，♂は小刻みに，♀はよりゆったり羽ばたきながら，アザミ類やセリ科などの在来種の花を訪れる。吸蜜や吸水時には翅を水平に開くことが多い。♀は林縁の斜面に広がる食草を確認しながら，下草の中に潜り込み，スミレ類周辺の枯茎や枯葉に卵を産みつける。**生活史**　野外で卵を発見することは難しく，母蝶の産卵を待つしかない。孵化した幼虫は葉の縁から少しずつ食べ始める。2 齢になると体色が黒くなり側面に黄色斑が 3 対現れる。

これはカラフトヒョウモンにはない特徴である。摂食時以外は食草周囲の枯葉の裏に隠れている。飼育では，3 齢になった 9 月下旬ごろから摂食を止め越冬に入るが，一部は年内に羽化することもある。野外での越冬態の観察記録はない。翌春の活動は食草の芽ばえを待つようで他種より遅くなる。

食草　スミレ科のミヤマスミレ，タチツボスミレ，稀にツボスミレ

one point

本種〜アサヒヒョウモンまでのホソバヒョウモン属は本道を特徴づける北方系の種。

エゾルリトラノオを訪花した♀
7/14 日高(辻)

キク科を訪花した♂
7/9 日高(芝田)

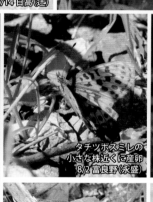

タチツボスミレの
小さな株近くに産卵
8/2 富良野(永盛)

2齢
4/19 日高産(永盛)

フランスギクを訪花した♀
7/9 日高(芝田)

黒化傾向にある♂
7/9 日高(芝田)

幼虫は林道わきのミ
ヤマスミレから見つ
かる ▷

幼虫が見つかった環境
疎らに生えるスミレの根際にいた
5/30 富良野(永盛)

終齢と食痕
5/30 富良野(永盛)

前蛹
8/12 日高産(永盛)

越冬明けの3齢
体側の黄色斑が本種の特徴
3/19 日高産(永盛)

蛹
8/17 富良野産(永盛)

タテハ

北海道特産種

カラフトヒョウモン

卵 288 幼 304
蛹 322 草 357

環：準絶滅危惧(NT)

若い植林地を飛翔する♂。伐採により現れる森林内の草原環境は本種の良好な生息地となる
6/16 幕別(芝田)

生息地：石狩低地帯以東の低山地の伐採跡地などに広がる林間草原に局地的に見られる。発生は早い地域で5月下旬から。伐採地では多産することもある。

1 2 3 4	5	6	7	8	9	10 11 12 月

高標高地などでは6月下旬から発生。早：5/18北見，遅：7/25上川

訪花 多 少 無 | 吸汁 水 糞 樹液・腐果 | 産卵 芽 葉 幹・枝 他 | 越冬態 成 卵 幼 蛹

観察難易度 ★★★☆

局地性 ★★★★☆

成虫 草花が一斉に伸び始めるころ，明るい林間の草地を軽やかに飛び交う。多く見られるのは伐採跡地の食草であるスミレがいっきに増えた場所になる。♂♀ともに草地の各種の花で吸蜜する他，地面での吸水も見られる。♂は盛んに羽ばたきながら探雌飛翔する。♀は食草の地面に近い小さな葉の裏や周囲の枯草に1卵ずつ産みつける。**生活史** 若齢は，葉についた小さな食痕を目当てに探すが，食草の下の枯草や小石の間に隠れていて発見は難しい。2～3齢になる7月下旬ごろから摂食を止め，体を縮めてカールし

た枯葉の中に隠れて夏眠に入る。9月中下旬に活動を一時再開することもあるが，やがて越冬に入る。翌春越冬から覚めた幼虫は急速に成長し，5月上旬には終齢になる。この時期にスミレに残された大型の食痕を目当てに探すと，枯葉内外で幼虫が見つかる。野外での蛹化場所は不明。**食草** スミレ科のタチツボスミレ，ミヤマスミレなど

one point

良好な生息地も遷移によって高木が増えてくると食草とともに消えてしまう。絶滅が危惧される蝶の1つである。

158

伐採地のアザミを訪花した♂
6/23 幕別（芝田）

草むらの中で探草飛翔する♀
6/19 新得（芝田）

交尾（♀上）
6/13 幕別（前田）

産卵
6/5 富良野（永盛）

ウインカーに引き寄せられた♂
6/10（茨木）

普段，幼虫は丸まった枯
葉に隠れている。

越冬明けの4齢
4/16 幕別産（永盛）

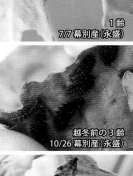

1齢
7/7 幕別産（永盛）

越冬前の3齢
10/26 幕別産（永盛）

タチツボスミレの株付近の
枯葉中にいた終齢
5/12 幕別（永盛）

花を食う終齢
5/1 幕別産（永盛）

蛹
5/5 幕別産（永盛）

天然記念物　北海道特産種

アサヒヒョウモン

卵 288　幼 304
蛹 322　草 364

環：準絶滅危惧（NT）
北：留意（N）

ミネズオウへの産卵
6/18 大雪山（芝田）

生息地: 大雪山系の黒岳，赤岳〜トムラウシ山。十勝連山や音更山,石狩岳。高山帯に広がる風衝矮性植物群落（高山ヒース）に生息する。

1	2	3	4	5	6	7	8	9	10	11	12 月

残雪の解け具合で発生状況は大きく変わる。早：6/14 大雪山，遅：8/6 大雪山

訪花 多 少 無　吸汁 水 糞 樹液・腐果　産卵 芽 葉 幹・枝 他　越冬態 成 卵 幼 蛹

観察難易度 ★★☆☆☆

局地性 ★★★★★

成虫 周囲の雪田がしだいに小さくなっていくヒースの上を細かく羽ばたきながらすばやく飛びまわり，さまざまな高山植物を訪花する。羽化した♀はすぐに♂に発見され交尾に至るという。低温時は日差しに向けて翅を広げ日光浴する姿をよく見る。♀は高山植物群落の上を飛びまわりながら，産卵するのをよく見る。この時，本来の食草以外の植物や地衣類に産みつけることも多い。**生活史** 多くの食草が入り混じる高山ヒースで，本種の卵〜幼虫〜蛹を発見することは極めて難しい。数少ない観察報告によると夏に孵化した幼虫は4齢まで育ち越冬に入る。翌春摂食を開始した幼虫は1回脱皮してキバナシャクナゲの葉の裏で蛹化し，10〜14日後に羽化する。食痕は葉の縁から円形に切り取ったものになるという。許可を得て飼育を試みた。採卵は比較的容易だが，孵化後の飼育が難しく，若齢ですべて死亡した。

食草 ツツジ科のキバナシャクナゲ，コケモモ，クロマメノキ，ガンコウラン

one point

大雪山の高山ヒースは健在に思えるが，本種の個体数は減少を続けている。

交尾(羽化直後の♀右)
7/6 大雪山(渡辺)

求愛(♂右)
7/6 大雪山(渡辺)

ミネズオウを訪花した♀
6/30 大雪山(渡辺)

吸水する♂
7/8 大雪山(茨木)

3齢とキバナシャクナゲの食痕
8/8 大雪山(渡辺)

キバナシャクナゲ葉裏の終齢
6/23 大雪山(芝田)

キバナシャクナゲ葉裏の蛹
6/30 大雪山(芝田)

日光浴する終齢と古い食痕
6/23 大雪山(芝田)

キバナシャクナゲ葉裏の前蛹
6/23 大雪山(芝田)

終齢が見つかった生息地
6/23 大雪山(芝田)

1齢(コケモモ)
9/9 大雪山(渡辺)

コヒョウモン

卵 288 幼 304
蛹 322 草 345

林道沿いの草地を飛翔する♂
7/11 北見（芝田）

生息地：全道に広く分布するが離島には見られない。低山地〜山地の渓流沿いの小草原。キタヒョウモンが見られない深山渓谷にも多い。

1 2 3 4 5 6 7 8 9 10 11 12 月

寒冷地では7月中旬以降に発生。早：6/17 小樽，遅：8/14 札幌

訪花 多 少 無　吸汁 水 糞 樹液・腐果　産卵 芽 葉 幹・枝 他　越冬態 成 卵 幼 蛹

成虫 ♂が渓流沿いに伸びる林道で吸蜜，休憩をはさみながらひたすら探雌飛翔を続けているのをよく見る。♀が食草群落にまとわりつくように飛んでいれば産卵行動である。株の内部に潜り込んで，腹部を曲げて歩きながら産卵位置を探し，虫食いの跡がついた半枯れの葉に好んで産みつける。**生活史**早春，まだ雪をかぶっている食草群落では芽生えが始まっている。孵化した幼虫は伸び始めた株の先端部にたどり着き摂食を始める。若齢時は周辺の枯葉の中に潜んでいるので発見は難しい。中齢以降は株の先端部に登って摂食する姿がよく見られ，葉の中央に静止することが多くなる。終齢が葉の上に止まっている姿はよく目立つが，このころよく落下するヤナギの花穂に似せているのかもしれない。蛹は食草群落の内部や周囲のフキの下に下垂した形で見つかる。

食草 バラ科のオニシモツケ，エゾノシモツケソウ

one point
幼虫探索では，オニシモツケはキタヒョウモンも食べているので，飼育して羽化した成虫も合わせて同定するとよい。

ヒメジョオンを訪花した♀
6/29 旭川（永盛）

キリンソウを訪花した♂
7/11 日高（芝田）

オニシモツケへ産卵
8/8 日高（永盛）

アザミを訪花した♂
7/11 札幌（茨木）

交尾（♂左）
7/8 幌延（永盛）

3齢と食痕
5/25 富良野（永盛）

2齢
6/5 富良野（永盛）

前蛹
6/14 遠軽（永盛）

林道沿いのオニシモツケ葉上の終齢
目立つ場所に静止していることも多い
5/22 北見（芝田）

越冬明けの1齢
4/20 富良野（永盛）

オニシモツケ葉裏の蛹
6/14 遠軽（芝田）

キタヒョウモン（ヒョウモンチョウ）

北海道特産種

卵 288　幼 304	環：準絶滅危惧(NT)
蛹 322　草 346	北：情報不足(Dd)

食草の周りを飛翔する♀
8/3 苫小牧（芝田）

生息地：全道に分布するが生息地は限られ，海岸沿いの平地，平地からごく低い丘陵地に広がる火山性草原，湿原とその周辺。

1	2	3	4	5	6	7	8	9	10	11	12 月

宗谷や根室管内など寒冷地では7月下旬に発生。早：6/21 函館，遅：9/8 大樹

訪花 多 少 無 ┃ 吸汁 水 糞 樹液・腐果 ┃ 産卵 芽 葉 幹・枝 他 ┃ 越冬態 成 卵 幼 蛹

観察難易度★★★☆　局地性★★★☆

成虫 明るい草原環境に見られる。♂は草むらの上を縫うように♀を探して飛びまわっている。♀に対する求愛行動はよく観察されるが，交尾までの観察はない。母蝶は食草付近を低く飛び下部の葉に止まり，歩いて食草の株に潜り込み，低い位置の枯れた食草の葉裏や周囲の枯葉，シダなどに産卵する。産卵行動は長い期間に及ぶようだ。

生活史 卵の中の幼虫は，雪解け直後に孵化し，食草の芽生えにたどり着く。幼虫は終齢に至るまで，日中は日の当たる枯葉の間に静止して体を温め，主に朝夕に摂食する。葉の縁から食べていくので，ナガボノワレモコウでは葉の主脈を残した独特の食痕が残る。食痕を見つけ，周囲の乾燥しカールした枯葉を中心に探すと，幼虫の発見はそれほど難しくはない。蛹は，草本の葉裏，時に枯葉裏に見られる。

食草 乾性草原ではナガボノワレモコウ，湿性草原ではオニシモツケ。稀にエゾノシモツケソウ

one point

近年 DNA 解析などから本州のものから別種として報告されている。コヒョウモンとの区別は注意を要する。

日光浴する♂ 6/30 安平（芝田）

ホザキシモツケを訪花した♀
7/13 安平（辻）

産卵
8/11 東川（永盛）

探雌飛翔する♂
7/13 安平（永盛）

交尾（♂左）
7/26 標茶（永盛）

1齢
4/30 芦別産（永盛）

終齢と亜終齢
5/24 東川（永盛）

白い気門下線が目立つ終齢
6/1 東川（永盛）

摂食する3齢
5/24 東川（永盛）

食草の根際の終齢
5/24 東川（永盛）

蛹
6/25 標茶産（永盛）

ウラギンスジヒョウモン

卵 288　幼 305
蛹 322　草 357

環：絶滅危惧II類（VU）

若い植林地を飛翔する♂がカメラに興味を示した
8/16 苫小牧（芝田）

生息地： 天売以外の離島も含め全道に広く分布。住宅地に近い自然公園や農地近郊の草地，低山地の雑木林の間の草原。開放的な草原はあまり好まない。

| 1 2 3 4 | 5 | 6 | 7 | 8 | 9 | 10 11 12月 |

盛夏には夏眠することがある。早：7/16 滝川，遅：10/11 幕別

訪花 （多）少 無　吸汁 水 糞 樹液・腐果　産卵 芽 葉 幹 （枝）他　越冬態 成 （卵）幼 蛹

成虫 発生地の草原はもとより，近郊の市街地まで飛来し，外来種やハーブ類などの栽培種を含めた各種の花に集まる。晴天時には湿地で吸水することも多い。オオウラギンスジヒョウモンよりオープンな環境を好み，一緒に見られることは少ない。本州では夏眠をするが本道では見られない。卵の成熟に時間がかかり，吸蜜により栄養分を蓄積した後，産卵は主に9月中に見られる。母蝶はスミレ類が生える草むらを低く飛びまわり，地表の枯葉，枯枝，切り株などに1卵ずつ産みつける。

生活史 卵内で発生が進み幼体はできるが，孵化しないでそのまま越冬する。雪解け後の若齢幼虫は食草の周辺の枯葉から見つかるが，他種との見極めは難しい。成長すると，昼間は食草から離れ，特にカールした枯葉を好み中に隠れている。食痕のあるスミレの周囲の枯葉すべてを取り除くようにして探すと発見できる。蛹化場所は，本道での観察例はない。

食草 スミレ科のタチツボスミレ，ツボスミレなど

one point

本州では減少傾向が著しいので本道でも留意する必要がある。

食草付近の枯草に産卵
9/11 富良野（永盛）

求愛飛翔（♂下）
8/14 苫小牧（茨木）

タヌキの糞から吸汁する♂
8/8 厚真（辻）

訪花した♂
8/16 千歳（芝田）

交尾（♀右）
8/7 富良野（永盛）

枯葉の3齢
5/4 富良野（永盛）

終齢
5/31 富良野（永盛）

若葉にたどり着いた1齢
4/11 富良野産（永盛）

終齢
5/24 標茶産（永盛）

普段は食草の根元の枯葉に隠れている
5/24 富良野（永盛）

蛹
7/4 標茶（永盛）

オオウラギンスジヒョウモン

卵 288　幼 305
蛹 322　草 357

セイタカアワダチソウを訪花した♂
8/25 苫小牧(芝田)

生息地：全道に広く分布する普通種。平野部の公園，低山地の雑木林，山地の林縁や林間の開けた空間。ウラギンスジヒョウモンに比べ，より森林環境を好む。

| 1 2 3 4 | 5 | 6 | 7 | 8 | 9 | 10 11 12 月 |

寒冷地では7月下旬以降の発生。早：7/3 旭川，遅：10/5 豊頃

| 訪花 多 少 無 | 吸汁 水 糞 樹液・腐果 | 産卵 芽 葉 幹・枝 他 | 越冬態 成 卵 幼 蛹 |

観察難易度 ★☆☆

局地性 ★★☆

成虫　ウラギンスジヒョウモンと混じることは稀で，山道でミドリヒョウモンやメスグロヒョウモンと一緒に見ることが多い。7月に発生するが，お盆を過ぎるころから人里近くまで飛んできて，庭先の花で吸蜜する。このころから配偶行動や産卵行動が見られるようになる。産卵は林道わきや小川の土手などのスミレ類の生える草むらで観察され，♀は食草付近のヨモギなどの枯葉や枯枝に1卵ずつ産みつける。

生活史　飼育では越冬前に一部孵化することがあるが，基本的には卵のまま越冬する。雪解け後，孵化した幼虫は，

まだ小さなスミレの新しい葉に円く穴をあけながら食べ始める。幼虫の生態は他のヒョウモン類と同様に摂食時以外はスミレの近くの枯葉の中に隠れている。地上部にいる時は，刺激を与えると丸くなって落下する。蛹は，飼育では枝や葉にぶら下がるが，野外での蛹化場所は不明。

食草　スミレ科のエゾノタチツボスミレ，タチツボスミレ，ツボスミレなど

one point

幼虫段階でウラギンスジヒョウモンと区別するのは難しいので，羽化させてから判断するとよい。

ヨモギの枯葉に産卵
9/11 小樽（永盛）

訪花した♂と絡んできたウラギンヒョウモン♂
8/2 稚内（辻）

産卵する♀に近づく♂
8/25 標茶（永盛）

葉裏で避暑する♀
8/1 札幌（永盛拓）

訪花した♂
8/28 苫小牧（芝田）

越冬明けの1齢
4/11 富良野産（永盛）

終齢
5/17 富良野産（永盛）

幼虫は雪解け後，スミレがのび始めた斜面で活動を始める。

2齢が見つかった環境
4/15 富良野（永盛）

枯葉に隠れる4齢
5/9 富良野（永盛）

切り株にぶら下がった蛹
6/6 富良野（永盛）

ミドリヒョウモン

卵 288　幼 304
蛹 322　草 357

メスグロヒョウモン♀(下)へ誤求愛する♂
8/8 愛別(芝田)

生息地：広く分布するヒョウモン類の最普通種（天売は未記録）。市街地周辺の公園〜農地周辺にも見られるが，基本的な生息地は低山地〜山地の林道沿いや林間の開けた空間。

1 2 3 4	5	6	7	8	9	10 11 12 月

夏眠することは少ない。早：6/22 富良野，遅：10/14 江別

訪花 多 少 無　吸汁 水 糞 樹液・腐果　産卵 芽 葉 幹・枝 他　越冬態 成 卵 幼 蛹

観察難易度 ★☆☆☆

局地性 ★★☆☆☆

成虫　本道の大型ヒョウモンの最普通種。アザミ類，オオハンゴンソウなど多くの花に集まる。林道沿いなどでゆるやかに飛び続ける♀の周りを，♂が回転しながら絡み合う独特の求愛行動がよく観察される。産卵は9月ごろに行われるが，発生地から遠く離れた，食草の乏しい場所でもよく見られる。樹木の幹を腹を曲げて歩きまわり，地表付近からおおよそ2mほどの高さに産卵する。観察していると足下に飛んできて靴などに産卵姿勢を見せることもある。**生活史**　年内に孵化した幼虫は摂食せず，幹を降り地面の枯葉やコケの中でそのまま越冬する。翌春の雪解けは幹の周りから始まる。このような場所では，いち早く芽を出したスミレで摂食する1齢が見られる。幼虫は食草や周囲の枯葉上などによく静止しており，発見は容易である。蛹はヨモギなどの葉の下や樹木の根元付近の空間，また東屋などの工作物の下などで発見される。**食草**　スミレ科のタチツボスミレ，オオタチツボスミレ，ツボスミレ，ミヤマスミレなど

one point

ヒョウモン類の幼虫探しでは最も簡単に見つかる入門的な種。

求愛飛翔（♂下）
8/14 上ノ国（茨木）

伐採地のアザミを訪花した♂
7/17 旭川（芝田）

ミズナラの樹皮へ産卵
8/14 厚真（芝田）

交尾。♀は緑色が強い
8/16 千歳（芝田）

ヒヨドリバナを訪花した♀
8/7 苫小牧（芝田）

オオタチツボスミレを摂食する3齢
5/24 東川（永盛）

ヨモギの葉裏で蛹化する様子
6/8 富良野（永盛）

公園のテーブル裏にぶら下がった蛹
6/26 富良野（永盛）

日向を移動する2齢
5/2 安平（永盛）

葉を食べる3齢
5/24 東川（永盛）

蛹化のため歩き回る終齢
6/6 安平（芝田）

メスグロヒョウモン

卵 288　幼 304
蛹 323　草 357

ヒヨドリバナを訪花した♀。ヒョウモン類では珍しく♂♀で見た目がまるで違う
8/12 上川（芝田）

生息地：宗谷地方を除き全道に広く分布。低山地〜山地の林道沿いの草地，若い植林地など。ミドリヒョウモンと同所で見られることも多いが本種の個体数は少ない。

| 1 2 3 4 | 5 | 6 | 7 | 8 | 9 | 10 11 12月 |

普通 7月中旬から盛期となる。早：6/19 共和，遅：9/19 芦別

訪花 多 少 無 ｜ 吸汁 水 糞 樹液・腐果 ｜ 産卵 芽 葉 幹・枝 他 ｜ 越冬態 成 卵 幼 蛹

成虫　♀はヒョウモン類とは思えない黒白の斑紋で，オオイチモンジと見まがうほどである。林道沿いの明るい空間を活発に飛びまわり，多くの花に集まる。ミドリヒョウモンと同様に♂が♀の周りを回転しながら飛び続ける行動が見られる。産卵は8月下旬〜9月に行われる。♀はスミレ類が生える林縁を地表近くをゆっくり飛びまわり，比較的孤立した樹木を見つけると，幹を登りながら樹皮や太い枝の皺に1個ずつ産卵する。地上4mほどの高所に産むこともある。**生活史**　飼育では越冬前に孵化し，摂食せずにそのま

ま越冬に入る。自然状態でも同様な経緯をとると推定される。なお飼育下では摂食を開始し年内に羽化することもある。**幼虫**はミドリヒョウモンの生態に近く，3齢以降は，葉や枯葉上で日光浴する個体をよく見る。形態上もミドリヒョウモンと同じく頭部の後方に1対の長い角状突起があり他種と区別できる。野外での蛹化場所は不明である。**食草**　スミレ科のタチツボスミレ，ツボスミレなど

one point

以前は少ない種であったが，近年各地で多く見られるようになっている。

ヒヨドリバナを訪花した♂
7/18 占冠（芝田）

♀（左）と追飛する♂の集団
8/2 富良野（永盛）

ケヤマハンノキの樹皮へ産卵
8/12 上川（芝田）

ヒヨドリバナを訪花した♂
7/18 占冠（芝田）

求愛飛翔
8/3 富良野（芝田）

枯葉上の3齢
5/4 富良野（永盛）

スミレ葉上の4齢
5/25 富良野（永盛）

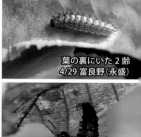
葉の裏にいた2齢
4/29 富良野（永盛）

前蛹
5/31 富良野産（永盛）

幼虫は，日が差すと日光浴のため葉上など目立つ
ところに出てくる。

オニシモツケ葉上の終齢
5/27 旭川（永盛）

蛹
5/29 富良野産（永盛）

クモガタヒョウモン

卵 288　幼 305
蛹 323　草 357

ヒョドリバナを訪花した♂
9/15 苫小牧(芝田)

生息地： 本道の南半分に局地的に分布。平野部〜低山地の林間草地や疎林で見られるが, 特に伐採後の若い植林地を好み, そのような場所では一時的に多産することがある。

| 1 | 2 | 3 | 4 | 5 | 6 | 7 | 8 | 9 | 10 | 11 | 12 月 |

盛夏には仮眠し8月下旬から良く見るようになる。早：6/1 厚真, 遅：10/11 木古内

訪花 (多) 少 無　吸汁 (水) 糞 樹液・腐果　産卵 芽 葉 幹・枝 (他)　越冬態 成 (卵) 幼 蛹

観察難易度 ★★★☆

局地性 ★★★★☆

成虫 本種は他種に先駆け6月中旬から発生するが, しばらく活動した後, 7月下旬ごろからあまり見られなくなる。8月下旬から姿を見せる数が増え, 林道沿いの小草原上を活発に飛びまわり, ウラギンスジヒョウモン, ウラギンヒョウモンなどとともにオオハンゴウソウなどの花に集まる。卵の成熟に時間がかかり, 9月になって産卵が行われる。林縁の小草原に降りた♀が, 葉や枯葉の間を盛んに歩きまわり腹を曲げる産卵姿勢をとるのを観察した。

生活史 野外や室内で産卵された卵を飼育すると, 越冬前に孵化するものとしないものとがある。雪解け後の若齢幼虫はタチツボスミレの若い葉を選び食べ始める。他種と同じく, 幼虫は周囲の枯葉のカールした部分を好んで居場所とする。終齢の行動はすばやく, 食草を求めて広範囲を歩きまわる。成長は速く他の種よりも一足早く5月中に蛹化する。蛹化場所は不明。

食草 スミレ科のタチツボスミレ・オオタチツボスミレ

one point
毎年確実に見られるという地域が少なく, 個体数も少ないため特に幼生期の生態観察は難しい。

樹上で占有する♂
9/15 苫小牧（芝田）

♂から♂への誤求愛
9/15 苫小牧（芝田）

吸水する羽化後まもない♂
7/1 苫小牧（芝田）

草むらに潜り込み産卵場所を探す♀
9/23 苫小牧（辻）

イボタノキを訪花した♀
7/23 苫小牧（芝田）

スミレを探す越冬明けの2齢
4/14 苫小牧（永盛）

前蛹
5/1 苫小牧産（永盛）

蛹
5/2 同左

摂食する3齢
4/2 苫小牧産（永盛）

日光浴する4齢
4/10 苫小牧産（永盛）

カールした葉に隠れる4齢
4/30 苫小牧（永盛）

枯葉に隠れる終齢
4/24 苫小牧産（永盛）

ウラギンヒョウモン

卵 289　幼 305
蛹 323　草 357

伐採地でヒヨドリバナを訪花
7/19 占冠（芝田）

生息地：全道に広く分布する。平地〜山地の明るい草原環境。伐採跡地などを移動しながら発生する傾向がある。

| 1 | 2 | 3 | 4 | 5 | 6 | 7 | 8 | 9 | 10 | 11 | 12 月 |

寒冷地では7月中旬の発生。早：6/18 当麻、遅：10/14 札幌

訪花 多 少 無　吸汁 水 糞 樹液・腐果　産卵 芽 葉 幹・枝 他　越冬態 成 卵 幼 蛹

成虫 6月下旬ごろから発生した個体は、夏に発生地から移動することが多い。お盆過ぎから♀が発生地に戻ってくることがあるようだ。開けた草原を活発に飛びまわり、多くの花で吸蜜する。他の大型ヒョウモン類同様、産卵行動は夏の終わりから始まる。♀は食草に触れながら低く飛び、地表を歩きまわって慎重に産卵場所を探し、地上の枯葉、枯枝、他の植物などに産卵を続ける。**生活史** 卵は飼育では一部年内に孵化するが、野外では、孵化しないでそのまま越冬すると推定される。4月ごろ摂食を始めた幼虫は、若齢時

〜終齢まで食草周囲の乾いた枯葉の裏にいる。時に大発生することがあり食草が食べつくされることがある。晴れた日には活発に歩いてスミレ類に移動し、茎に登って葉や茎を食べている個体が見られる。老熟幼虫は枯葉の堆積する中に潜り込み、枯葉の裏で蛹化する。**食草** スミレ科のオオタチツボスミレ、タチツボスミレ、ツボスミレ、スミレなど

one point

近年、従来の種から2種（サトとヤマ）に分割されたが、分布や幼生期の生態的研究が望まれる。

探草飛翔する♀
8/9 福島（芝田）

ウインカーに引き寄せられた♂
7/25 苫小牧（芝田）

食草付近の枯葉に産卵
8/26 仁木（茨木）

ホザキシモツケを訪花
8/25 苫小牧（芝田）

ムラサキツメクサを訪花した♂
7/25 七飯（辻）

蛹
7/19 富良野（永盛）

葉を食べる3齢
6/18 富良野（永盛）

1齢
4/14 富良野（永盛）

終齢
5/26 富良野（永盛）

幼虫は隠れている枯れ葉から出て，よく日光浴している。

枯葉に止まる終齢
5/30 富良野（永盛）

2齢
5/8 富良野（永盛）

ギンボシヒョウモン

卵 289　幼 305
蛹 323　草 357

林内空間に咲くアザミを訪花
7/9 日高（芝田）

生息地：全道に広く分布する。低地の火山性草原や湿性草原，山間部の草地や林縁，植林地など。南西部では，それほど多い種ではない。

| 1 2 3 4　5 | 6 | 7 | 8 | 9 | 10 11 12 月 |

盛夏には夏眠する。早：6/1 中札内，遅：10/11 幕別

訪花 多 少 無　吸汁 水 糞 樹液・腐果　産卵 芽 葉 幹・枝 他　越冬態 成 卵 幼 蛹

成虫 大型ヒョウモン類の中では最も発生が早い。温暖な地域では6月中旬から見られ，盛夏に姿を見なくなることがあり，高地へ移動すると考えられる。広びろとした草原を活発に飛びまわり，アザミ類やエゾクガイソウなど多くの花で吸蜜する姿は美しい。秋になると発生地に♀が戻ってきて産卵する。地表を歩きまわり，地上の枯葉，枯枝などに産卵を続ける。**生活史** 孵化した幼虫は摂食せずに雪の下で越冬する。翌春に摂食を始めた幼虫は急速に成長し5月末には終齢に達する。幼虫の生態は他のヒョウモ

ン類とほぼ同じだが，黒い体は体温を高める効果があるようにみえる。蛹化は特殊で，枯葉の堆積した地表で，その下の土を掘って空間をつくり，その中でぶら下がる形で行われる。腹端が強く曲がったずんぐりした形は他に例を見ない。**食草** スミレ科のタチツボスミレ，オオタチツボスミレ，ツボスミレなど。タデ科のクリンユキフデも記録されているが確認していない。

one point

本州では高山草原を特徴づける蝶だが，本道では低湿地を含め多様な環境で見られる。

ヒヨドリバナを訪花した♀
8/2 稚内（辻）

食草近くの枯葉に産卵
9/2 穂別（永盛）

アザミを訪花した♂
7/11 札幌（永盛）

アザミを訪花した♂
6/16 幕別（芝田）

交尾（♂右）
7/16 札幌（茨木）

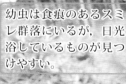
幼虫は食痕のあるスミレ群落にいるが，日光浴しているものが見つけやすい。

越冬明けの1齢
4/11 富良野産（永盛）

枯葉の下で蛹化
5/29 富良野（永盛）

3齢
4/29 苫小牧（永盛）

終齢
5/12 幕別（永盛）

スミレの根際の終齢
5/12 幕別（永盛）

吐糸に覆われた空間の中の蛹
5/24 富良野（永盛）

タテハ

オオイチモンジ

卵 289　幼 308
蛹 323　草 354

環：絶滅危惧Ⅱ類（VU）

林道の湿りで吸水する♂
6/24 富良野（永盛）

生息地： 森林性で道央以東の低山地〜山地の渓流沿いの林道，斜面や河畔林に生息するが，産地は限られる傾向が強い。

1 2 3 4	5	6	7	8	9	10 11 12 月

成虫が見られる時期は比較的短い。早：6/19 札幌，遅：8/18 士幌

訪花 多 少 無 ｜ 吸汁 水 糞 樹液・腐果 ｜ 産卵 芽 葉 幹・枝 他 ｜ 越冬態 成 卵 幼 蛹

観察難易度 ★★★☆

局地性 ★★★☆

成虫 渓流に沿った林道上や林縁を時おり力強く羽ばたきながら滑空する。湿地での吸水，樹液や獣糞での吸汁行動もよく見られ，特に♂は集団をつくる。午後に交尾の観察例があるが，配偶行動の詳細は不明。産卵行動は林縁の食樹の低い位置で行われ，横に張り出した枝先の葉の先端部に1卵ずつ産みつける。**生活史** 孵化した幼虫は，葉の先端を両側から溝状に食べ，小さな葉片を吐糸で結びつけ，先端部にいわゆる「カーテン」を吊るす。越冬前の若齢時は，葉の先端に細長く伸びた中脈がよく目立ち，発見は難し

くない。8月に入り3齢になると，越冬用に寝袋のように入口が開いた円筒形の巣を器用につくり始める。幼虫はこの中で寒風に耐え冬を越す。越冬後は巣から出て伸び始めた若葉を食べ急速に成長する。終齢は葉の基部に台座をつくり，周囲の葉を多量に食べ進む。成熟すると葉の表面に広く吐糸を張り，ぶら下がる形で蛹化する。**食樹** ヤナギ科のドロノキ，ヤマナラシが主

one point

本州では高山蝶の部類に入る人気の高い蝶で，上川地方に出現する黒化型には特に採集者が集まる。

180

日光浴する♀
8/5 上川(川合)

日光浴する♂
7/4 中札内(茨木)

集団吸水
6/20 東川(水口)

ハンゴンソウを訪花した♀
7/31 富良野(永盛)

キツネ糞で吸汁する♂
6/23 札幌市(永盛拓)

越冬明けの4齢
6/2 上川(辻)

吐糸した中脈に静止する2齢
7/29 南富良野(永盛)

越冬巣と中の3齢の頭(矢印)
8/18 富良野(永盛)

1齢と糞塔(矢印)
7/20 富良野(永盛)

ドロノキ葉上の終齢
◯内は台座に静止する様子
6/19 上川(永盛)

蛹
6/23 上川産(永盛)

卵は葉の先端に産付される
7/18 旭川(永盛)

イチモンジチョウ

卵 289　幼 308
蛹 323　草 370

クロミノウグイスカグラ（ハスカップ）へ産卵に訪れた♀
8/14 苫小牧（芝田）

生息地：宗谷地方など北部を除き全道に分布。市街地近郊の自然公園，低山地〜山地の沢沿いの林道周辺，湿地周辺の低木林など。

| 1 2 3 4 | 5 | 6 | 7 | 8 | 9 | 10 11 12 月 |

多くの地域で7月中旬に盛期を迎える。早：6/19 小樽，遅：8/30 中札内

訪花（多・少・無）　吸汁（水・糞・樹液・腐果）　産卵（芽・葉・幹・枝・他）　越冬態（成・卵・幼・蛹）

観察難易度★★☆☆　局地性★★☆☆

成虫 沢沿いの林道でノリウツギやウドなどで吸蜜したり，湿った地面で吸水する姿をよく見る。獣糞にもよく集まっている。♂は低木の上で占有行動を見せる。産卵行動の観察は比較的容易で，♀は食樹の周囲を飛びまわり，葉に触れてから横に張り出した枝先の葉に1卵ずつ産みつける。**生活史** 幼虫は葉の主脈を残して食べ，糞塔や「カーテン」をつくる。この習性はミスジチョウの仲間に共通する。この食痕を目当てに探すのが効率的。3齢幼虫は8月下旬ごろから食べていた葉を離れ，枝の基部に葉を綴じ合わせた小さな越冬用の巣をつくる。越冬後の幼虫は巣を放棄し，枝から葉が伸びる分岐部に台座をつくり静止し，先端部の葉から食べ始める。終齢は胸部を曲げ，さらに尾端を持ち上げた独特のポーズで葉の上面に静止している。蛹化は食樹の枝や葉に懸垂する形で行われる。**食草** スイカズラ科のタニウツギ，ウコンウツギ，クロミノウグイスカグラ，キンギンボクなど

one point

珍しい種ではないが発生は局地的なので，成虫を見つけてから発生木を探すことになる。

キンギンボクへの産卵
8/2 上ノ国(辻)

日光浴する♂
7/9 福島(芝田)

鳥糞を吸汁♂
7/7 旭川(永盛)

訪花した♂
7/20 芦別(永盛)

吸水する♂
7/7 標茶(永盛)

糞塔と食痕と1齢
8/2 上ノ国(辻)

3齢の摂食
5/20 芦別(永盛)

タニウツギ上の終齢
7/31 芦別(永盛)

尻を上げ静止する3齢
5/20 芦別(永盛)

幼虫は葉上にいることも
多い。若齢は食痕と糞塔
が目印になる。

幼虫が見つかった道沿いのキンギンボク
8/2 上ノ国(辻)

蛹
5/30 富良野
(永盛)

越冬巣(ウコンウツギ)
9/22 美瑛(永盛)

コミスジ

卵 289　幼 308
蛹 324　草 339

クズ・ヤブマメなど食草が豊富な草地で探草飛翔する♀
8/22 江差（芝田）

生息地： 道北部には分布しないが普通種といえる。市街地の公園や農地，低山地の落葉広葉樹が広がる里山環境の林縁周辺。

1 2 3 4	5	6	7	8	9	10 11 12 月

寒冷地では部分的な 2 化にとどまる。早：5/10 南茅部，遅：9/25 木古内

訪花 多 少 無　吸汁 水 糞 樹液・腐果　産卵 芽 葉 幹・枝 他　越冬態 成 卵 幼 蛹

観察難易度 ★☆☆☆

局地性 ★★☆☆

成虫 林縁の低木周辺のあまり高くない空間をリズミカルに飛びまわっている。翅を水平に開くと和名の由来の，黒地に 3 本の白い筋が見える。各種の花を訪れ，地面での吸水，腐果などでの吸汁活動も盛んに行う。♂は日中，林縁を休むことなく探雌飛翔を続け，時おり低木上に止まり近づく♂を追いかけまわす。食樹への産卵は，人の背丈ほどの低い葉の表面に 1 卵ずつ行われる。**生活史** 孵化した幼虫は葉の先端部に移動し，中脈の上に台座をつくって静止し，イチモンジチョウ属特有の「カーテン」をつくる。3 齢くらいになると静止場所は大型の「カーテン」の枯れた葉の中や，中脈上になる。越冬前の幼虫は食痕を目当てに探すと，発見は容易である。終齢まで育つと食樹を降りて，枯葉の中に潜り込み越冬する。越冬後，幼虫は摂食せずに蛹化するというが，飼育以外の観察例はない。**食草** マメ科のニセアカシア，エゾヤマハギ，クズ，ナンテンハギ，植栽のフジ類など

one point

> 5 月ごろからだらだらと発生するため，夏に発生する 2 化まで新鮮な個体を見ることが多い。

占有する♂
8/14 厚真(芝田)

探草飛翔する♀
8/22 江差(茨木)

前翅端に赤斑が出た♂
6/9 音更(芝田)

ニセアカシアへの産卵
8/13 富良野(永盛)

アワダチソウを訪花
8/26 苫小牧(芝田)

落葉の中で越冬する終齢
11/30 富良野(永盛)

枯れた葉にぶら下がる終齢
10/7 千歳(永盛)

カーテンと1齢
9/16 安平(辻)

頭を上げ静止する3齢
9/1 富良野(永盛)

ニセアカシアを摂食する終齢と食痕
10/6 富良野(永盛)

蛹
1/30 富良野産(永盛)

ミスジチョウ

タテハ

卵 289	幼 308
蛹 324	草 358

林道上のミミズから吸汁
7/9 日高（芝田）

生息地：宗谷地方などの最北部には記録はないが全道に分布は広い。低山地の里山環境や自然度の高い公園，落葉樹が豊富な山地の沢沿いの林縁や林道など。

1 2 3 4	5	6	7	8	9	10 11 12月

温暖な地域では6月下旬から発生。早：6/20 新得，遅：8/7 常呂

訪花 多・少・無　吸汁 水・糞・樹液・腐果　産卵 芽・葉・幹・枝・他　越冬態 成・卵・幼・蛹

観察難易度 ★★☆☆

局地性 ★★☆☆

成虫 渓流沿いの林道で，林縁部のやや高い所を滑空を交えながらゆるやかに飛んでいる。林道上の湿った地面や獣糞に降りて吸水，吸汁する時が観察のチャンス。産卵は林縁や渓流沿いの食樹の低い箇所が選ばれる。母蝶は盛んに葉に触れた後に，葉に止まり，翅を開閉させながら後ずさりし，葉の先端部に腹端をあて1卵産みつける。

生活史 幼虫はイチモンジチョウ特有の「カーテン」をつくる。主脈が細長く残っている葉を目当てに探すと発見は難しくない。4齢は落葉が始まる前に新しい葉に移り，葉が落ちないよう

に葉柄と枝の間を入念に吐糸し括りつける。冬季，すっかり落葉したカエデの枝に葉がぶら下がっているのは本種の巣である。目を凝らして見ると枯葉にそっくりの色をした越冬幼虫が葉にしがみついている。越冬後の幼虫は越冬巣にとどまり新しい葉を食べる。蛹化は小枝や葉柄部に懸垂する形で行われる。

食樹 ムクロジ科のオオモミジ，ハウチワカエデ，イタヤカエデなど

one point

渓流沿いに特徴的な蝶だが，時おり人里のモミジに産卵にくることがある。

186

水たまりで吸水する♂
7/7 富良野（永盛）

日光浴する♀
7/10 札幌（川田）

占有する♂
6/26 札幌（永盛拓）

吸水する♂
6/29 富良野（永盛）

卵の産付位置
7/15 富良野（永盛）

幼虫は林縁部のカエデ類でみ
つかることが多い。

カーテンを作っている2齢
8/4 富良野（永盛）

終齢
5/25 安平（辻）

蛹
6/2 伊達産（永盛）

2齢とカーテン
7/21 富良野（永盛）

越冬巣と4齢（矢印）
葉柄（矢印）は糸で固定されている
1/25 伊達（永盛）

タテハ

オオミスジ

| 卵 289 | 幼 308 |
| 蛹 324 | 草 348 |

公園の梅に産卵。人工的な環境で見られることが多い
8/3 乙部（辻）

生息地： 石狩低地帯以西の温暖地に限られる。低山地の山裾の，放置された食樹がある農地周辺や民家周辺。

| 1 2 3 4 | 5 | 6 | | 8 | 9 | 10 11 12 月 |

普通 7月中旬以降の発生。早：6/29 豊浦，遅：8/31 乙部

訪花 多 少 無　吸汁 水 糞 樹液・腐果　産卵 芽 葉 幹・枝 他　越冬態 成 卵 幼 蛹

観察難易度 ★★★☆
局地性 ★★★★☆

成虫 人家周辺の食樹の周りを滑空するように飛んでいる。♂は♀の蛹を探し出し，羽化を待っているといわれる。シシウドやノリウツギなどの白色系の花を訪れるがあまり頻繁ではない。地面での吸水はよく見られ，牛馬の糞や腐果にも集まる。ミスジチョウの仲間の最大種で飛翔力が強く，♀は活動期間の後半は発生地を離れかなりの距離を移動し，食樹を見つけ次つぎ産卵し分布を拡大している。**生活史** 本種も「カーテン」をつくるので越冬前の幼虫の発見は容易。3齢になり，葉が黄変するころは枝の分岐部に体を巻き

つけた恰好で静止し，そのまま越冬する。越冬中の幼虫は樹皮の色や越冬芽の形状に酷似し発見は難しい。越冬明けの幼虫は「カーテン」はつくらず若葉を先端部から食べる。終齢は体色が黄緑色になり，葉柄に噛み傷を入れ，葉をしおらせる。蛹化は食樹の低い枝の込み入った部分で，しおらせた葉に懸垂する形で行われる。
食樹 バラ科のウメ，スモモ

one point

人里の植栽樹に強く依存しており，人為的に持ち込まれた種なのかもしれない。

188

セリ科を訪花
7/15 札幌 (茨木)

発生木 (スモモ) の枝先を巡回し羽化した♀を探す♂
7/11 共和 (芝田)

キンギンボクの果実を吸汁
8/2 上ノ国 (辻)

右後翅が縮小した異常型
7/12 共和 (芝田)

カーテンをつくる1齢
8/3 乙部 (辻)

越冬中の3齢
11/8 乙部 (辻)

終齢と幼虫が葉柄を
噛んでたれ下がった葉
6/20 豊浦 (芝田)

カーテンをつくる2齢
8/17 木古内 (永盛)

越冬明けの脱皮
5/17 小樽産 (永盛)

幼虫時代にしおらせた葉に紛れる蛹
葉はしだいに枯れて蛹と同じ色合いになる
葉柄は吐糸で固定されているため落葉しない
6/20 豊浦 (芝田)

摂食する3齢
9/2 乙部産 (永盛)

フタスジチョウ

卵 289　幼 308
蛹 324　草 349

林内のホザキシモツケへ産卵した♀と産みたての卵
8/14 苫小牧(芝田)

生息地：道北部を除き全道に広く分布。平野部の湿性草地や，低山地〜山地の林道沿いの湿性林縁と露岩地など。

| 1 2 3 4 | 5 | 6 | 7 | 8 | 9 | 10 11 12 月 |

寒冷地では 7 月中旬以降の発生。早：5/14 芽室，遅：9/6 別海

訪花 [多][少][無]　吸汁 [水][糞][樹液・腐果]　産卵 [芽][葉][幹・枝][他]　越冬態 [成][卵][幼][蛹]

成虫　食樹が生える低木周辺を羽ばたきと滑空を交互に交えながら，リズミカルに飛びまわり各種の花を訪れる。♂はよく地面で吸水し，人の汗にも寄ってくる。♂は探雌飛翔を続け，♀を発見すると横から腹部を曲げ交尾を迫るシーンをよく見かける。葉に止まり食草を確認した母蝶は，翅を半開きの状態で腹部を軽く曲げ，葉の表に1卵ずつ産みつける。**生活史**　孵化した幼虫は，葉の先端部に移動し，葉の両側の縁に切り込みを入れる。切り取られた葉はカールし，両端を吐糸でとじ合わせて円筒形の巣をつくる。8月中旬ごろから巣を枝にしっかりと結びつけ越冬巣をつくる。冬には越冬巣だけが食樹にぶら下がっているので発見は容易である。越冬後しばらく巣に出入りするが，4齢からは枝の上や葉に台座をつくり静止する。蛹は食樹の下部や周囲の下草などで下垂したものが発見される。

食樹　バラ科のホザキシモツケ，エゾノシロバナシモツケ，エゾシモツケ，栽植種のユキヤナギ，コデマリなど

one point

庭にユキヤナギを植えると本種が訪れるバタフライガーデンができる。

ホザキシモツケ群落を飛翔する♀
8/8 苫小牧(芝田)

吸水する♂
7/14 苫小牧(芝田)

求愛(♂右)
7/13 安平(永盛)

ホザキシモツケを訪花した♂
7/13 安平(永盛)

羽化
5/26 標茶(永盛)

1. 孵化殻を食べる1齢

2. 切れ込みを入れ始めた1齢

巣づくりの様子 7/28 富良野(永盛)

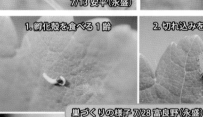

巣からでて摂食する1齢
8/23 安平(辻)

4. 葉がしおれてカールしてくる
両端を糸でつなぐと左のような巣になる

3. 切り込みを入れ終えた

ホザキシモツケの越冬巣
11/30 苫小牧(辻)

エゾシモツケを摂食する終齢
5/17 富良野(永盛)

ユキヤナギに下垂した蛹
6/2 富良野(永盛)

北海道特産種
アカマダラ

卵 290　幼 306
蛹 323　草 344

初夏の河川敷を飛翔する春型の♂
5/30 安平(芝田)

生息地：全道に広く分布するが産地は局地的。平野部や低山地の林縁，河川敷や林間のやや湿性な草地。

1	2	3	4	5	6	7	8	9	10	11	12	月

温暖地では 3 化。2 化以降は夏型となる。早：4/15 音更，遅：9/24 音更

（ 訪花 多 少 無 ） 吸汁 水 糞 樹液・腐果 ）（ 産卵 芽 葉 幹・枝 他 ）越冬態 成 卵 幼 蛹

成虫 春型の個体は，早春の林縁や空き地をすばやく活発に飛びまわるが，日本産タテハチョウ科の最小種でもあり見失いやすい。春型，夏型ともに♂は草むらに止まり占有行動を見せる。母蝶は食草群落周辺を小刻みに羽ばたき，適当な葉を選ぶと裏にまわり込み，時おり腹部を少しずつふるわせながら，ゆっくりとしたペースで 10 個ほど卵がつながった卵柱を数本産みつける。**生活史** 数本並んだ卵柱から孵化した幼虫は群生する。若齢はゆるく葉を曲げた簡単な巣をつくり，葉の縁の方から小さな穴をあけるように食べ始める。3 齢以降は目立った巣はつくらないが，葉の裏に体を寄せ合って静止し，横並びで一緒に葉を食べる。終齢になると集合性は失われ分散する。春型から育った幼虫の蛹化は，食草上部の葉裏基部の中脈上で行われることが多い。冬眠に入る蛹は見つけたことはない。

食草 イラクサ科のエゾイラクサ，ホソバイラクサ

one point

貴重な北海道特産種だが近年各地で減少傾向にある。サカハチチョウとともに春型・夏型が極端に違って見える種。

タンポポを訪花した春型♀
6/5 安平(芝田)

夏型の求愛(♂手前)
9/1 苫小牧(芝田)

夏型の交尾(♂下)
8/8 安平(辻)

吸水する夏型♂
8/22 苫小牧(芝田)

産卵中の♀。卵柱が見える
5/26 富良野飼育(永盛)

明色型の終齢
8/16 標茶(永盛)

林道沿いのイラクサ群落と亜終齢の集団
7/12 北見(芝田)

越冬を前に地表を徘徊し
蛹化場所を探す終齢
9/11 富良野(永盛)

終齢
8/6 標茶産(永盛)

若齢の集団
8/25 音更(永盛)

蛹
8/11 音更(永盛)

サカハチチョウ

卵 290　幼 306
蛹 323　草 344

初夏の林道上を飛翔する春型
6/11 日高（芝田）

生息地：全道に広く分布する。平野部の比較的自然度の高い公園や河川敷，低山地〜山地の林縁や林間の開けた空間の草地。

1 2 3 4	5	6	7	8	9	10 11 12 月

寒冷地や多雪の渓谷などは 6 月中旬以降の発生。早：5/2 木古内，遅：9/14 根室

訪花 多 少 無 ｜ 吸汁 水 糞 樹液・腐果 ｜ 産卵 芽 葉 幹・枝 他 ｜ 越冬態 成 卵 幼 蛹

成虫 前種アカマダラとは食草も重なる兄弟種だが，前種の方がより開放的な環境，本種はより暗い環境に棲み分け，混生することは少ない。林道沿いのイラクサ群落周辺を活発に飛びまわり，各種の花を訪れ盛んに吸蜜する。地面での吸水活動もよく見られる。夏型の♂は汗や動物の排泄物によく集まる。産卵は葉裏に行われるが，卵柱はアカマダラに比べ短く，縦に 2 〜 3 卵のことが多く 1 卵のみの時もある。

生活史 若齢幼虫は葉の裏に止まり，円形の食痕を残す。中齢以降，体色に変異が現れ，棘状突起も含め全体が白色になる個体も多い。頭部の突起はアカマダラより長く，よく目立つ。終齢では，体の前半部を曲げた「J の字」型の独特の静止姿勢を見せる。幼虫は食痕を頼りに食草群落を丹念に探せばよく見つかる。春型から育った蛹は食草の葉裏に見られるが，越冬蛹は観察していない。**食草** イラクサ科のエゾイラクサ，ホソバイラクサ，アカソなど

one point

年 2 化し，成虫は季節型を示す。アカマダラより発生は 2 週間くらい遅れるためか，アカマダラのように 3 化を見ることはない。

コンロンソウを訪花した春型♀
5/27 安平（芝田）

ヒメジョオンを訪花した夏型♀
8/15 上ノ国（芝田）

アカソに産卵
8/5 日高（永盛）

林道の湿りで吸水する♂
6/11 日高（芝田）

夏型の♂
7/29 札幌（永盛拓）

幼虫は食痕を頼りに食草群落
を丹念に探せば見つかる。

イラクサ群落と濃色型の終齢
6/22 富良野（永盛）

摂食する終齢（カラハナソウ）
7/30 富良野（永盛）

蛹
7/28 富良野（永盛）

明色型終齢の威嚇ポーズ
7/29 富良野（永盛）

1齢と食痕（カラハナソウ）
8/1 富良野（永盛）

アカソの終齢
9/3 富良野（永盛）

シータテハ

卵 290　幼 306
蛹 324　草 342

アキタブキを訪花した越冬明けの秋型
5/2栗山（茨木）

生息地：全道に広く分布する。市街地の公園，農村環境，山地渓流沿いの林道など。

| | 1 2 3 4　　5　　6　　7　　8　　9　　10 11 12 月 |

寒冷地で夏型を見る事は少ない。早：6/24 富良野，遅：6/27（越冬）根室

訪花 多 少 無｜吸汁 水 糞 樹液・腐果｜産卵 芽 葉 幹・枝 他｜越冬態 成 卵 幼 蛹

成虫 基本的に年2回発生し，季節型を示す。夏型に比べ，秋型個体は全体に濃色で翅の切れ込みが大きい越冬タイプになる。越冬から覚めた個体は渓流沿いの林道で日光浴をしながらフキノトウで吸蜜する姿をよく見る。越冬個体はハルニレに，新生個体の秋型は人里まで降りてきてカラハナソウに産卵する傾向がある。また夏の林道では湿った地面で盛んに吸水する。樹液や腐果，人の汗にも集まる。エルタテハで記した「吸い戻し行動」も見られる。**生活史** 孵化した幼虫はすぐに葉裏に隠れ，若葉に穴をあけるように食べ始める。中齢以降は葉の裏を吐糸でゆるく折り曲げた巣をつくることもある。終齢は葉裏に体を折り曲げた独特のポーズで静止する。この時手で触れると，尾部を急に持ち上げて威嚇する。蛹化は食草の茎や周囲の枯枝などにぶら下がる形で行われる。

食草・食樹 ニレ科のハルニレ，オヒョウ。アサ科のカラハナソウ

one point
樹液を吸う時に翅を立てるとカムフラージュ効果が発揮される。後翅裏中央のアルファベットＣの字はよく目立つ。

樹液を吸う夏型
8/8 富良野(永盛)

占有する夏型。本種は地面で占有することは少ない
7/20 共和(芝田)

タヌキ糞から吸汁
6/5 壮瞥(芝田)

ハルニレへの産卵
8/12 札幌(茨木)

キイチゴの果実で吸汁
9/12 富良野(永盛)

2齢と食痕(カラハナソウ)
8/6 富良野(永盛)

終齢のポーズと食痕
8/13 富良野(永盛)

葉裏の2齢
8/10 富良野(永盛)

前蛹
8/27 富良野(永盛)

ハルニレの葉表に静止する終齢
6/9 富良野(永盛)

ハルニレの枝に下垂する蛹
9/11 富良野(永盛)

エルタテハ

卵 290　幼 306
蛹 324　草 343

積雪で折れた木から吸汁する越冬明けの個体
4/15 石狩(茨木)

生息地：全道に広く分布するが，道南部と根室地方ではほとんど見つからない。平地〜亜高山にかけての林道や渓流沿いの林縁。

| 1 2 3 4 | 5 | 6 | 7 | 8 | 9 | 10 11 12 月 |

越冬タテハの中で活動開始が最も早い。早：6/28 富良野，遅：6/4(越冬)遠軽

訪花 (多 少 無)　吸汁 (水 糞 樹液・腐果)　産卵 (芽 葉 幹・枝 他)　越冬態 (成 卵 幼 蛹)

成虫 越冬個体は，暖かい日には2〜3月ごろから飛び始める。道路上や橋の上，人家の壁によく止まり日光浴する。4月にはカンバ類などの幹に浸み出した樹液によく集まる。5月に入り交尾後，産卵を始めるが，本道での観察例はない。新生個体は7月下旬に発生するが，いったん姿を消し，お盆過ぎごろには人里に降りて，庭の花をよく訪れる。夏の個体は樹液も好むが，乾いた石に口吻から水を吐き出し，石についた成分を「吸い戻す行動」も見られる。廃屋や樹洞の中で成虫越冬する。**生活史** 卵は枝の先端部に20〜30個，枝を囲むように産みつけられている。孵化した幼虫は集合し若葉を食べ始める。3齢以降はしだいに分散していく。中齢の食痕はすだれ状になることが多い。葉の上や枝の上に静止しているので食痕を頼りに探すと見つけやすい。蛹は食樹の枝で行われる場合と，食樹を離れササやヨモギに下垂する場合がある。

食樹 ニレ科のハルニレ。カバノキ科のウダイカンバ，シラカンバ

one point

越冬後の配偶行動や産卵行動の知見が少なく調査が望まれる。

樹液をめぐるスズメバチとの争い
8/7 札幌市 (永盛拓)

早春のカエデの樹液を吸汁する越冬明けの個体
4/17 石狩 (芝田)

物置で越冬して出られなくなった個体
4/6 石狩 (芝田)

雪上で吸水する越冬明けの個体
4/12 石狩 (芝田)

ナガバハッカを訪花した新成虫
8/20 富良野 (永盛)

ハルニレ葉上の亜終齢
6/17 標茶 (永盛)

ハルニレ枝上の終齢
7/6 弟子屈 (永盛)

卵塊と孵化幼虫
4/20 厚真 (川田)

前蛹
7/1 標茶産 (永盛)

林道沿いのオヒョウ葉裏の終齢
6/27 日高 (永盛)

ササの葉裏の蛹
7/15 旭川 (永盛)

キベリタテハ

卵 290　幼 306
蛹 324　草 353

占有する♂
5/23 北見(芝田)

生息地：渡島半島では稀。全道に見られるが個体数は少ない。平野部の雑木林にも見られるが, 低山地の落葉樹林〜山地帯, 針広混交林の渓流沿いの林縁が主な生息地。

1 2 3 4	5	6	7	8	9	10 11 12月

羽化後数日は発生木周辺に群れている。早：8/2 羅臼, 遅：7/25 (越冬) 礼文

訪花 [多] [少] [無]　吸汁 [水] [糞] [樹液・腐果]　産卵 [芽] [葉] [幹・枝] [他]　越冬態 [成] [卵] [幼] [蛹]

観察難易度
★★★
☆

局地性
★★★
★☆

成虫 越冬個体は3月ごろから日差しの入る林道沿いに現れ, 7月まで見られる。産卵も他種より遅くなる。地面や橋などの構造物に止まり日光浴をする。羽ばたいては長い滑空を入れゆったりと飛ぶ。この時♂は占有行動を見せる。カバノキ類などの樹液によく集まり, 地面での吸水もよく見る。新生個体は他のタテハより遅れて8月中旬ごろから発生するが活動期間は短い。越冬は岩の隙間に重なるように入っていたり, 廃屋などに入っているのを見る。**生活史** 卵は高木の枝に数十〜200程度の卵塊で産付される。

孵化した幼虫は群れて若葉を食べ始める。中齢は葉脈を食べ残すので, すだれ状の食痕になることが多い。終齢まで常に集団で, 葉の上や枝の上に群がり, 大きな枝全体を丸裸にするほど食べつくす。蛹は食樹の下部の枝, 太い幹, 食樹から離れた崖の下などに見られる。

食樹 カバノキ科のダケカンバ, シラカンバ, ウダイカンバ。ヤナギ科のエゾノバッコヤナギ

one point
高木に群集することから幼虫の探索は難しく偶然発見することが多い。

日光浴する羽化後まもない♀
9/2 日高(芝田)

越冬後の求愛飛翔
5/30 札幌(茨木)

プラムで吸汁する新成虫
9/2 札幌(芝田)

樹液を吸汁
9/2 札幌(茨木)

エゾノリュウキンカを訪花
5/6 増毛(茨木)

シラカバの幹を徘徊する終齢
7/28 札幌(川田)

越冬後の著しく破損した♂
6/28 札幌(辻)

終齢
7/21 札幌(川田)

前蛹
7/21 札幌(川田)

崖に下垂する蛹
8/8 日高(永盛)

ヒオドシチョウ

卵 290　幼 306
蛹 324　草 355

早春の山頂で占有する越冬明けの♂
4/25 旭川(芝田)

生息地： 道央から上川〜北見地方で主に見られるが，道南では稀。平野部の里山的環境。落葉樹林主体の低山地〜山地の林道周辺など。

| 1 2 3 4 5 | 6 | 7 | 8 | 9 | 10 11 12 月 |

新成虫は越冬個体より見る機会が少ない。早：7/2 札幌，遅：6/23(越冬)富良野

訪花 多 少 無　**吸汁** 水 糞 樹液・腐果　**産卵** 芽 葉 幹・枝 他　**越冬態** 成 卵 幼 蛹

観察難易度 ★★★☆　局地性 ★★★☆

成虫 暖かい日は3月ごろから明るい林道の地面や，人家の壁などに止まり日光浴をする。ヤナギ類，カエデ類などの樹液によく集まる。またフキノトウなどで吸蜜する個体も見られる。開けた空間で占有行動をとる姿もよく見かける。早春に交尾し産卵後はすぐに姿を消す。本道での産卵行動の観察例はない。7月に発生する新個体は移動能力が高く高山帯でも確認されている。この活発な活動のためか越冬後の個体は，エルタテハに比べても翅の破損がひどくぼろぼろになっている個体が多い。**生活史** 卵は，食樹の枝先に数層に重ね合わせた卵塊をつくるが，野外での発見は至難のことである。孵化した幼虫は集団性が強く，終齢まで続く。若葉を食べ始め，やがて枝全体の葉をほとんど食べつくす。終齢は食べ残した葉の上や枝の上に群がるように静止し，移動することなく次つぎに枝にぶら下がり蛹化する。**食樹** ヤナギ科のエゾノバッコヤナギ，オオバヤナギなど，ニレ科のハルニレなど

one point
生息地は道央の温暖な地域が中心だが，発生は不安定なため観察は難しい部類に入る。

樹液を吸汁する新成虫
7/11 富良野（永盛）

占有する越冬明けの♂
5/5 旭川（芝田）

越冬明けの交尾
4/10 旭川（川合）

ラベンダーを訪花した新成虫
7/7 富良野（芝田）

残雪から吸水する越冬個体
4/15 石狩（茨木）

若齢の巣と脱皮殻
6/2 旭川（辻）

孵化殻と1齢
5/14 旭川（水口）

終齢と食痕
6/2 旭川産（永盛）

ヤナギにいた中齢の集団
6/2 旭川（辻）

前蛹
6/28 札幌（永盛拓）

下草の蛹
7/1 愛別（芝田）

ルリタテハ

卵 291　幼 307
蛹 325　草 331

林道の水たまりで吸水する♂
5/1 富良野（永盛）

生息地：全道に分布は広いが，産地は限られる傾向が強い。低山地の里山環境や農地周辺の林縁，落葉広葉樹林内の林道周辺。

1 2 3 4　5　6　7　8　9　10 11 12 月

一部が 2 化し、高温期型は稀。早：5/21 美唄，遅：7/30（越冬）上ノ国

訪花〔多 少 無〕　吸汁〔水 糞 樹液・腐果〕　産卵〔芽 葉 幹・枝 他〕　越冬態〔成 卵 幼 蛹〕

観察難易度 ★★★☆

局地性 ★★★☆

成虫　越冬個体は渓流沿いの林道や林間の空き地などに現れ，美しい翅を水平に開き日光浴をする。地面で吸水する他，フキノトウなどで吸蜜する。♂は占有行動を見せるが，交尾や産卵の観察例はない。新個体の発生はややばらつき，7 月下旬ごろから次つぎに現れる。ミズナラなどの樹液やベリー類の果実，墓地のお供え物の腐果によく集まる。発生後の活動は短く，秋にはすぐに姿を消す。**生活史**　上川地方では 6 月に入ってから，食草の葉の裏に 1 個ずつ産付された卵が見つかる。孵化した幼虫は葉に穴をあけるように食べ始め，葉裏に体を前半から強く折りたたむように曲げ静止する。中齢以降は葉縁から葉脈を少し避けながら食べ進む。終齢になると株の若い葉は食べつくされ大きな食痕が残る。周囲の下草で蛹化するようだが発見例はない。道南などの暖地では部分的に 2 化が出る。**食草**　ユリ科のオオバタケシマラン，サルトリイバラ，シオデ，オオウバユリなど。市街地に栽植された各種ユリにつくこともある。

one point

本州では里山の普通種だが，本道では比較的稀な種で生態情報も少ない。

橋の欄干で占有する♂
7/9 日高（芝田）

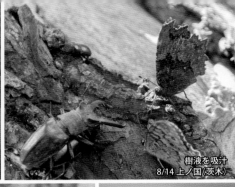

樹液を吸汁
8/14 上ノ国（茨木）

日光浴
8/23 富良野（永盛）

タヌキ糞を吸汁
8/21 白老（芝田）

吸水する越冬明けの個体
5/21 札幌（芝田）

幼虫は湿り気のある斜面に生える食草のうち，一部の決まった群落から見つかる。

オオバタケシマラン（矢印）か多い林内の沢
6/4 富良野（永盛）

食痕と2齢（矢印）
7/7 富良野（永盛）

1齢と食痕と卵殻
6/15 富良野（永盛）

4齢
7/7 富良野（永盛）

終齢
7/14 富良野（永盛）

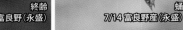

蛹
7/14 富良野産（永盛）

クジャクチョウ

卵 290　幼 306
蛹 325　草 344

海岸のコウゾリナを訪花した♀。本州では生息標高が高く，低標高地で見られるのは北海道ならでは
9/13 室蘭（芝田）

生息地：全道に広く分布する普通種。公園緑地〜低山地〜山地の林道沿いや林間草原に広く見られる。亜高山帯のお花畑にも多く飛来する。

| 1 2 3 4 | 5 | 6 | 7 | 8 | 9 | 10 11 12月 |

寒冷地では1化にとどまる。早：7/3 富良野，遅：7/18（越冬）江別

訪花 多 少 無 ｜ 吸汁 水 糞 樹液・腐果 ｜ 産卵 芽 葉 幹・枝 他 ｜ 越冬態 成 卵 幼 蛹

観察難易度
☆
☆
☆

局地性 ★
☆
☆

成虫 山肌にまだ雪が残るころ，冬眠から目を覚ました成虫は，日当たりのよい斜面を選んで日光浴し，顔を出したフキノトウで吸蜜する。すぐに繁殖活動に入り，♀は芽生え始めたイラクサを探し出し，開き始めた葉の裏にピラミッド状の100〜200個の卵塊を産みつける。夏に2化した成虫は庭先の花にも訪れ，秋が深まるまで活動し越冬に入る。**生活史** 幼虫は摂食や休息も同調した集団をつくる。刺激に対し，一斉に頭をふる行動は天敵への対抗と考えられる。終齢は単独行動を示し，集団で食べつくした食草を離れ広がっていく。黒くグロテスクな幼虫はよく目立ち，カメムシやクモ，肉食性のハチなどに捕食されている姿もよく見かける。幼虫が群がって食べていた食草群落周辺を探すと，ササやヨモギなどの葉の裏にぶら下がっている前蛹や蛹が見つかる。終齢を持ち帰って飼育すると高率で寄生蠅が出ることが多い。**食草** エゾイラクサ・カラハナソウ，稀にハルニレ

one point

本州では高山蝶の仲間入りをするが，本道では身近な蝶で飼育や観察に適している。

地面で占有する越冬明けの♂
地上付近での占有が多い
5/16 苫小牧（芝田）

イラクサへの産卵
7/18 富良野（永盛）

エゾクガイソウを訪花した新成虫
7/17 旭川（芝田）

占有する♂
5/31 札幌（芝田）

ヨツバヒヨドリを訪花
8/3 東川（永盛）

道端のイラクサ群落にいた終齢
6/26 森（芝田）

イラクサ葉上の亜終齢
6/28 札幌（辻）

孵化した1齢
6/14 富良野（永盛）

若齢の集団
8/26 小樽（永盛）

食草の葉裏の前蛹
9/1 富良野（永盛）

寄生蜂と蛹
9/6 富良野（永盛）

コヒオドシ

卵 290　幼 307
蛹 325　草 344

夏季のスキー場にできたお花畑を飛翔する新成虫
7/17 札幌（茨木）

生息地： 全道に広く分布するが，道南では稀な種。道東・道北では平野部〜山地，道南・道央では低山地〜山地の各草原環境。

| 1 2 3 4 | 5 | 6 | 7 | 8 | 9 | 10 11 12 月 |

新成虫と越冬個体を同時に見る事も。早：6/24 富良野，遅：7/17（越冬）北見

訪花 多 少 無　吸汁 水 糞 樹液・腐果　産卵 芽 葉 幹・枝 他　越冬態 成 卵 幼 蛹

成虫 クジャクチョウ同様本州では高山に生息する蝶だが，本道では平地にも普通に見られる。長い冬眠から覚めた成虫は，日だまりの斜面で日光浴し，フキノトウなどを訪れ栄養を補給する。♂は斜面のあちこちに止まり，他の♂を追い払いながら♀を見つけ交尾をせまる。♀はイラクサ類の芽生えを探し出し，若い葉の裏に 100 〜 200 卵をまとめて産みつける。初夏に発生した成虫は花を好み，人家の庭にもよく見られる。盛夏には高地に移動するようで，8 月下旬ごろ大雪山のお花畑に多数飛来する。**生活史** 無造作に積み上げられた卵塊から孵化した幼虫は，すぐに集合して若い葉をまとめ上げた巣をつくる。4 齢までは常に集合し一斉に食べながら成長する。終齢になると集団は分散し別の株に移動する。葉で袋状の雨よけのような巣をつくり，中に入っていることもある。蛹化はヨモギなどの下草や，人家の塀などで行われる。**食草** イラクサ科のエゾイラクサ，ホソバイラクサ

one point

幼虫はイラクサを探すとよく見つかる。イラクサの刺毛に注意しながら飼育すること。

高山帯の石の下から見つかった越冬に失敗した個体
夏に高山に飛来して石のすき間で越冬する個体もいる
7/1 大雪山（芝田）

崖で吸い戻しする♂
8/8 日高（永盛）

イラクサの芽吹きへの産卵
4/27 富良野（永盛）

エゾノリュウキンカを
訪花した越冬個体
5/9 当別（芝田）

ラベンダーを訪花
7/7 富良野（芝田）

1齢の巣
5/20 富良野（永盛）

3齢の集団
6/19 標茶（永盛）

卵塊
4/27 富良野（永盛）

巣内の終齢
6/6 富良野（永盛）

若齢の集団
6/15 鹿追（辻）

ササに下垂した蛹
6/8 富良野（永盛）

アカタテハ

卵 290	幼 307		
蛹 325	草 344		

林道沿いのユウゼンギクを訪花
10/1 室蘭（芝田）

生息地：全道に広く見られるが，オホーツク沿岸，釧路地方などの寒冷地では少ない。平野部や市街地の公園，農村地域や低山地の道路わきや林縁。

1 2 3 4 5 6 7 8 9 10 11 12 月

越冬や化性の状況は不明点が多い。早：7/22 函館，遅：7/20（越冬）小樽

訪花 [多] 少 無 | 吸汁 [水] 糞 [樹液・腐果] | 産卵 芽 [葉] 幹・枝 他 | 越冬態 [成] 卵 幼 蛹

成虫 春に越冬した成虫を見るが，その観察例は少ない。6月ごろから，道南方面から産卵行動を見せる♀を見かけるようになるが，本州から飛来した個体も多いと考えられる。♀は食草群落に飛来し，花芽や葉の表面に1卵ずつ産卵する。♂は地表や枝先に止まり占有行動をとる。新生個体は8月ごろから全道的に広く見られるようになり，市街地や農村部のコスモスやオオハンゴンソウなどを訪れ，晩秋まで姿を見せる。ただ，新生個体の産卵行動はほとんど見ない。**生活史** 幼虫は袋状の巣をつくるので見つけやすい。成長にともなって巣をつくり変えるので，終齢になるころには数個の古い巣が同じ株に残っている。巣を開いてみると，幼虫は巣の内部で体を折り曲げて静止している。巣の中に糞がたまっていることも多い。蛹化は，新しい葉にしっかり閉じた巣をつくり，その中で行う。7～9日で羽化する。

食草・食樹 イラクサ科のエゾイラクサ，アカソ，ニレ科のハルニレ

one point

鮮やかな朱色の斑紋が特徴の美しい種。越冬の様子や越冬後の成虫の情報が少なく調査が望まれる。

アポイ岳山頂で占有する♂
5/22 様似（辻）

オオハンゴンソウを訪花
9/12 室蘭（茨木）

アカソへの産卵
8/2 乙部（辻）

吸水する♂
8/3 稚内（辻）

ユウゼンギクを訪花
10/1 室蘭（芝田）

アカソの中齢の巣
7/15 旭川（永盛）

アカソの終齢の巣
7/17 江差（芝田）

アカソの2齢
7/15 旭川（永盛）

アカソに巣をつくる2齢
8/25 札幌（永盛拓）

エゾイラクサの巣と終齢
7/25 北斗（辻）

アカソに下垂した蛹
7/23 富良野（永盛）

ヒメアカタテハ

卵 290　幼 307
蛹 325　草 368

海岸段丘のアザミを訪花
9/25 室蘭（芝田）

生息地：全道で広く観察されるが，本州からの飛来のため発生は不安定。市街地や農村近郊の荒れた草地，河川の土手など人為的な開放的環境。

1 2 3 4　5　　6　　7　　8　　9　　10 11 12月

道内での越冬成功は極少数と思われる。早：3/26 苫小牧，遅：6/11（越冬）上川

訪花 多 少 無　吸汁 水 糞 樹液・腐果　産卵 芽 葉 幹・枝 他　越冬態 成 卵 幼 蛹

観察難易度 ★★☆☆　局地性 ★★★☆☆

成虫　夏の終わりからどこからともなくやってきて，路上や空き地を活発に飛びまわる。庭に植えられた各種の花や路傍の外来種を含めた花で，翅を開きながら吸蜜する。♂は背丈の高い草や枝先などで占有行動を見せる。♀は背丈の低いヨモギの周辺を飛びまわり，葉の表面に次つぎ産卵する。本州でも定まった越冬態はないようだが，本道では幼虫では越冬できない。春に越冬した成虫を稀に見るが，大半は本州から世代交代しながら本道に移動してきたものと推定する。**生活史**　孵化した幼虫は葉表を内側にして吐糸で閉じた巣をつくる。成長にともなって巣をつくり変え，中齢時は1～2枚，終齢時は多数の葉で袋状の巣をつくる。成虫が見られたら，その後に幼虫を探してみるとよい。ヨモギにつくった巣は白い葉の裏が目立つので発見しやすい。蛹化は新たにつくった粗い網目状の巣の中で行われる。**食草**　キク科のオオヨモギ，ヤマハハコ，エゾノキツネアザミ，イラクサ科のエゾイラクサの他，栽培種のゴボウなど

one point

全世界に分布する蝶類随一のコスモポリタン種。

オオヨモギへの産卵
7/31 上ノ国（辻）

オオハンゴンソウを訪花
9/23 室蘭（芝田）

毛深い前脚で食草をタッチングする♀
（オオヨモギ）
7/31 上ノ国（辻）

日光浴
11/4 富良野（永盛）

ナガバハッカを訪花
8/10 富良野（永盛）

葉を綴った巣は遠目にも白く目立つ
8/14 上ノ国（芝田）

巣内の終齢
8/14 上ノ国（芝田）

食草にぶら下がる蛹
9/3 富良野（永盛）

シロヨモギの巣と若齢
7/30 奥尻（辻）

ヨモギを摂食する2齢
10/5 伊達（永盛）

摂食する亜終齢
10/5 伊達（永盛）

コムラサキ

卵 291	幼 309
蛹 325	草 355

ヤナギの樹液を吸汁する群れ
8/19 旭川(芝田)

生息地：全道に広く分布する。都市近郊の自然公園や農村部周辺。平地〜山地の河川沿いの林とそれに沿う林道などのさまざまな森林環境。

1 2 3 4	5	6	7	8	9	10 11 12 月

部分的な2化の可能性がある。早：6/26 富良野、遅：10/1 札幌

訪花 (多)(少)(無)　吸汁 (水)(糞)(樹液・腐果)　産卵 (芽)(葉)(幹・枝)(他)　越冬態 (成)(卵)(幼)(蛹)

成虫 初夏に羽化した成虫は河川沿いの林道や民家周辺に飛来し、紫色に輝く翅を盛んに開閉しながら、地面で吸水する姿がよく見られる。樹液にもよく集まり、林道の上の獣糞で吸汁する姿もよく見る。♂は発生木周辺を飛びまわり、♀の羽化を待つ。交尾は♀の羽化後すぐに行われることが多い。母蝶は葉の縁や、枝の上や分岐点などに1〜数個産みつける。**生活史** 越冬幼虫は灰褐色、10mmに満たない大きさで、大半は2齢と推定される。越冬場所は、直径1〜2cm程度の枝の分岐部が多く、枝の股や皺に沿って張り

ついている。耐寒性が強いようで、むき出しの姿で極寒に数か月さらされることになる。翌春、食樹の芽吹きとともに活動を始め、やがて幼虫の体色は緑色に戻る。3齢以降は葉の中央部に台座をつくり、体の前半を浮かせて止まっている。蛹化は葉裏で行われる。
食樹 ヤナギ科のオノエヤナギ、エゾノバッコヤナギ、エゾヤナギ、ヤマナラシ、ドロノキなど

one point

　♂の翅は見る角度によって紫色に光るが、これは鱗粉の立体構造から生れる色で構造色と呼ばれる。

♂の翅表は角度により輝く
7/19 富良野（永盛）

樹液を吸う♂
7/21 富良野（永盛）

産卵
8/18 標茶（永盛）

交尾（下に♀の脱皮殻）
8/7 富良野（永盛）

タヌキ糞を吸汁。口吻が美しい
8/21 白老（芝田）

ドロノキ葉上の3齢
5/16 富良野（永盛）

越冬幼虫
4/10 富良野（永盛）

越冬明けの若齢の摂食
4/20 富良野（永盛）

葉上静止する4齢
5/25 安平（辻）

幼虫は葉上に静止していることが多くよく目立つ。

ヤナギ葉上の3齢
5/24 安平（辻）

蛹
6/17 富良野（永盛）

ゴマダラチョウ

卵 291　幼 309
蛹 325　草 342

北：留意（N）

春型の産卵
6/24 上ノ国（芝田）

生息地： 本州では普通種だが，本道では石狩地方と道南に極めて限定的に見られる稀種。オオムラサキと同様，エゾエノキの生える里山環境の落葉広葉樹林に限られる。

| 1 2 3 4 | 5 | 6 | 7 | 8 | 9 | 10 11 12 月 |

馬追丘陵では7月下旬の発生。早：6/14 上ノ国，遅：9/2 札幌（1977年）

訪花 [多][少][無]　吸汁 [水][糞][樹液・腐果]　産卵 [芽][葉][幹・枝][他]　越冬態 [成][卵][幼][蛹]

観察難易度
★★★
★★

局地性
★★★★
★★

成虫 食樹の樹冠周辺を滑空しながら，同じ所を繰り返しすばやく飛ぶ。♂は枝先を占有し，他の個体を見つけると追飛する。♂は♀の羽化を探し，枝の込み入った狭い空間を丹念に探雌飛翔することもある。♀は樹冠付近の高い枝に止まり，少し中に入って葉などに1卵ずつ産むことが多い。道南の産地では6月下旬に1化，8月中旬に2化が発生するが，道央部では年1化となる。**生活史** 越冬世代の緑色の幼虫は4齢まで成長して褐色になり，木の根元付近の葉裏で越冬する。越冬幼虫はオオムラサキに似るが背面の

突起が1対少ない。同じ齢なのになぜか，本種の越冬幼虫の方がひとまわり大きい。越冬後，眠りから覚めた幼虫は食樹の幹を這いあがり，若葉を食べ始める。この時，体色が灰色から淡緑色に変化する。終齢まで葉表に台座をつくり，体の前半部を起こして静止していることが多い。蛹は食樹の葉裏や枝にぶら下がる。

食樹 ニレ科のエゾエノキ

one point

札幌の円山公園などをはじめ小樽方面に生息していた個体群は，1990年代には絶滅した。

林道の湿りで吸水する♂
8/13 上ノ国（茨木）

翅にクモの巣をひっかけた♂と追飛する♂
6/27 上ノ国（茨木）

越冬明けの幼虫
4/14 上ノ国（芝田）

求愛（1977 年）
7/20 札幌（永盛）

占有する♂
7/2 上ノ国（芝田）

越冬幼虫はエゾエノキの
根元付近の落ち葉の裏に
いる。オオムラサキも同
様。

エゾエノキの根元の
落ち葉裏にいた越冬幼虫
4/6 上ノ国（芝田）

葉裏の蛹
8/14 上ノ国（芝田）

葉上の終齢
5/18 上ノ国（永盛）

葉上の1齢
8/21 上ノ国（永盛）

越冬後に脱皮した 5 齢
4/24 上ノ国産（辻）

新芽を摂食する越冬明けの 4 齢
4/21 上ノ国産（芝田）

オオムラサキ

卵 291　幼 309
蛹 325　草 342

環：準絶滅危惧（NT）
北：留意（N）

エゾエノキ葉上で占有する♂
7/14 札幌（芝田）

生息地：札幌近郊などの，極端に限られた分布をする食樹のエゾエノキの生える林地。奥尻や道南部のエゾエノキには生息していない。

| 1 | 2 | 3 | 4 | 5 | 6 | 7 | 8 | 9 | 10 | 11 | 12月 |

空知や浜益では札幌より発生が 1 ～ 2 週間遅れる。早：7/3 札幌，遅：8/21

訪花 多 少 無 ｜ 吸汁 水 糞 樹液・腐果 ｜ 産卵 芽 葉 幹・枝 他 ｜ 越冬態 成 卵 幼 蛹

観察難易度
★★☆☆
局地性
★★★★★

成虫 ♂は発生木の樹上を滑空を交え力強く飛び交い，枝先などで見張り行動をとる。タテハチョウ科の最大種で遠目にもその雄姿は確認できる。ミズナラなどの樹液に集まり，時おり羽ばたいて他の昆虫を威嚇する。♂は♀を見つけると正面から接近して対面し，触角を接するように動かして求愛し，その後交尾に至る。産卵は食樹の下部の枝や葉の下面に数十〜 100 卵程度を並べるように産みつける。**生活史** 孵化はほぼ一斉に行われ，幼虫は分散し葉の表面に居場所を定め，周囲の葉を食べる。10 月に入ると体色が褐色になり，幹を降りて枯葉の中で越冬に入る。食樹の根元の枯葉を裏返して探すと越冬幼虫を見つけることができる。越冬幼虫の齢数は基本的には 4 齢と考える。翌春，5 月中ごろから幼虫は食樹に登り，しばらく待って葉が展開すると，体色を変え摂食を始める。2 度脱皮し終齢になり，葉の裏で蛹化する。**食樹** ニレ科のエゾエノキ

one point

日本の国蝶とされ，美麗な蝶であることから，食樹を植えて放飼する試みも見られる。地域ごとの遺伝情報の攪乱が心配される。

占有する♂
7/14 札幌（芝田）

求愛。♀の翅表は茶色い
8/7 札幌（永盛拓）

エゾエノキの枝先を巡回し
羽化した♀を探す探雌飛翔中の♂
7/21 札幌（芝田）

樹液に群がる集団
7/16 札幌（茨木）

エゾエノキの枝へ産卵
8/7 札幌（永盛拓）

越冬中の4齢
11/30 札幌（永盛拓）

若葉上の越冬明けの4齢
5/19 札幌（永盛拓）

孵化
7/29 札幌（永盛拓）

越冬のため幹を降りる4齢
10/23 札幌（永盛拓）

エゾエノキ葉上に静止する終齢
6/9 札幌（辻）

蛹
6/28 札幌（永盛拓）

ヒメウラナミジャノメ

卵 292 幼 310
蛹 326 草 335

海岸草原を飛翔する♂
7/18 大樹（芝田）

生息地：全道に広く分布する普通種。市街地の公園や河川の土手，農村周辺，山地の林道などの草丈の低い小草原。垂直分布も広いが，標高が高くなるにしたがい見られなくなる。

1 2 3 4 5 6 7 8 9 10 11 12 月

温暖地では9月以降に2化。早：5/29 函館，遅：10/19 厚岸（網田，2018）

（訪花 多 少 無）（吸汁 水 糞 樹液・腐果）（産卵 芽 葉 幹・枝 他）（越冬態 成 卵 幼 蛹）

観察難易度 ☆☆☆☆

局地性 ☆☆☆☆

成虫 草むらを小さく跳ねるように飛びまわり，ヒメジョオンなど多くの花を訪れる。♂は吸蜜時以外は探雌飛翔を続ける。♀を見つけると後ろから接近し，横に並んで腹の先を強く曲げて交尾する。交尾済みの♀は翅をばたつかせ交尾を拒む。産卵は発生の後半に行われ，♀は草むらの地表付近に潜り込み枯茎などに1個ずつ産む。**生活史** 成虫は最普通種なのに，幼生期などの観察は難しい。その理由は，♀が食草を特に選ばず，あちこちに卵を産みつけることと，幼虫の活動が夜間に行われるためと考えられる。若齢幼虫

は特に発見が難しい。2齢から体色は淡い褐色となり摂食時以外は食草を降り地面の枯草の間に隠れる。年2回発生することが多いが，越冬態は主に4齢と推定される。幼虫の行動は鈍く，野外で発見しても容易に落下し見失うことが多い。蛹は食草付近の根際の枯茎で発見される。

食草 ススキなどの他，外来種を含むイネ科各種，ショウジョウスゲなどのカヤツリグサ科各種

one point
幼虫が葉を食べに草の上に登ってくる夜の7時以降が観察のチャンス。

ヒメジョオンを訪花
7/6 富良野（芝田）

葉上での日光浴
7/14 苫小牧（辻）

産卵
7/23 富良野（永盛）

交尾
6/23 富良野（永盛）

日光浴する♀
6/27 上士幌（芝田）

越冬前の幼虫
10/7 東川（永盛）

越冬明けの終齢
5/2 富良野産（永盛）

脱糞する1齢
7/1 富良野産（永盛）

前蛹
8/2 札幌（永盛拓）

蛹
8/25 富良野産（永盛）

日没後，葉に上って摂食する。その時が観察の好機。

夜間摂食する終齢
5/10 千歳（辻）

ベニヒカゲ

卵 292　幼 310
蛹 326　草 335

海岸段丘のコウゾリナを訪花した♀
8/25 稚内（芝田）

生息地: 本州では高山蝶の部類だが，本道での分布は広い。山地〜亜高山帯の草原や湿原。山道沿いの法面や露岩地，場所によっては海岸近くの草原。

1 2 3 4	5	6	7	8	9	10 11 12 月

宗谷地方や離島では8月中旬以降に発生。早: 7/14 日高, 遅: 9/15 札幌

訪花 （多）少 無　吸汁 水 糞 樹液・腐果　産卵 芽 葉 幹 枝 他　越冬態 成 卵 幼 蛹

成虫 発生は遅く8月に入ってから羽化し，草が生える斜面を小刻みに羽ばたきながらゆったりと飛んでいる。ヨツバヒヨドリやアザミ類の花を好んで訪花する。♀は産卵場所を探して草むらを低く飛ぶことが多いが，なかなか産卵シーンには出会えない。卵は食草や付近の枯葉や枯茎に産みつけられる。**生活史** ヒメウラナミジャノメ同様，褐色タイプの幼虫は夜間に活動するため，多産地でもなかなか見つからない。夏の後半に孵化した幼虫は食草の葉縁から食べ始める。気温の低下とともに活動は鈍くなり3〜4齢で越冬態勢に入る。越冬後の幼虫は食草を斜めに切り取った食痕を残す。日中は株の下に潜り込んでいるが，日没後7時ごろから一斉に茎を登り食べ始める。蛹化は土の中に潜り込み腹を上に向けた形で行われる。

食草 イネ科のイワノガリヤス，ヒメノガリヤス，法面に植えつけられた外来種など。カヤツリグサ科（未同定）

one point
高山草原だけではなく，いろいろな草地に出現するのは多様な食性によるためと考えられ，食草についての調査が望まれる。

ヒヨドリバナを訪花した白色型♀
8/6 伊達市(芝田)

ハンゴンソウを訪花した♀
8/27 様似(辻)

幻光を放つ♀
8/13 芦別(永盛)

黒化型♂。天人峡で見られる遺伝型
8/18 東川(茨木)

交尾(♀左)
9/7 様似(辻)

幼虫は夜間活動性をもち,
昼間は根際などに隠れて
いる。この写真のように
昼間に姿を見せることは
珍しい。

林道のヒメノガリヤスを摂食する3齢
7/14 日高(辻)

夜間摂食する終齢
6/26 千歳(辻)

越冬明けの4齢
5/20 千歳(辻)

卵
8/24 様似産(永盛)

摂食する2齢
4/4 芦別産(永盛)

土の中の蛹
7/20 芦別産(永盛)

クモマベニヒカゲ

卵 292　幼 310
蛹 326　草 335

環：準絶滅危惧（NT）
北：留意（N）

ハンゴンソウを訪花した♀
7/28 足寄（芝田）

生息地：ベニヒカゲとは異なり，本道でも本州同様に高山蝶の性格を見せる。大雪山周辺と利尻岳のおよそ標高 800 m 以上の草地。高標高の道路法面でも発生する。

| 1 | 2 | 3 | 4 | 5 | 6 | 7 | 8 | 9 | 10 | 11 | 12 月 |

2 年目

低標高地では 7 月中旬に盛期を迎えることが多い。早：7/5 上川，遅 9/9 大雪山

訪花 多 少 無　吸汁 水 糞 樹液・腐果　産卵 芽 葉 幹・枝 他　越冬態 成 卵 幼 蛹

成虫 草原をゆるやかに飛び，各種の花で盛んに吸蜜をする。気温が下がるとすぐに活動が見られなくなる。交尾は♀の羽化直後に観察した。産卵行動は日中の好天時に観察されている。♀はイワノガリヤスが生える草むらに潜り込み，イワノガリヤスの枯葉に 1 卵ずつ産卵したという。**生活史** 幼生期の観察記録は断片的なものである。越冬した卵から孵化した幼虫は，食草の葉縁から階段状に切り取る食痕を残す。2 年目の冬は 4 齢で越冬し，3 年目に蛹化〜羽化に至ると推定される。ベニヒカゲとの混生地では本種の

発生が 2 週間ほど早い。蛹はハナゴケの中で発見されている。幼虫はベニヒカゲ同様に，日中は株の根際に隠れ夜間に摂食することがわかってきた。母蝶から採卵し室内飼育すると年内に羽化することもある。越冬幼虫の齢数を含めた周年経過，生活史全般の記録の充実が望まれる。

食草 カヤツリグサ科のミヤマクロスゲ，リシリスゲ。イネ科のイワノガリヤスや法面に張られた外来種

one point

大雪山周辺の高山草原では個体数が激減しているという。

ヨブスマソウを訪花。本種が好む花の1つ
7/23 上川（茨木）

針葉樹林内を飛翔
7/28 足寄（芝田）

日光浴する♂
7/29 足寄（芝田）

求愛する♂（下）
8/5 上川（茨木）

交尾
8/12 上川（渡辺）

2齢と食痕
9/8 大雪山産（永盛）

根元に静止する終齢
11/5 大雪山産（永盛）

卵
8/12 大雪山産（永盛）

前蛹
11/5 大雪山産（永盛）

1齢
9/12 大雪山産（永盛）

4齢
10/26 大雪山産（永盛）

蛹
11/8 大雪山産（永盛）

ジャノメチョウ

卵 292　幼 310
蛹 326　草 336

草原を飛翔する♀
8/3 稚内 (辻)

生息地：主に本道の南半分の地域に広く分布する。日本海側は稚内方面に分布が広くのびる。公園，農地周辺，河川の土手，低地の雑木林〜山地の草地。

1 2 3 4	5	6	7	8	9	10 11 12 月

暖かい年には 7 月上旬から発生。早：7/5 芽室，遅：9/30 安平

訪花 多 少 無　吸汁 水 糞 樹液・腐果　産卵 芽 葉 幹・枝 他　越冬態 成 卵 幼 蛹

観察難易度 ★☆☆☆☆
局地性 ★★☆☆☆

成虫　日中，草地をゆるやかに飛びまわる。セイタカアワダチソウやヨツバヒヨドリなど，夏の花を訪れ，樹液や獣糞，腐果，人の汗にも集まる。♀は不活発で草の上によく止まる。♀の産卵は特異で，草地を低く飛びながら草むらに潜り込み，1 卵ずつ放卵するが目撃は難しい。また産み落とされた卵は土の間に隠れてしまい発見は極めて難しい。**生活史**　夏に産まれた卵はしばらく休眠するのか，ほぼ 2 か月もかけて孵化する。若齢幼虫は食草の先端部に近い葉の縁を直線的に切り取るように食べ始める。褐色味を帯びる

幼虫の特性として夜間摂食性を示すが，晩秋〜早春は昼間でも葉に登っていることがある。1 齢を含む若齢で食草の根際に潜り込んで越冬する。翌春冬眠から覚めた幼虫は新葉を食べながらゆっくり成長する。老熟した幼虫は，土を少し掘り込んで仰向けになって蛹化する。**食草**　イネ科のススキ，クサヨシ，チモシーなどの牧草，カヤツリグサ科のショウジョウスゲなど

one point

長い幼生期を持っており，活動は 5℃くらいから鈍く動いて摂食することができる。

放卵する♀と卵
8/27 札幌（永盛）

交尾（♀上）
8/8 厚真（辻）

ホザキシモツケを訪花
8/19 苫小牧（芝田）

樹液にきた♂（下：キマダラモドキ）
8/22 厚真（芝田）

日光浴する♀
8/8 洞爺湖（辻）

地上に転がっていた蛹
（死亡していた）
11/6 千歳（辻）

夜間摂食する4齢
4/28 千歳（辻）

根際にいた中齢
5/16 千歳（辻）

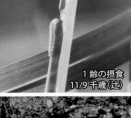
1齢の摂食
11/9 千歳（辻）

残雪の法面で新芽を摂食する2齢
4/1 千歳（辻）

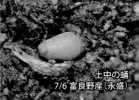
土中の蛹
7/6 富良野産（永盛）

天然記念物　北海道特産種

ダイセツタカネヒカゲ

卵 292　幼 310
蛹 326　草 332

環：準絶滅危惧(NT)
北：留意(N)

風衝地での求愛飛翔(♂右)
6/19 大雪山(茨木)

日高山脈亜種

生息地 大雪山系の黒岳〜化雲岳の表大雪と音更岳などの石狩山系。北日高山脈のピパイロ岳〜幌尻岳には別亜種が分布。いずれの地も風衝地や稜線部のガレ場に生息している。十勝岳山系には分布しない。

1	2	3	4	5	6	7	8	9	10	11	12月

幼虫で2回越冬し足かけ3年で羽化。早：6/14 大雪山，遅 9/12 大雪山

訪花 多 少 無　**吸汁** 水 糞 樹液・腐果　**産卵** 芽 葉 幹・枝 他　**越冬態** 成 卵 幼 蛹

観察難易度 ★★☆☆

局地性 ★★★★★

成虫 早朝から活動するが気温が低い時は翅を閉じて横倒しになり，日光浴で体を温める。吸蜜や吸水はそれほど盛んに行わない。気温が高くなると飛び方も速くなり，人の気配に敏感になる。岩の上に止まると翅の模様のカムフラージュ効果を実感する。♂は岩の上に止まって見張り行動をとり，♀を見つけると追いかけて地面に降り，翅をふるわせながら♀に接近し交尾を迫る。母蝶は食草の枯葉や周囲の地衣類などに卵を1個ずつ産みつける。**生活史** 夏にスゲに残った食痕を頼りに幼虫を探すと，葉を食べていたり，石

の上で日光浴している個体を見つけることができる。幼虫は終齢と，ごく小さな若齢が同時に見つかる。小さいものは卵で越冬して育ち始めたもので，大きいものはその幼虫の1年後の姿である。終齢幼虫で越冬し，翌年，周囲の枯葉や小石を集めて繭をつくり蛹化し成虫になる。

食草 カヤツリグサ科のダイセツイワスゲ，ミヤマクロスゲ。

one point

成虫になるまで足かけ3年かかるという周年経過から厳しい高山に生きる蝶の生態の一面を見ることができる。

岩上での求愛
6/19 大雪山（茨木）

降り出した雨に活動を休止した♂
6/17 大雪山（芝田）

交尾
7/1 大雪山（芝田）

イソツツジを訪花
7/1 大雪山（川合）

日高山脈亜種（著しく黒化する）
7/21 戸蔦別岳（辻）

食草の根際の終齢
9/13 大雪山（渡辺）

3齢と食痕（矢印）
9/10 大雪山（渡辺）

枯葉に産付された卵
7/12 大雪山（永盛）

1齢
8/26 大雪山産（永盛）

食草であるダイセツイワスゲが疎らに生える生息地
7/9 大雪山（渡辺）

石の下から見つかった蛹
6/27 大雪山（渡辺）

シロオビヒメヒカゲ

北海道特産種

卵 292　幼 310
蛹 326　草 335

＊定山渓亜種のみ指定
環：準絶滅危惧（NT）
北：準絶滅危惧（Nt）

法面草原での求愛飛翔（♂左）。法面や路傍雑草を使って分布を広げている
6/7 訓子府（芝田）

生息地：石狩低地帯以東の明るい草地や法面，林間草原，露岩地。近年，道路法面を利用し分布が西側にのびてきており，定山渓に特産する定山渓亜種と接する可能性がある。

定山渓種

| 1 2 3 4　5　　　6　　　7　　　8　　9　　10 11 12月 |

稀に 2 化。定山渓亜種は主に 6 月下旬以降発生。早：5/19 音更，遅 9/15 阿寒

| 訪花 多 少 無 | 吸汁 水 糞 樹液・腐果 | 産卵 芽 葉 幹・枝 他 | 越冬態 成 卵 幼 蛹 |

観察難易度 ★★☆☆☆
局地性 ★★★☆☆

成虫 草原を低く跳ねるように飛びまわっている。低温時は翅を閉じたまま体を傾け日光浴するのをよく見かける。セイヨウタンポポ，クローバー類などさまざまな花で吸蜜する。探雌飛翔を続けていた♂は♀を見つけると追いかけ，♀が葉の上に止まるとすかさず後ろから腹部を曲げながら接近し交尾に至る。産卵は日中〜午後に見られる。♀は食草の生える草むらに潜り込み，卵を周囲の食草や付近の枯葉に 1 個ずつ産みつける。**生活史** 幼虫は摂食時以外は食草の株に潜り込んでいる。若齢時は食痕も目立たず，幼虫の

保護色も効果的で発見は難しい。3 齢くらいからは食草の先端を斜めに切り落とすのでこれを目当てに探すとよい。4 齢（体長 12 〜 14mm）で越冬するが，詳しい越冬場所は不明である。終齢は食草の株下に残る，葉が枯れた部分の内部にぶら下がって体を丸め前蛹となり，2 日程度で蛹になる。

食草 イネ科の外来種ナガハグサ，ウシノケグサなど。ヒカゲスゲなどのカヤツリグサ科

one point

定山渓亜種は貴重な個体群で生息環境の保全が求められる。

交尾
6/14 遠軽(芝田)

草陰で休む♀
7/17 様似(辻)

腹をまげて交尾を迫る♂(左)
6/10 様似(芝田)

翅を傾けての日光浴
6/28 平取(芝田)

訪花した定山渓亜種
6/29 札幌(芝田)

終齢は食草の下部に垂れ
下がった枯れた葉の中に
入って蛹化する。

蛹が見つかった環境
6/2 東川(永盛)

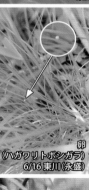

卵
(ハガワリトボシガラ)
6/16 東川(永盛)

摂食する3齢
10/2 東川(永盛)

4齢
10/7 東川(永盛)

根際の終齢(背中が桃色のタイプ)
5/15 東川産(永盛)

越冬前の4齢
10/7 東川(永盛)

ツマジロウラジャノメ

卵 292　幼 311
蛹 327　草 335

北：留意(N)

崖に咲くエゾキリンソウを訪花した♂。崖に強く執着する
7/11 日高(芝田)

生息地：食草の生える露岩地に極めて限定される稀種。日高山系と夕張山地の渓谷部。

1	2	3	4	5		6		7		8		9		10	11	12 月

年により 8 月中下旬に 2 化。早：6/9 日高，遅 9/17 中札内

訪花 (多)(少)(無)　吸汁 (水)(糞)(樹液・腐果)　産卵 (芽)(葉)(幹・枝)(他)　越冬態 (成)(卵)(幼)(蛹)

観察難易度 ★★★☆

局地性 ★★★★★

成虫 渓谷に沿う湿った露岩地周辺を一定のコースを行き来するように飛翔し，時おり上からゆるやかに滑空するように降りてくる。ヨツバヒヨドリなどを訪花する時が観察のチャンス。♂は「蝶道」のようなコースで探雌飛翔を繰り返している。♂は♀を発見すると追飛し，♀に向かい合わせになり触角を絡ませ求愛する。産卵は，崖に生えている食草のごく小さな株を選んで葉裏に 1 個ずつ産みつける。**生活史** 幼虫などの生態観察は崖の手の届く所に限られるが，観察のポイントは上述のように，茎が数本しかないような小さな株である。若齢は葉の縁を台形状に食べ葉に静止している。中齢以降は葉の先端部を斜めに切り取った食痕を残すようになる。3 齢で越冬に入るが越冬場所は不明。翌春に摂食を再開し 1 回脱皮して終齢になる。蛹はオーバーハング状の岸壁部から見つかった。蛹には緑色タイプと黒色タイプがある。**食草** イネ科のヒメノガリヤス，タカネノガリヤス

one point

生息地へのアプローチも難しく，姿を見せなくなった産地も多く，観察は困難を極める。

崖上部のヒメノガリヤスへの産卵
7/11 日高（芝田）

崖上から滑空するように降りてくる♀
7/11 日高（芝田）

吸水する♀
8/6 日高（辻）

エゾキリンソウを訪花した♂
7/11 日高（芝田）

日光浴する♀
7/11 日高（芝田）

崖で蛹化した蛹
7/7 日高（永盛）

4齢と食痕
8/29 日高産（永盛）

3齢
9/22 日高（辻）

林道沿いの崖で3齢が見つかった
9/22 日高（辻）

1齢
8/13 日高（永盛）

ウラジャノメ

卵 292　幼 311
蛹 327　草 333

ヤナギの樹液を吸汁
7/11 大樹（芝田）

生息地：石狩低地帯以東に分布するが生息地は限定的。道北部では利尻島のみ分布する。林床がササに覆われず，カヤツリグサ科の草本が生える落葉広葉樹の疎林。

1 2 3 4	5	6	7	8	9	10 11 12 月

多くの地域で7月中旬からが盛期。早：6/24 旭川，遅：8/30 様似

訪花 多 少 無	吸汁 水 糞 樹液・腐果	産卵 芽 葉 幹・枝 他	越冬態 成 卵 幼 蛹

卵 292　幼 311 蛹 327　草 333

観察難易度 ★★☆☆
局地性 ★★★☆

成虫 疎林に棲む目立たない蝶。疎林内に伸びる山道のわきなど，あまり明るくない所を縫うように飛びまわる。ノリウツギなどを訪花するが頻度としては多くない。♂は獣糞や樹液に集まり吸汁する。♂は開けた空間を占有し，周りの蝶を追いかける。♀の活動は不活発。産卵はジャノメチョウと同様，食草の上で放卵するといい，三角紙内に放卵することもある。**生活史** 幼生期の観察は，生息地にはさまざまな食草候補が生えているため特定するのが困難で，幼虫も葉に沿ってうまく隠れており大変難しい。若齢幼虫は食草の先端部の葉縁を平行に食べている。中齢になると葉の先端を斜めに切ったような食痕をつくる。幼虫は食草の下部の葉の裏面に静止している。2～3齢で越冬し，翌春食草の新葉を食べ成長する。蛹は緑色で食草の茎などに下垂するようだ。**食草** カヤツリグサ科のショウジョウスゲ，ヒカゲスゲなど。イネ科のクサヨシ，ヒメノガリヤス，ナガハグサの記録もある。

one point

地味な蝶であるが，旭川で見られる裏面の目玉模様の中心に白点（目）がない変異を「メナシ型」と呼び珍重される。

木漏れ日の当たる葉に止まる「メナシ型」
7/9 旭川（芝田）

求愛する♂（下）と交尾拒否する♀
7/15 苫小牧（茨木）

ヤマグワの果実から吸汁
7/16 苫小牧（芝田）

エゾイチゴを訪花
7/22 苫小牧（芝田）

吸水
8/6 日高（辻）

ショウジョウスゲ上の終齢
5/14 旭川（永盛）

ショウジョウスゲにいた1齢
8/11 旭川（永盛）

終齢
6/4 旭川産（永盛）

1齢と食痕
8/14 標茶（永盛）

1齢
8/23 苫小牧（辻）

蛹
6/24 旭川産（永盛）

タテハ

キマダラモドキ

卵 292　幼 311
蛹 326　草 335

環：準絶滅危惧(NT)
北：留意(N)

薄暗い林内を飛翔する♂。本種の典型的な生息環境
8/4 厚真(芝田)

生息地： 道南〜胆振，日高地方西部の海岸近くのカシワ林や低地〜低山地の疎林周辺やオオイタドリ群落内。生息地は限られるが個体数は少なくない。

| 1 2 3 4 | 5 | 6 | 7 | 8 | 9 | 10 11 12月 |

生き残りは9月に入っても見られる。早：7/14 函館，遅：9/16 乙部

訪花 多 少 無　吸汁 水 糞 樹液・腐果　産卵 芽 葉 幹・枝 他　越冬態 成 卵 幼 蛹

観察難易度 ★★★☆

局地性 ★★★★☆

成虫 生息地である疎林の内部〜林縁を縫うように飛びまわり，カシワなどの雑木によく止まる。ササなどの上で日光浴もする。♂♀ともに獣糞や樹液をよく吸うが訪花は稀である。夕方に♂は開けた空間の枝先に止まり，周りの蝶を活発に追いかける行動が見られる。産卵行動については生息地の林縁で目撃されているが詳細は不明。飼育ではヨモギなどの枯葉を入れておくと，その内部に10〜20卵ほどの卵塊を産みつける。**生活史** 野外での幼生期の観察は難しく断片的な情報しか得ていない。飼育すると，卵は秋には孵化し，枯葉に潜り込むようにして越冬する。中齢以降は，他のジャノメチョウ亜科の幼虫と同様に葉の先端部を斜めに走る食痕を残す。伊達市で発見した亜終齢も同様な食痕を残し，葉の裏に静止していた。飼育下では食草の株にぶら下がる形で蛹化した。

食草 イネ科のオニウシノケグサ。この他のイネ科，カヤツリグサ科も食べていると考えられる。

one point

渡島半島南部が主な生息地であったが，徐々に胆振地方や日高地方東部に進出した模様である。

ミズナラの樹液を吸汁する♀
8/22 厚真（芝田）

林道わきの木に止まる♂
8/5 苫小牧（辻）

木漏れ日の当たる下草にとまる♂
8/4 苫小牧（芝田）

日光浴する♂
8/14 厚真（芝田）

日光浴する♀
8/19 厚真（辻）

2齢の摂食
4/10 厚真産（永盛）

越冬明けの幼虫
3/18 同右

終齢
5/17 厚真産
（永盛）

卵塊
8/31 伊達産（永盛）

越冬に入る孵化幼虫
9/10 厚真産（永盛）

野外幼虫の発見は難しいので，同地産の1
齢を野外に放して生態を追いかけてみた。

葉に上り摂食する3齢
5/31 厚真（辻）

蛹
5/17 厚真産（永盛）

オオヒカゲ

卵 292　幼 310
蛹 326　草 333

ヤナギ林内で樹液を吸汁する♀。オープンな環境にはあまり出てこない
8/3 厚沢部(辻)

生息地：名寄地方より北には分布しないが，その他では広域的に普通に見られる。スゲ類の生える，林道や疎林の中の湿性草原。

| 1 2 3 4 | 5 | 6 | 7 | 8 | 9 | 10 11 12 月 |

生き残りは9月に入ってもみられる。早：7/7 栗山，遅：9/23 厚岸

訪花 多 少 無 ｜ 吸汁 水 糞 樹液・腐果 ｜ 産卵 芽 葉 幹・枝 他 ｜ 越冬態 成 卵 幼 蛹

観察難易度 ★☆☆☆

局地性 ★★☆☆

成虫 スゲの生える草原周辺のやや暗い所を躍動しながらフワフワ飛びまわるが，なかなか静止しない。また人の気配に敏感で観察しにくい。発生地を離れ，ミズナラなどの樹液を吸いにくるが花にくることは稀である。♂が静止している♀の前に止まり翅をすばやく開閉させて近づく求愛行動を観察している。母蝶は葉の上部にぶら下がって，葉の裏面に数〜十数個並べて卵を産みつける。**生活史** 孵化した幼虫は集合して葉の先端付近の葉縁から食べ始める。3齢くらいから分散し，葉の先端を斜めに切り取った食痕を残す。

幼虫探しはこの食痕が手がかりになる。越冬幼虫は1〜3齢で，食草の基部に静止したまま雪に埋もれ，翌春もそのままの位置で発見される。冬を越した幼虫は新葉を食べながら60mm以上に大きく育つ。重みで葉が垂れ下がることが多い。蛹は葉脈の中央部に下垂しているのが見つかる。**食草** カヤツリグサ科のカサスゲ，オオカサスゲ，オニナルコスゲ，オオカワズスゲなど

one point

卵〜蛹まで食草を離れないため，生息地で丹念に探すと生活史の観察は比較的容易である。

ヤナギの樹液を吸汁
8/3 厚沢部（芝田）

林内空間に飛び出してきた♂
8/14 厚真（芝田）

交尾
7/30 小平（辻）

日光浴
9/4 栗沢（茨木）

樹液を吸汁
7/17 旭川（芝田）

摂食する3齢
5/3 旭川（永盛）

雪の下で越冬していた3齢
12/25 旭川（永盛）

オオカワズスゲの卵
8/18 旭川（永盛）

幼虫は葉の先端の食痕
を目印に探すとよい。

カサスゲ葉裏に静止する亜終齢
5/24 安平（辻）

1齢の集団と食痕
9/7 旭川（永盛）

蛹
6/25 旭川（永盛）

クロヒカゲ

卵 293　幼 310
蛹 327　草 334

ササ群落で占有する♂
9/2 苫小牧(芝田)

生息地：離島を含め全道に広く分布する普通種。郊外の公園
〜山地にかけて，林床にササがあるさまざまな環境。

| 1 2 3 4 | 5 | 6 | 7 | 8 | 9 | 10 11 12月 |

9月以降に部分的に2化が発生。早：5/30 函館，遅：10/16 富良野

訪花 多 少 無　吸汁 水 糞 樹液・腐果　産卵 芽 葉 幹・枝 他　越冬態 成 卵 幼 蛹

観察難易度
☆
☆
☆

局地性
☆
☆
☆

成虫 林床にササがある明るい林内や林縁周辺を活発に飛びまわる。♂は，特に午後〜夕方にササの先に止まり，活発に他の♂などを追飛する。♀はササの葉上に静止していて目立たない。花にくることは少ない。吸水，樹液や獣糞での吸汁はよく見られる。産卵時，♀はササ群落の縁〜内部を飛びまわり，ササの葉裏に腹を曲げて1卵ずつ産卵する。**生活史** 幼生期の観察は，ササに残した特徴的な食痕に慣れると容易である。孵化した幼虫は，葉の縁に移動して小さな食痕を残す。成長するにしたがって，食痕は独特の階段状になる。幼虫が静止している葉裏の中脈〜食痕までには，一筋の銀色の吐糸の跡が見られる。年に2回発生する場合がある。2〜4齢まで育った後，ササの裏に静止したまま雪の中で越冬する。3齢から緑色型と褐色型が現れ，褐色型は体色に似たササの枯れた部分に静止する。蛹はササの中脈に下垂することが多い。

食草 イネ科のクマイザサ，チシマザサ，ミヤコザサ，スズタケ

one point

ササは日本を特徴づける植生で，サハリン南部が本種とともに北限となる。

クマイザサの葉裏に産卵
6/27 愛別（芝田）

樹液を吸う集団
6/27 愛別（芝田）

交尾（♀右）
7/30 新得（芝田）

ノリウツギを訪花した♀
7/31 旭川（永盛）

日光浴する♂
6/17 幕別（芝田）

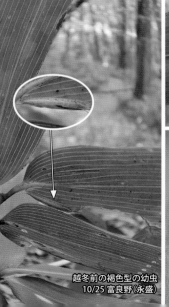

越冬前の褐色型の幼虫
10/25 富良野（永盛）

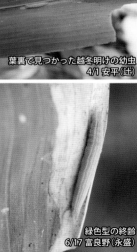

葉裏で見つかった越冬明けの幼虫
4/1 安平（辻）

緑色型の終齢
6/17 富良野（永盛）

1齢と食痕と吐糸でつくった道
9/21 富良野（永盛）

摂食する4齢
5/25 富良野（永盛）

蛹
5/4 富良野産（永盛）

ヒメキマダラヒカゲ

卵 293　幼 311
蛹 327　草 334

遊歩道沿いの葉上で占有する♂（16：18）
8/6 ニセコ（辻）

生息地： 離島も含め全道各地に普通に見られる。ただし天売・焼尻からは未記録。ササの生える低山地〜山地，亜高山帯にかけての林道沿いや林縁など。

1 2 3 4	5	6	7	8	9	10 11 12月

温暖地では7月下旬、山地では8月中旬に盛期。早：7/3 札幌，遅：9/15 厚真

訪花 多 少 無　吸汁 水 糞 樹液・腐果　産卵 芽 葉 幹・枝 他　越冬態 成 卵 幼 蛹

成虫 低山地の林道や山地の登山路周辺をゆるやかに飛び，ノリウツギ，ヨツバヒヨドリなど，多くの花を訪れる。♂は地面や葉の上で吸水し，獣糞にも集まるが樹液にくるのは稀。♂は主に午前中，日の当たる葉の上などに翅を半開にして静止し，付近を飛ぶ蝶などを追飛する。♀は訪花の他は不活発。産卵時，ササの葉裏に10卵前後を平面的に産みつける。**生活史** 若齢幼虫は葉裏の中脈に並ぶように静止している。夕方〜夜に集団で葉脈を残して葉を食べ，食痕がすだれ状になる。この食痕を目当てに探すと発見は容易である。2〜3齢まで集団を維持しながら育ち越冬する。遅い産卵から孵化した1齢幼虫も見られるが，越冬できるかは不明である。越冬後の幼虫は積雪による影響を受けて落下することも多く，単独で発見される。成長は遅く終齢になるのは6月下旬で，蛹化はササの葉や茎にぶら下がる形で行われる。**食草** イネ科のチシマザサ，クマイザサ，ミヤコザサ，スズタケ

one point

針葉樹とチシマザサが増える山道には他の蝶は少なく，本種ばかりが目立つ。

占有する♂
7/24 富良野（永盛）

産卵
7/25 上士幌（茨木）

ヨブスマソウを訪花した集団
7/25 上士幌（茨木）

交尾
8/13 上ノ国（茨木）

ヒヨドリバナを訪花した♀
8/7 猿払（辻）

若齢の食痕
9/19 小樽（永盛）

集団摂食
8/4 積丹（辻）

顔を寄せ合う2齢
前種より頭の角は短い
9/12 上富良野（永盛）

越冬明けの3齢と食痕
5/9 富良野（永盛）

終齢と食痕。林内のやや暗い環境を好む
6/16 鹿追（永盛）

終齢
6/16 上富良野（永盛）

サトキマダラヒカゲ

卵 293　幼 311
蛹 327　草 334

交尾。普通種でありながら交尾態を見る機会は少ない
7/20 苫小牧（芝田）

生息地：石狩〜胆振地方，十勝〜根室・北見地方に産地が多い。離島では利尻・焼尻・奥尻。平野部〜低山地の里山環境を好み，ササが覆っている林床と林縁環境。

1	2	3	4	5	6	7	8	9	10	11	12 月

寒冷地では7月中旬からの発生もある。早：5/21 音更，遅：9/3 苫小牧

訪花 多 少 無　吸汁 水 糞 樹液・腐果　産卵 芽 葉 幹・枝 他　越冬態 成 卵 幼 蛹

観察難易度★★☆☆
局地性★★☆☆☆

成虫 疎林の林縁から路上に飛び出してきては，周囲の樹木や家屋などによく止まる。獣糞や樹液も好み，人の汗にも寄ってくる。山間部に多いヤマキマダラヒカゲより低地を好むが，混生することもある。その時は本種の方が発生が遅くなる傾向が見られる。母蝶はササ原の低位置の葉の縁に止まり，5〜30個の卵を平面的に並べて産みつける。**生活史** 卵はヤマキマダラヒカゲよりやや小型である。孵化した幼虫は先端付近の葉縁から葉脈を残しながら摂食を始め，すだれ状の食痕を残す。この時が一番発見しやすい。1齢の頭部は薄い褐色で，ヤマキマダラヒカゲに見られる黒い斑紋は入らない。2齢もヤマキマダラヒカゲに比べ小さいが，頭部に現れる突起が明らかに短い。日中は地面に降りササなどの枯葉の中に潜み発見は難しい。夜間の摂食時に探すと見つかる。秋に枯葉の中で蛹化し越冬に入る。**食草** イネ科のクマイザサ，チシマザサ，ミヤコザサなど

one point

キマダラヒカゲ属の本種とヤマキマダラヒカゲは，日本でタケ・ササ類を食草として選択して独自に分化した種と考えられている。

樹液を吸う♂
6/19 富良野(永盛)

牛糞での集団吸汁
7/5 鶴居(永盛)

ホザキシモツケを訪花
7/13 安平(辻)

葉上での吸水
7/14 苫小牧(辻)

産卵と孵化直前の卵
7/26 標茶産(永盛)

2齢以降，日中は地面に
降りて，枯葉の中に潜み
見つけにくい。夜間には
葉上に出て摂食する。

夜間摂食する終齢
8/22 苫小牧(辻)

1齢の顔
8/10 苫小牧(辻)

脱皮殻を食べる4齢
8/23 安平(永盛)

幼虫が見つかった環境と
枯葉に潜む終齢
9/17 標茶(永盛)

孵化した1齢の集団と卵の跡
8/10 安平(辻)

蛹
9/14 標茶産(永盛)

ヤマキマダラヒカゲ

卵 293　幼 311
蛹 327　草 334

キツネ糞で吸汁していた集団の飛び立ち
6/9 音更（芝田）

生息地：サトキマダラヒカゲより分布は広い。海岸沿いの樹林帯〜自然公園のササ群落，低山地〜亜高山帯の樹林周辺のササ群落。

| 1 2 3 4 | 5 | | 6 | 7 | | 8 | 9 | 10 11 12 月 |

温暖地では8月以降に2化。早：4/29 新ひだか町（森，2019），遅：8/26 江差

訪花 多 少 無　吸汁 水 糞 樹液・腐果　産卵 芽 葉 幹・枝 他　越冬態 成 卵 幼 蛹

観察難易度 ★ ☆ ☆

局地性 ★ ☆ ☆

成虫 サトキマダラヒカゲより森林環境を好み，ササ群落周辺の半日陰〜日当たりのよい山道を飛ぶ。吸水や吸汁の他，ノリウツギ，シシウドなどを訪花する。♂は樹木の幹にまとわりつくように飛びながら上昇し，樹冠をめぐってまた降下する行動がよく見られる。成虫の活動は午前中〜夕暮れまで続く。産卵行動はサトキマダラヒカゲとほぼ同様である。**生活史** 卵はサトキマダラヒカゲより大型で青みが強い。1齢幼虫は集団で葉裏に横並びになっている。この時，顔が白いものと黒いものなど変異が見られる。従来3齢後半に集団から単独行動に移るとされているが，サトキマダラヒカゲも含め集団行動は体色が褐色になる2齢から解消される。幼生期の生態はサトキマダラヒカゲと同様だが，夜間摂食性は本種の方が顕著で，日没後一斉にササの葉に上り食べ始める。道南などの暖地では部分的に2化が発生する。**食草** イネ科のクマイザサ，チシマザサ，ミヤコザサなど

one point

山道を歩いていると人の汗にも寄ってくることがあり，よく出会うジャノメチョウ。

林道の湿りで吸水
6/8 富良野（永盛）

産卵と孵化間際の卵（顔が透けている）
7/27 奥尻（辻）

樹液を吸汁
6/7 安平（芝田）

交尾
7/24 苫小牧（辻）

ヘビの死体に群がる集団
6/9 音更（芝田）

幼虫はササ原にいるが、夜間摂食性があり見つけるのは難しい（p.402 参照）

幼虫が見つかった林縁のササ
8/23 安平（辻）

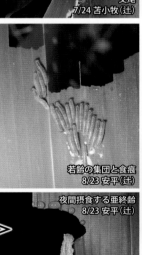

若齢の集団と食痕
8/23 安平（辻）

夜間摂食する亜終齢
8/23 安平（辻）

1 齢の顔
7/10 安平産（永盛）

夜間摂食する終齢
8/23 標茶（永盛）

蛹
9/23 富良野産（永盛）

ヒメジャノメ

卵 293　幼 310
蛹 327　草 336

北：情報不足（Dd）

畔での交尾（♀右）
6/24上ノ国（芝田）

生息地：本州では普通種だが，本道では渡島半島の南部に分布は限られる。日本海側では島牧村まで見られる。農村周辺部，河川や低山地の山際の小草原に生息する。

1 2 3 4	5	6	7	8	9	10 11 12 月

1 化は多くない。2 化は 9 月にもみられる。早：6/12 乙部，遅：9/23 厚沢部

訪花（多・少・無）　吸汁（水・糞・樹液・腐果）　産卵（芽・葉・幹・枝・他）　越冬態（成・卵・幼・蛹）

成虫 道南で，杉林や竹林に囲まれた田んぼの小道に本種が飛んでいるのを見ていると，ここが北海道とは思えない気分になってしまう。人里に近い草地を好む蝶である。朝夕に活発になるが，葉の上にすぐ止まってくれるので観察しやすい。花にくることは少なく，樹液に集まり，お墓のお供えの腐果に集まっているのも見る。産卵も比較的容易に観察でき，草むらの各種イネ科の葉裏に 1 ～数卵産みつける。**生活史** 幼虫は 4 齢で越冬し，年 2 回発生する。孵化した幼虫は分散し，葉の縁を少しずつ食べ，不規則な食痕を残す。

夜間摂食性のようで日中は食草の根元に静止していることが多い。幼虫の体色はイネ科植物の葉の色に近い淡緑色が多いが，中齢から淡褐色のタイプが現れ，越冬幼虫はイネ科植物の枯れた色に似せた褐色型となり食草の根元の枯れた部分に潜り込こんでいる。蛹は食草付近にぶら下がると推定されるが見たことはない。**食草** イネ科のススキ，チヂミザサ，コヌカグサなど各種，カヤツリグサ科の数種

one point

農村部の田園環境の消滅とともに姿を消す可能性があり，注意してほしい。

ササガヤに産卵
8/19 厚沢部（永盛）

枯れたオオイタドリから吸汁する集団
8/14 上ノ国（茨木）

オオハンゴンソウを訪花した♂
8/14 上ノ国（茨木）

日光浴
6/24 上ノ国（芝田）

静止する♂
8/16 江差（芝田）

越冬前の褐色型4齢
11/8 厚沢部（辻）

2齢と食痕
9/2 乙部産（永盛）

摂食する4齢
10/12 厚沢部産（永盛）

蛹
10/20 厚沢部産（永盛）

ササガヤにいた卵と1齢
8/19 厚沢部（永盛）

林縁かがらむ草地は本種が好む環境。田んぼや川がからめばなおよい
8/14 上ノ国（芝田）

キバネセセリ

卵 294　幼 312
蛹 328　草 367

早朝の林道でタヌキ糞に集まった集団
7/11 共和(芝田)

生息地：全道に広く分布するが，発生数は年や地域によって変動が大きい。離島では利尻・焼尻・奥尻。平地の自然公園の遊歩道沿いの，低山地〜山地の沢沿いの林道沿いや林縁。

| 1 | 2 | 3 | 4 | 5 | | 6 | | 7 | | 8 | | 9 | | 10 | 11 | 12 月 |

寒冷地では7月下旬の発生。早：6/30 札幌，遅：8/31 常呂

訪花 多 少 無　吸汁 水 糞 樹液・腐果　産卵 芽 葉 幹・枝 他　越冬態 成 卵 幼 蛹

観察難易度 ★☆☆☆

局地性 ★☆☆☆

成虫　林道沿いの林縁や林間の開けた空間を飛びまわり，各種の花に集まる。♂は特に吸水，吸汁性が強く，獣糞の他，建物や石垣，たき火の跡などに集団をつくる。この時，腹の先端を曲げて水分を排泄し，それをまた吸引する「吸い戻し行動」をとる。産卵は，ハリギリの樹皮に行われる場合と幼虫の使った巣の中に産みつけられる場合がある。いずれも5〜20卵程度の無造作に積み重なった卵塊になる。

生活史　樹皮に産みつけられた場合，孵化した幼虫は，すぐにごつごつした樹皮の裏側のコルク質の部分をかじっ

て米粒大の繭のような巣をつくり，その中で越冬する。ハリギリの葉で見つかる卵は空のものばかりで，孵化後の幼虫の行動は不明。翌年幼虫は木に登り，開き始めた葉の尖った葉先を折り返した巣をつくる。成長にともない巣をつくり変え，主に夜間に摂食する。老熟幼虫は落下するなどして，フキやササなどの下草を折りたたんで巣をつくり，中で蛹化する。

食樹　ウコギ科のハリギリ

one point

> ハリギリの葉を下から見上げると独特の巣を簡単に探すことができる。

手の甲で吸い戻し。腹端に水滴が見える
7/17 北広島（芝田）

クサフジを訪花
7/12 石狩（芝田）

ハリギリの幹への産卵
8/11 札幌（永盛拓）

ヒヨドリバナを訪花した♀
8/6 幌延（辻）

葉裏で休息する♂
7/19 札幌（永盛拓）

ハリギリの若齢の巣
6/6 富良野（永盛）

ハリギリのコルク層につくられた
越冬巣
11/24 富良野（永盛）

古い巣の中の卵殻
8/4 富良野（永盛）

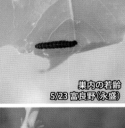

巣内の若齢
5/23 富良野（永盛）

幼虫はハリギリの葉が折りたた
まれた三角の巣を目印に探す。

三角の巣を開けると幼虫が見つかった
6/6 富良野（永盛）

ササにつくった蛹化用の巣
6/9 富良野（永盛）

ダイミョウセセリ

卵 294　幼 312
蛹 328　草 330

北：準絶滅危惧(Nt)

早朝の草地で日光浴。北海道で最も見難い蝶のひとつ
8/15 江差(芝田)

生息地：現在は檜山地方のごく一部に限られる。人里に近い雑木林の林縁や公園緑地，耕作地の山際など。道南での食草の分布は広いが発生地になることは稀。

1 2 3 4	5	6	7	8	9	10 11 12 月

1 化は極めて稀。2 化はお盆前後に盛期を迎える。早：5/26 江差，遅：9/1 熊石

訪花 多 少 無 ┃ 吸汁 水 糞 樹液・腐果 ┃ 産卵 芽 葉 幹・枝 他 ┃ 越冬態 成 卵 幼 蛹

成虫 林縁でクズの生える斜面や草むらを活発に飛びまわる。ヒメジョオンなどの花を訪れる他，湿地で吸水したり，獣糞で吸汁することもある。葉上での静止時，翅は水平に広げる。雨が降るとクズやオオイタドリの葉裏にまわり込み雨を避ける。♂は葉の上に止まり占有行動を見せる。産卵習性は特殊で，母蝶は葉の上に産みつけた卵を腹部の毛で包み隠すので，卵は葉についたゴミのように見える。**生活史**幼虫は葉を折りたたんだ巣をつくる。よく目立つので，成虫より生息を確認するチャンスがあるほどである。若齢期は 10㎜ 未満の台形型が多いが，中齢期以降は葉に「ハの字」状の切り込みを入れ，巧みに折りたたみ，長三角～四角形の巣をつくる。幼虫は巣から出て周囲の葉を縁から食べる。成長にともない，別の葉に移って新しい巣をつくる。終齢で地上に落ちた巣の中で越冬し，翌年そのまま蛹になるが本道での詳しい観察例はない。**食草** ヤマノイモ科のオニドコロ，ヤマノイモ

one point

本州では普通種であるが，本道では近年生息地が分断され，最も観察が困難な種の１つである。

驚くと葉裏に隠れる習性がある
8/16 江差（芝田）

オニドコロへの産卵。卵は長毛で覆われる
8/22 江差（芝田）

占有する♂
8/16 江差（芝田）

エゾヤマハギを訪花した♀
8/16 江差（芝田）

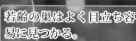

探草飛翔する♀
8/16 江差（芝田）

若齢の巣はよく目立ち容
易に見つかる。

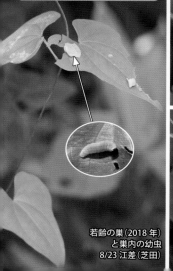

終齢の巣
7/20 江差（芝田）

▷

巣内の終齢
7/20 江差（芝田）

12/6 江差産（芝田）

越冬巣内の終齢。2枚の葉が
強固な糸で硬く閉じられていた

若齢の巣（2018年）
と巣内の幼虫
8/23 江差（芝田）

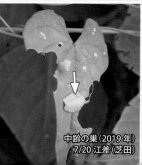

中齢の巣（2019年）
7/20 江差（芝田）

越冬巣内で蛹化して2日後の蛹
4/19 江差産（芝田）

ミヤマセセリ

卵 294　幼 312
蛹 328　草 351

木々が芽吹く前の明るい林床を飛翔する♀。近年減少傾向にある
5/22 苫小牧(芝田)

生息地：道内での分布は局地性が強い。日本海側にはほとんど分布しない。平地〜低山地の明るい落葉広葉樹林。伐採後に伸びてきたミズナラやコナラを最も好む。

| 1 | 2 | 3 | 4 | 5 | 6 | 7 | 8 | 9 | 10 | 11 | 12 月 |

多くの地域で5月下旬から盛期を迎える。早：4/19 鷹栖, 遅：7/1 根室

訪花 多 少 無　**吸汁** 水 糞 樹液・腐果　**産卵** 芽 葉 幹・枝 他　**越冬態** 成 卵 幼 蛹

観察難易度 ★★☆☆

局地性 ★★★☆

成虫 明るい日差しの中，背の低い雑木林の縁や林道沿いの草地の上をリズミカルに飛びまわる。枯葉や石の上に止まり，翅を広げ日光浴をする。タンポポやスミレ類で吸蜜し，湿った地面で吸水する。日が陰ると見られなくなる。産卵は食樹の横に張り出した，手の届くような低い位置に行われる。♂は林床を飛ぶことが多いが，♀は産卵位置を探しながら，林縁を飛ぶことが多い。**生活史** 卵はその春伸びた枝の根元にある芽鱗の周りを丹念に探すと見つかる。孵化した幼虫は来春までゆっくり成長することになる。若齢は葉に切れ目を入れて折り返した巣をつくり，周りを網目のように食べる。成長すると葉を2〜3枚重ね合わせて中に隠れる。秋が進むと巣をつくっていた葉は落葉し，そのまま一緒に落下することが多いが，自力で地面に降りるものもある。地面に落ちた巣からは出てしまうことが多い。蛹はカシワやモミジなどの落葉で新しくつくった巣の中で見つかる。**食樹** ブナ科のミズナラ，コナラ，カシワ

one point
薪炭林が象徴する里山の雑木林を生息地に選んだようで，深い森にはいない。

求愛する♂2頭(♀右)
5/22 苫小牧(芝田)

コナラの新芽への産卵
5/26 函館(芝田)

コンロンソウを訪花した♀
6/3 安平(茨木)

日光浴する♂
5/17 苫小牧(辻)

吸水する♂
5/26 安平(芝田)

糸で葉がテントのように固定された巣
8/11 安平(辻)

巣から出て摂食する1齢
6/9 厚真(辻)

巣づくりのため吐糸する3齢
7/27 安平産(永盛)

終齢の巣とその中の幼虫。巣は葉を糸で重ねて固定してある
9/16 安平(辻)

越冬直前の巣内の終齢
11/4 安平(辻)

巣内の蛹
3/20 安平産(永盛)

ヒメチャマダラセセリ

天然記念物　北海道特産種　国内希少野生動植物種

卵 294　幼 312
蛹 328　草 345

環：絶滅危惧 IA 類（CR）
北：絶滅危惧 IA 類（Cr）

アポイアズマギクを訪花した♀。背景にはキンロバイと海が見える。
5/22 様似（芝田）

生息地：アポイ岳, 吉田岳と幌満岳に極限される天然記念物。1973 年に北大の学生であった鈴木茂氏により発見された。露岩地に食草を含む高山草原がパッチ状に生える稜線と斜面。

| 1 2 3 4 | 5 | 6 | 7 | 8 | 9 | 10 11 12 月 |

普通 5 月中旬〜下旬が盛期。早：5/4 様似，遅：6/19 様似

訪花 多 少 無　吸汁 水 糞 樹液・腐果　産卵 芽 葉 幹・枝 他　越冬態 成 卵 幼 蛹

観察難易度
★★☆☆☆

局地性
★★★★★

成虫　高山植物とガレ場が入り混じる斜面を，すばやく飛びまわるので見失うことも多く，観察には慣れが必要である。アポイアズマギクなどの訪花，日光浴や地面での吸水時が観察のチャンスとなる。午前中〜正午が活動のピークで，霧が出てきたり風が強くなると飛ばなくなる。♂は♀を探して休むことなく飛びまわり，♀に出会うと後ろから翅をふるわせながら求愛する行動をよく見かける。♀の産卵は食草であるキンロバイの地面すれすれのごく低い葉を選んで行われる。**生活史**　孵化した幼虫は，小葉の中央から両側

に糸を張りめぐらせたタイプや小葉を重ね合わせたタイプの巣をつくる。若齢は葉の表面をなめるように食べるので，葉にシミのような食痕が残る。2 齢以降は葉の先端を綴った巣をつくり，4 齢からは複数枚の葉を重ね合わせた巣をつくる。摂食は昼間に行われる。9 月になると摂食を止め，岩の隙間に枯葉を重ね蛹化する。**食樹**　バラ科のキンロバイ，稀にキジムシロ

one point

生息地がハイマツの拡大などで狭められ，絶滅も危惧されている。観察は登山路からはみ出さないよう配慮する。

海霧による気温低下で活動できなくなった♀
5/23 様似（芝田）

小さな株の地表付近へ産卵
5/22 様似（永盛）

吸水する♀
5/18 様似（芝田）

交尾（♀右）
5/22 様似（芝田）

サマニユキワリを訪花した♂
5/13 様似（芝田）

巣内の終齢（胴部のみが見える）
9/3 様似（永盛）

巣内の3齢
7/16 様似（永盛）

巣と1齢
6/17 様似（永盛）

巣内の2齢
7/4 様似（永盛）

生息地の環境と
若齢の巣と食痕（卵殻つき）
6/7 様似（芝田）

越冬後の蛹
4/13 様似（芝田）

チャマダラセセリ

卵 294　幼 312
蛹 328　草 345

タンポポ咲く草原での求愛（♂左）。♂は後脚の付け根に黒長毛の束がある
5/16 帯広（芝田）

生息地：主に道東にごく局地的に分布し，見つけづらい種。低山地の伐採跡地やスキー場，林道わきや河川敷の明るい草地。

| 1 | 2 | 3 | 4 | 5 | 6 | 7 | 8 | 9 | 10 | 11 | 12 月 |

2 化の記録はない。早：4/25 音更，遅：7/8 丸瀬布

訪花 多 少 無　吸汁 水 糞 樹液・腐果　産卵 芽 葉 幹・枝 他　越冬態 成 卵 幼 蛹

観察難易度 ★★★☆

局地性 ★★★☆

成虫 開けた草地を敏捷に飛びまわる。吸蜜の他，斜面で日光浴したり，湿った地面で吸水する姿もよく見られる。産卵は，裸地に芽生えた食草の小さな株を選んで行われる。草地が放置され，大型の草本や低木が侵入してくると姿を消してしまう。スキー場や河川敷は定期的に芝刈りが入ることで本種にとっては好適な環境が維持されているといえる。**生活史** 孵化した幼虫はすぐに巣をつくり始める。展開した若い葉では，葉の中央から周囲に糸を張りめぐらせた網のような巣をつくる。柔らかい葉であれば綴じ合わせた巣をつくる。体の成長に合わせた巣を，葉を折りたたんだり重ね合わせたりしてつくり変える。終齢になると，周りに使い古した巣をいくつも見ることができる。巣を目当てに探すと幼虫の発見は難しくない。老熟幼虫は地面に降りて，枯葉を集め綴じ合わせた巣の中で蛹化し，雪の下で冬眠に入る。**食草** バラ科のキジムシロとミツバツチグリが主要な食草。他にキンミズヒキ，エゾイチゴ，ナワシロイチゴなど

one point

本州では各地で生息地が消えており，本道でも減少傾向は否めない。

荒地での探草飛翔
5/21 北見（芝田）

林道沿いのチシマフウロを訪花した♂
6/9 音更（芝田）

キジムシロの小さな株へ産卵
5/21 帯広（茨木）

交尾（♂右）
5/16 帯広（芝田）

吸水する♂
5/30 音更（茨木）

1齢の巣
6/16 音更（永盛）

蛹の巣（上）と中の蛹
9/18 音更（永盛）

1齢の巣
6/16 音更（永盛）

葉を糸（矢印）
で綴った終齢の巣
8/23 音更（永盛）

2齢の巣と食痕
6/16 音更（永盛）

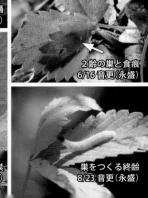

巣をつくる終齢
8/23 音更（永盛）

ギンイチモンジセセリ

卵 294　幼 312
蛹 328　草 336

環：準絶滅危惧（NT）
北：情報不足（Dd）

ススキが豊富な草原を飛翔する♀。草刈りにより維持される草原の生息地
7/2 上ノ国（芝田）

生息地：本道のほぼ南半分の地域に局地的に分布する。ススキの生える海岸沿いの草地。低地〜低山地の火山性草原や河川敷，湿原周辺の草地。

| 1 | 2 | 3 | 4 | 5 | 6 | 7 | 8 | 9 | 10 | 11 | 12 月 |

2 化（高温期型）の記録はない。早：5/29 小樽，遅：7/29 別海

訪花（多・少・無）　吸汁（水・糞・樹液・腐果）　産卵（芽・葉・幹・枝・他）　越冬態（成・卵・幼・蛹）

観察難易度★★☆☆

局地性★★★☆

成虫 ススキの生える草原を縫うように低く飛び続ける。日差しがない時はほとんど飛ばない。薄日が差してくると翅を半開にして日光浴をし，各種の花で吸蜜を始める。♂は♀を探しまわり，♀を見つけると近づいて翅をふるわせ求愛する。母蝶は食草の葉の低い所を探すように飛び，1 卵ずつ産卵する。**生活史** 他のセセリチョウ同様，幼虫は巣をつくって生活する。ススキの葉表に台座をつくり，細長い円筒状の巣をつくる。脱皮，成長に合わせて巣をつくり変える。摂食は巣の前後の葉を両側から食べ進み，中脈が細長く残る。この食痕のついた細長い巣を目当てに探すと発見は難しくない。巣を開けるなど刺激を与えると飛び出して，体を激しくくねらせ落下してしまう。9 月には摂食を止め，透明感のある淡褐色へと変色し，枯れた巣の中で越冬に入る。翌春，越冬巣の中で 1 回脱皮し，その後，新たにつくられた巣か同じ巣中で蛹化する。**食草** イネ科のススキ，キタヨシ，チガヤなど

one point

翅の表裏のまったく異なったデザインや細長い姿形で，他のセセリチョウに似た種はいない。

日光浴する♂。ビロード状の質感が美しい
6/18 苫小牧（芝田）

ススキへの産卵
7/2 上ノ国（芝田）

交尾（♀左）
6/18 苫小牧（芝田）

求愛（♂右）
6/18 苫小牧（芝田）

ダイコンソウを訪花した♂
6/20 安平（芝田）

まだ活動していた越冬前の亜終齢
9/24 安平（辻）

2齢の巣
7/14 安平（辻）

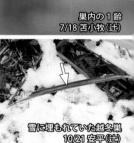
巣内の1齢
7/18 苫小牧（辻）

雪に埋もれていた越冬巣
10/21 安平（辻）

巣から顔を出す亜終齢と摂食の様子
9/7 苫小牧（辻）

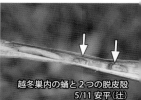
越冬巣内の蛹と2つの脱皮殻
5/11 安平（辻）

北海道特産種
カラフトタカネキマダラセセリ

卵 294　幼 312
蛹 329　草 335

アヤメ咲く草原を飛翔する♂
6/18 幕別（芝田）

生息地：芦別山群〜日高山脈以東の低山地〜山地の林縁草地やヒース周辺，渓谷の崩壊斜面の草地や露岩地。分布は限定的だが生息地での個体数は少なくない。

1 2 3 4	5	6	7	8	9	10 11 12 月

帯広や北見などの低山地では5月下旬から発生。早：5/22 留辺蘂，遅：8/13 足寄

訪花 多 少 無　吸汁 水 糞 樹液・腐果　産卵 芽 葉 幹・枝 他　越冬態 成 卵 幼 蛹

観察難易度 ★★☆
局地性 ★★★☆

成虫 林道の周囲や林間の小草原を縫うように飛び，タンポポ，クローバー類などを訪花する。日中の気温が高い時には湿地で吸水する。♂は背の高い草の上などに縄張りをつくり，他の♂を追飛する。求愛行動や交尾は午前中〜日中にかけて行われる。母蝶は食草群落の縁の葉裏に1個ずつ産卵する。
生活史 若齢幼虫は葉の先端近くに筒状の巣をつくり，中に潜む。ある程度摂食すると巣を切り落とし，別の葉に新しい巣をつくる。成長し，自分の体に葉を巻きつけることができなくなると，葉の上の台座に静止する。こ

の時，葉は幼虫の重みで垂れ下がっていることが多い。食草が枯れる前に，終齢幼虫は先端部の葉を数枚重ねた越冬用の巣をつくる。葉が枯れるころには体色が淡緑色から淡褐色に変化する。越冬巣は雪の下になるが，雪に覆われない巣の中では凍死する幼虫もいる。翌春，新しい巣をつくり蛹化する。
食草 イネ科のイワノガリヤス，ヒメノガリヤス，クサヨシなど

one point

日高〜芦別山系の個体群は崖のヒメノガリヤスに依存し，道東の低地の個体群と生態が異なるようにみえる。

林道沿いのオオハナウドを訪花した♀
7/6 上川（芝田）

日光浴する羽化後まもない♂
6/16 幕別（芝田）

亜高山帯のエゾイソツツジを訪花した♂
6/16 鹿追（永盛）

交尾（手前♀）
6/17 幕別（芝田）

占有する♂
6/17 標茶（永盛）

幼虫の巣
8/13 日高（辻）

孵化が近い卵
7/8 標茶（永盛）

終齢
9/20 日高産（永盛）

食草でつくった越冬巣
12/9 標茶（永盛）

越冬巣
10/18 日高産（永盛）

巣内で蛹化した蛹
5/16 標茶産（永盛）

コチャバネセセリ

卵 295　幼 313
蛹 329　草 334

林道沿いのセリ科を訪花した集団
7/6 上川（芝田）

生息地：離島も含め全道に広く分布する普通種。市街地の公園，里山の雑木林，山地の林道沿いの明るい林縁草地など，ササの生えるさまざまな環境。

1 2 3 4 5 6 7 8 9 10 11 12 月

温暖な地域では年により 2 化。早：5/30 安平，遅：9/8 安平

訪花 多 少 無　吸汁 水 糞 樹液・腐果　産卵 芽 葉 幹・枝 他　越冬態 成 卵 幼 蛹

観察難易度 ☆☆☆☆　局地性 ☆☆☆☆

成虫 ササの生える道であれば必ずといっていいほど出会う蝶で，♂♀とも活発に飛びまわり，各種の花に集まる。また吸汁性が強く林道に落ちた獣糞におびただしい数が集まって「吸い戻し」を行っている。産卵はササ群落の外側の葉に止まり，腹部を強く曲げ葉の裏に 1 個ずつ産みつける。

生活史 夏〜越冬前まで，ササの葉を見てまわると各ステージの幼虫を観察することができる。若齢幼虫は葉の先端をゆるく綴じ合わせた巣をつくり，2 齢以降は葉の先端部を折り返した巣になる。葉を食べつくすと巣を切り落とし新しい巣をつくる。終齢になるまでに 3 〜 4 個の切り落とされた葉が残ることになる。紅葉が始まるころ，終齢幼虫は越冬用の封筒型の巣をつくり，中脈ごと切り落とし，落ちた周辺の枯葉の中で冬を越す。雪解け後に発見される越冬巣を開くと蛹になっている。**食草** イネ科のクマイザサ，アズマネザサ，ミヤコザサ，チシマザサ，ススキ，ヨシ

one point
封筒型の越冬巣をていねいにつくり，雪の下で冬越しするなど，北国によく適応した習性と感心させられる。

264

フランスギクを訪花した♀
6/27 日高（芝田）

産卵
7/15 安平（辻）

吸水
6/12 千歳（芝田）

犬糞で吸い戻しする集団
5/30 安平（芝田）

葉上に静止する♂
7/3 札幌（永盛拓）

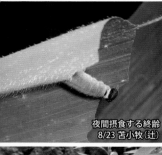

夜間摂食する終齢
8/23 苫小牧（辻）

終齢の巣づくり
8/14 富良野（永盛）

若齢の巣
8/6 幌延（辻）

地面の越冬巣
10/4 富良野（永盛）

越冬巣内部で蛹化した蛹
4/23 富良野（永盛）

ササの葉につくら
れた巣は容易に見
つかる。

若齢の巣と巣内の幼虫
8/11 丸瀬布（永盛）

スジグロチャバネセセリ

卵 294	幼 312
蛹 329	草 336

環：準絶滅危惧（NT）
北：準絶滅危惧（Nt）

道端のヒメジョオンを訪花した♂。意外と身近な場所で見られる
7/27 上ノ国（芝田）

生息地： 道南と上川南部周辺の平野部～低山地の小河川沿いの草地，疎林の林縁や林内の明るく開放的な草地。分布域は限られるが生息地での個体数は多い。

1 2 3 4	5	6	7	8	9	10 11 12 月

道南も富良野もほぼ同時期に発生。早：7/17 富良野市，遅：8/23 森町

訪花 多 少 無　吸汁 水 糞 樹液・腐果　産卵 芽 葉 幹・枝 他　越冬態 成 卵 幼 蛹

成虫 草の上をすばやく飛びまわり，オオハンゴンソウなど広範囲の花を訪れ吸蜜する。♂は正午近くなると，突出した葉先に止まり占有行動を見せる。♂の求愛行動は頻繁に観察され，♀の後ろから近づいて翅をふるわせる。交尾個体は日中に開放的な場所で観察される。母蝶は食草付近を小刻みに飛びながら草むらに降り，枯れて折りたたまれた葉の内部に腹端を押しつけながら数卵産みつける。**生活史** 孵化した幼虫は，周囲に吐糸し薄い繭をつくり，摂食せずに越冬する。翌春食草にたどり着いた1齢幼虫は，食草

の葉先に葉表を内側にして巻いた巣をつくり先端から食べる。成長にともない巣の株側の葉も中脈を残して食べ，巣は垂れ下がる。巣は齢が変わるごとにつくり変えられ，終齢になると葉を綴り合わせることなく葉の中脈に静止する。成長した幼虫は株の下方で帯蛹の蛹となる。**食草** イネ科のクサヨシ，オオネズミガヤ，ヨシ，オオアワガエリ，カモガヤなど

one point

> 元もと道南に分布する蝶だが，1978年から富良野市で生息が確認され近年分布を広げている。現在の北限は当麻。

食草の枯れて丸まった葉に産卵
8/7 上ノ国（芝田）

求愛飛翔（♂上）
8/16 江差（芝田）

♂の羽化（オオアワガエリ）
7/28 富良野（永盛）

交尾（♂左）
8/6 富良野（永盛）

占有する♂
8/16 江差（芝田）

土手のクサヨシにいた終齢
7/13 富良野（永盛）

中齢と巣
6/16 同左

葉を食べていた巣の中で蛹化
7/13 富良野（永盛）

中齢の摂食
6/16 同左

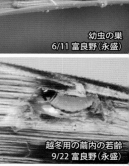
幼虫の巣
6/11 富良野（永盛）

越冬用の繭内の若齢
9/22 富良野（永盛）

8/22 富良野（永盛）

ヘリグロチャバネセセリ

卵 294　幼 312
蛹 329　草 335

道端のオカトラノで吸蜜する♂
8/2 上ノ国(辻)

生息地：主に道央以南の自然度の高い公園や農村周辺の林縁，平地〜低山地の林道沿いなどの狭い草原環境。分布域は広いが個体数は少ない。

| 1 | 2 | 3 | 4 | 5 | 6 | 7 | 8 | 9 | 10 | 11 | 12 月 |

発生に地域差はほとんどない。早：7/14 清水，遅：9/15 苫小牧

訪花 多 少 無 ｜ 吸汁 水 糞 樹液・腐果 ｜ 産卵 芽 葉 幹・枝 他 ｜ 越冬態 成 卵 幼 蛹

観察難易度 ★★★☆

局地性 ★★★☆☆

成虫 スジグロチャバネセセリと似たような小草原に見られるが，より林縁環境を好み，微妙に棲み分けているようだ。また発生は本種の方がやや早く，発生期間もスジグロチャバネセセリより短いようで姿を消すのは早い。成虫の行動はスジグロチャバネセセリとほとんど変わらない。産卵習性もスジグロチャバネセセリと同様である。**生活史** 卵は枯れて巻いた葉の中に1列に産みつけられており，外からは見えない。スジグロチャバネセセリ同様，孵化した幼虫は白色の繭をつくりそのまま越冬する。翌春の5月中旬，ヒ

メノガリヤスの新葉の先端部に小さな巣をつくっている1〜2齢が見つかっている。巣は葉の縁から2〜3箇所，太い吐糸で結びつけられている。終齢になるとしっかり吐糸した台座に静止し，外から見えるようになる。蛹も終齢の巣から遠くは離れず，より入念に吐糸された台座で見つかる。

食草 イネ科のヒメノガリヤス，クサヨシなど

one point

スジグロチャバネセセリと分布が重なる道南地方では，採集してしっかり同定する必要がある。

ヒヨドリバナを訪花した♀
8/9 苫小牧(辻)

産卵
8/9 洞爺湖(辻)

クサフジを訪花した♀
8/2 千歳(茨木)

静止する♂
8/1 千歳(芝田)

求愛(♂下)
8/6 千歳(永盛)

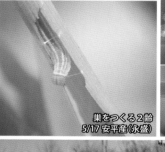
巣をつくる2齢
5/17 安平産(永盛)

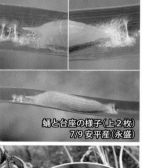
蛹と台座の様子(上2枚)
7/9 安平産(永盛)

終齢
6/23 安平産(永盛)

ヒメノガリヤスの若齢の巣
5/12 厚真(辻)

1齢の巣
5/12 厚真(辻)

亜終齢の巣
6/24 伊達(永盛)

北海道特産種（移入）

カラフトセセリ

卵 294　幼 312
蛹 329　草 336

林道沿いの草地を飛翔する♂
7/11 北見（芝田）

生息地：北見・網走・上川・宗谷・十勝地方に分布。発生地での個体数は多い。道路わきの法面，牧草地周辺の草地，林道など。

1 2 3 4　5　　6　　7　　8　　9　10 11 12 月

ほとんどの地域で 7 月中旬が盛期となる。早：6/20 上川，遅：8/7 滝ノ上

訪花（多）少 無　吸汁（水）糞（樹液・腐果）　産卵 芽（葉）幹・枝（他）　越冬態 成（卵）幼 蛹

観察難易度 ★☆☆

局地性 ★★☆☆

成虫 発生地では個体数は多く，道端を飛びまわりシロツメクサやクサフジなどの花に集まり吸蜜する。気温が低い時は翅を広げて日光浴する。日差しが強い日は地面で吸水する姿もよく見かける。♂どうしは盛んに追飛行動を見せ，♀に対しては，スジグロチャバネセセリなどと同じような求愛行動が観察される。産卵は日中，食草の根ぎわ付近をゆるやかに飛び，地面に近い部位の葉鞘や枯葉の隙間に 1 〜 10 個ずつ行われる。**生活史** 卵は枯葉の内部に縦に並べて産付されているが，粘着力は弱く落下しやすい。中齢以降の習性はスジグロチャバネセセリなどと同じで，葉を綴じあわせた巣をつくり，その葉の前後から縁から食べる。終齢では巣は綴じ合わされることはなく，台座に静止した幼虫は露出する。巣を目当てに探すと，簡単にたくさんの幼虫が見つかり，繁殖力の強さに改めて驚かされる。**食草** イネ科のカモガヤ，オオアワガエリ，クサヨシなど

one point
1999 年にオホーツク管内の滝上町で発見され，急速に分布を拡大している。北米からの家畜用の飼料に卵が混入していたようだ。

クルマバナを訪花した集団
7/8 上川（川合）

林道沿いのシロツメクサを訪花した♀
7/11 北見（芝田）

産卵
7/22 西興部（川田）

占有する。♂中室下部に性標がある
7/11 北見（芝田）

日光浴する♀
7/11 北見（芝田）

3齢と簡素な巣
6/16 滝ノ上（永盛）

巣から出て摂食する終齢
6/14 遠軽（永盛）

卵
7/24 西興部産（川田）

終齢の巣は台座のみ
で葉を綴じ合わせな
いことが多い。幼虫
は露出し容易に見つ
かる。

台座（矢印）に静止する終齢
6/23 滝ノ上（永盛）

葉上の終齢
6/14 丸瀬布（芝田）

蛹
6/23 遠軽産（永盛）

コキマダラセセリ

卵 295　幼 313
蛹 329　草 336

ムラサキツメクサを訪花した♀
7/27 上ノ国（芝田）

生息地：全道に広く分布する普通種。市街地周辺の道ばたの草地，低山地〜山地の林道わきや林縁の草地など。

1 2 3 4	5	6	7	8	9	10 11 12 月

道南では発生期が長く8月末まで見られる。早：6/14 北広島，遅：10/11 江別

訪花 [多] 少 無　吸汁 水 糞 樹液・腐果　産卵 芽 [葉] 幹・枝 他　越冬態 成 卵 [幼] 蛹

観察難易度 ☆☆☆

局地性 ☆☆☆

成虫 ♂♀ともスピード豊かに各種の草花を訪れ，口吻を活発に動かし吸蜜する姿が見られる。葉の先に止まる時は，後翅を水平に開き前翅を半開し，ジェット機のようなポーズをとる。産卵は食草群落の縁の方で行われることが多い。**生活史** 幼虫は他のセセリチョウ同様，若齢時は筒型の巣をつくる。中齢以降は葉を数枚重ね合わせた巣をつくるようになる。3〜4齢になると，越冬前に葉の両端を綴じ合わせた巣をつくり，そのまま葉は枯れ，雪の下になる。翌春越冬した幼虫は，枯葉や周辺の植物を綴った巣をつくり，

伸び始めた食草を食べる。5月中ごろ，ススキなどが芽生え始めてから，ようやく食草に巣が見つかり始める。6月になると何枚もの葉を乱雑に糸で結び合わせた大型の巣をつくり，観察もしやすくなる。蛹は葉を重ねた巣の中で見つかり，体の前後は蠟状の白い粉が付着している。**食草** イネ科のススキ，クサヨシ，ノガリヤス類，オオアワガエリなど

one point

本州でも年1化をかたくなに守る。幼虫の成長はゆっくり行われるので齢数のカウントは難しい。

クサフジを訪花した♀へ求愛する♂
8/16 江差(芝田)

クサヨシへの産卵
7/29 上ノ国(辻)

占有する♂
8/7 上ノ国(芝田)

日光浴する♂
7/16 大樹(芝田)

求愛する♂(右)と
翅をふるわせ拒否する♀
7/25 七飯(辻)

巣から長時間出て夜間摂食する終齢
6/30 上川(辻)

複数の葉が乱雑に結びつけられた巣
5/24 安平(辻)

糸をかけて巣をつくる終齢
9/17 富良野(永盛)

ススキが多い遊歩道。巣を目
印に幼虫が見つかる。

巣から出て摂食する2齢と食痕
9/19 様似(永盛)

ススキが多い歩道で幼虫が見つかった
6/8 苫小牧(辻)

巣内の蛹
7/1 富良野(永盛)

キマダラセセリ

卵 295　幼 313
蛹 329　草 336

ホザキシモツケを訪花した♂。幅広い環境に生息していながら，個体数が少なく見難い蝶
7/22 苫小牧（芝田）

生息地：上川・十勝地方などでは発生は不安定。主に温暖な道央以南の平野部〜低山地の道沿いや林間の草地。個体数は少なく見つけにくい。

| 1 | 2 | 3 | 4 | 5 | 6 | 7 | 8 | 9 | 10 | 11 | 12月 |

例年7月下旬以降に盛期を迎える。早：7/8 札幌，遅：8/26 上ノ国

訪花 [多] 少 無　吸汁 [水] 糞 樹液・腐果　産卵 芽 [葉] 幹・枝 他　越冬態 成 卵 [幼] 蛹

観察難易度 ★★★☆
局地性 ★★☆

成虫 日当たりのよい道沿いの小草原を活発に飛びまわる。クサフジやヒヨドリバナなど各種の花で吸蜜するのをよく見る。♂は地表で吸水し，晴天時，ササの葉上を占有するのが見られる。産卵行動は見ていないが，卵や幼虫の位置から，ススキなどの群落の縁や，孤立した株が選ばれる傾向が見られる。**生活史** 他のセセリチョウの仲間同様，1齢時から巣をつくる。3齢ごろから頭の両側に淡黄色の紋がはっきりとしてくるので他の種から区別できる。摂食時は巣を出て，葉の先端部から食べるが，その後も食べ，巣はしだいに小さくなる。体が収まらなくなると，巣を切り落とし新しい巣をつくり始める。越冬前の幼虫は両端を食べ5〜6cmの細長い巣をつくる。先端は閉じられており，完成すると中脈を切って落下し，そのまま越冬に入る。越冬後の幼虫も新葉に巣をつくって成長し巣中で蛹化する。**食草** イネ科のススキ，コヌカグサ，チヂミザサ。カヤツリグサ科も確認されている。

one point

　本種の仲間はアジアの熱帯系の種ということもあり，本道では本種の発生は不安定になる。

占有する♂
7/30 奥尻 (辻)

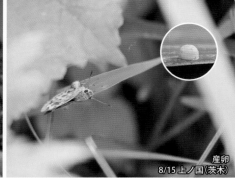
産卵
8/15 上ノ国 (茨木)

羽化後間もない♂
♂は後翅の付け根に黒い毛を持つ
7/21 苫小牧 (芝田)

クサフジを訪花
7/15 札幌 (永盛拓)

占有する♂
7/24 苫小牧 (辻)

吐糸する1齢と巣
7/25 札幌 (永盛拓)

摂食する4齢
9/7 厚真 (辻)

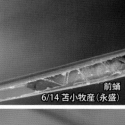
前蛹
6/14 苫小牧産 (永盛)

送電線の刈り込み道と巣をつくる3齢
食草につくられた巣に幼虫が見つかる
8/13 苫小牧 (芝田)

越冬巣を切り落とす幼虫
10/17 富良野 (永盛)

巣内の蛹
6/15 苫小牧産 (永盛)

オオチャバネセセリ

卵 295　幼 313
蛹 329　草 334

渓谷のアザミを訪花。海岸草原から深山までさまざまな場所で見られる
8/6 伊達（芝田）

生息地：全道に広く分布する。離島では利尻・天売。平野部の防風林や自然公園，農村部近郊。低山地〜山地のササが覆う伐採跡地や林縁。

| 1 2 3 4 | 5 | 6 | 7 | 8 | 9 | 10 11 12 月 |

稀に部分的な2化を生じる。早：7/2 旭川，遅：10/8 江別

訪花 (多)(少)(無)　吸汁 (水)(糞)(樹液・腐果)　産卵 (芽)(葉)(幹・枝)(他)　越冬態 (成)(卵)(幼)(蛹)

観察難易度 ★☆☆☆

局地性 ★★☆☆

成虫　林縁にササが覆う林道沿いを飛びまわり，ササの葉の上に止まることが多い。♂は特に突出した葉に止まり，占有行動をとる。♂♀とも明るい草地のいろいろな花を訪れ吸蜜する。草原環境ではクサフジ，林縁環境ではアザミ類をよく訪花する。母蝶はササの葉表に静止し，少し歩いてあまり腹を曲げずに葉の中央付近の葉表に1個ずつ産卵する。よく目立つ葉表に産卵する習性は特殊である。**生活史**　各地に普通な種であるが幼生期は意外と見つけづらい。孵化した幼虫は葉の先端に近い外縁を食べ，その葉の縁を吐糸で結びつけ内側に折りたたみ細長い巣をつくる。その後の成長は遅く，同じ巣の中で2齢になり，巣の内部を吐糸で補強して越冬に入る。越冬後の幼虫はしばらく越冬で使った巣を使うが，3齢になると新しい巣をつくる。終齢になると新しく伸長した若い葉も含め巣をつくり変えるが，このころから急に見つけにくくなる。蛹化は巣の中で行われる。**食草**　イネ科のクマイザサ，ミヤコザサ，スズタケ

one point

夏の終わりには，近似種のイチモンジセセリが渡ってくるので注意したい。

クマイザサへの産卵
8/12 日高（永盛）

車内に迷入し吸い戻しする♂
7/31 上川（永盛）

イヌゴマを訪花
8/7 苫小牧（芝田）

交尾
7/26 大樹（川合）

ササ葉上で占有する♂
8/11 富良野（永盛）

越冬巣
11/10 安平（辻）

終齢の巣
6/9 安平（辻）

巣内の1齢
8/5 千歳（芝田）

終齢
6/8 安平（辻）

越冬明けに新葉につくった新しい巣と巣の中の幼虫
5/25 安平（辻）

葉を綴った巣の中の蛹
6/14 富良野産（永盛）

アサギマダラ

飛翔能力が高く本州〜台湾まで82日かけ2500km飛翔した記録がある。

飛来初期は海岸で見られることが多く
夏になると山頂や山裾の林道で，秋には再び海岸でよく見られる
9/14 室蘭（芝田）

本道での食草であるイケマの葉裏の蛹
7/16 北斗（対馬）

若齢幼虫は特徴的な円い食痕を残す
日当たりの悪いイケマを好むという
7/16 北斗（芝田）

北海道では，本州からの飛来個体が5月末ごろから奥尻・函館周辺で観察される。その後道南〜道央に広がり離島を含め全道的に記録がある。

全国的にマーキング調査が盛んで，徳島県から奥尻（5月），奥尻から上川町（6月）などを対馬誠らが確認。これら北上個体が産卵し，夏に新個体が発生し，秋には本州以南へ南下する。南下記録は8〜9月に函館周辺から，

卵 1.6 × 1.0 mm

幼虫 38 mm

蛹 23 mm

10月以降に宮城県・山形県，遠くは福岡県などで再捕獲されている。近年の調査で「渡り」の実態が解明されつつある。食草はイケマ。

本道での幼生期の記録として，対馬誠の6月中旬からの観察例があり，卵12日・幼虫30日・蛹14日（函館市）。

放蝶前のマーキング個体
8/13 函館（対馬）

one point

近年確認が増加し，函館周辺や秋の室蘭では毎年多く観察される。1980年以前はめったに見られなかったという。

イチモンジセセリ

北海道でも秋の草原では決して珍しくない。注意して探してみよう。

コウゾリナを訪花した♂
9/25 室蘭（芝田）

巣内の終齢
12/25 静岡（辻）

終齢の巣
12/25 静岡（辻）

　本州では広く分布し，イネの害虫としても知られる普通種。北海道でも毎年観察され，本州から飛来する個体が奥尻島や道南では5月末から，道央では8月末〜9月に見られる。年によって発生数に違いがある。道北や道東でも記録がある。本州では8月末から移動する世代が生ずるが，「渡り」の実態はよくわかっていない。

　市街地郊外の空き地や小草原を素早く飛びまわり，各種の花を訪れる姿が見られる。奥尻島では6月と9月に食草のイネから幼虫が見つかっており新世代が発生している可能性もあるが，幼虫，成虫ともに冬がくる前に死亡すると考えられる。

one point

温暖化にともない渡りのシーズンが早まる可能性がある。オオチャバネセセリとの区別には注意が必要。

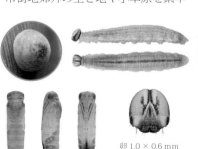

卵 1.0 × 0.6 mm
幼虫 30 mm
蛹 22 mm

求愛する♂（下）
9/8 神奈川（辻）

ヤマトシジミ

カタバミ

卵 0.5 × 0.24 mm

幼虫 12 mm

蛹 9 mm

日光浴する♀
2019年には松前町で多数確認された
10/14 松前（対馬）

薄皮を残す特徴的な若齢の食痕
探索時のいい目印になる
12/9 神奈川産（辻）

　本州では人家周辺の食草のカタバミが生える草むらに見られる普通種。北海道では，最近では2017年に上ノ国町で発見され，2019年には松前町で多数発見されている。幼生期は未発見だが新鮮な個体も確認され，1回世代交代したとみられる。花を訪れながら地面近くを飛ぶ。静止時には翅を半開することが多い。卵は食草の主に葉の裏に1個ずつ産付され，若齢幼虫は葉をなめるように食べる。

ウラナミシジミ

食草は多くのマメ科。家庭菜園のダイズ等の豆類も利用し身近な場所で見られる。

ダイズへ産卵する♀
10/1 松前（対馬）

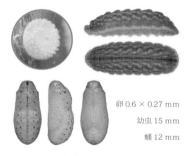

卵 0.6 × 0.27 mm

幼虫 15 mm

蛹 12 mm

ミヤギノハギの終齢
10/9 神奈川（辻）

　本州では農村〜市街地に普通。本州以南の主に太平洋沿岸の暖地でのみ越冬可能。毎年発生を繰り返しながら北方に移動する。近年，北海道では少数ながら毎年記録があり，早いと8月中旬から函館周辺の主に家庭菜園から見つかり始め，9月中旬〜10月にかけ世代交代しながら増え，11月まで見られる。多い年には札幌周辺でも見られ，稀に道東・道北でも記録される。幼虫は豆類の花や実を食べる。

Ⅲ．卵, 幼虫, 蛹, 食草・食樹図版

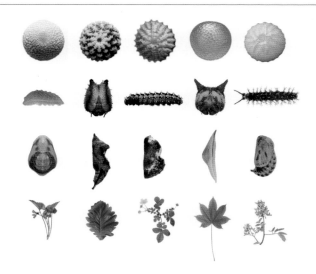

〔卵・幼虫・蛹図版　写真・編集：芝田〕
〔食草・食樹図版　　写真・編集：石黒〕
〔エルタテハ・シータテハの卵, キベリタテハ幼虫　描画：永盛〕

ヒメギフチョウ
1.0 × 0.9mm

ウスバキチョウ
1.2 × 0.9mm

表面に細かな点刻

ヒメウスバシロチョウ
1.4 × 1.0mm

表面に網目状の点刻

ウスバシロチョウ
1.4 × 1.0mm

産卵直後は赤みを帯びる

キアゲハ
1.1 × 0.9mm

表面は極めて円滑

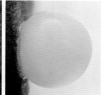

(ナミ)アゲハ
1.1 × 0.9mm

オナガアゲハ
1.2 × 1.0mm

カラスアゲハ
1.2 × 1.1mm

ミヤマカラスアゲハ
1.3 × 1.2mm

孵化が近い色づいた卵

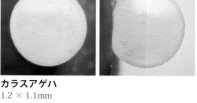

アゲハチョウ科 ウスバシロチョウ属の
卵殻は卵で越冬するためか厚く，表面は
細かな凹部に覆われている。他のアゲハ
チョウ科は淡黄色の円形で表面は平滑。
シロチョウ科 白色～淡黄色で特異な砲
弾型。縦に隆条が入る。オオモンシロチョ
ウとエゾシロチョウは卵塊をつくり，幼
虫は群生する。

産付直後のクリーム色の卵

ヒメシロチョウ
0.6 × 1.5mm

エゾヒメシロチョウ
0.5 × 1.4mm

モンキチョウ
0.6 × 1.3mm

ツマキチョウ
0.4 × 1.0mm

0時間　**12時間**　**24時間**

モンキチョウの卵の色の変化

　卵の色は，産付直後のクリーム色からオレンジ色→赤色，孵化直前には黒色へと変化する。他のシロチョウも同様で，産付直後はクリーム色だが，1～2日で色づく。卵の色づきには，有毒物質に模した警戒効果があるともいわれる。

この2種は色づかない

ゼリー状物質で覆われている

オオモンシロチョウ
0.4 × 0.9mm

モンシロチョウ
0.4 × 0.8mm

スジグロシロチョウ
0.4 × 1.1mm

エゾスジグロシロチョウ
0.4 × 1.1mm

エゾシロチョウ
0.6 × 1.1mm

ウラゴマダラシジミ
1.0 × 0.5mm
冬季には色あせ白っぽくなる

ウラキンシジミ
0.7 × 0.4 mm
表面に網目状の隆起

ムモンアカシジミ
1.2 × 0.7mm
表面に深い彫刻模様

アカシジミ
0.9 × 0.4mm
ウラナミより網目模様が細かい

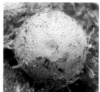

キタ(カシワ)アカシジミ
0.9 × 0.4mm
卵塊をつくる

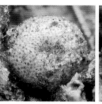

ウラナミアカシジミ
1.0 × 0.8mm
広く刻む

ミズイロオナガシジミ
1.0 × 0.3mm
扁平な楕円形，突起が目立つ

ウスイロオナガシジミ
0.9 × 0.4mm
くぼみと突起が美しく並ぶ

オナガシジミ
0.7 × 0.4mm
突起の先端は三角形

ウラクロシジミ
0.7 × 0.4mm

精孔部の凹みは弱い

ウラミスジ(ダイセン)シジミ
1.0 × 1.5mm

突起は極めて長い

アイノミドリシジミ
1.1 × 0.7mm

突起は太く縦に並ぶ

メスアカミドリシジミ
1.1 × 0.7mm

アイノと同じ突起列

ミドリシジミ
0.7 × 0.4mm

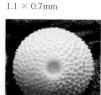

フジミドリシジミ
1.0 × 0.6mm

突起の先端は丸い

エゾミドリシジミ
0.9 × 0.5mm

直径 1cm以上の枝やその分岐部

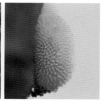

オオミドリシジミ
0.9 × 0.5mm

ひこばえや幼木の細枝

ジョウザンミドリシジミ
0.9 × 0.5mm

頂芽の基部付近

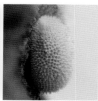

ウラジロミドリシジミ
0.8 × 0.5mm

突起は太短く
先端は尖らず
弱く分裂する

ハヤシミドリシジミ
0.9 × 0.5mm

ウラジロより大型→287頁

ゴイシシジミ
0.4 × 0.2mm

背の低い円柱形の特異な形

トラフシジミ
0.6 × 0.4mm

コツバメ
0.6 × 0.4mm

リンゴシジミ
0.7 × 0.4mm

冬季には色あせ白っぽくなる

ミヤマカラスシジミ
0.7 × 0.4mm

カラスシジミ
0.8 × 0.4mm

左種に比べより扁平な形

ベニシジミ
0.6 × 0.3mm

表面はハチの巣状に凹む

ツバメシジミ
0.5 × 0.3mm

表面に細かな網状の突起

スギタニルリシジミ
0.6 × 0.3mm

網目模様は粗く側面で不規則

ルリシジミ
0.6 × 0.3mm

表面に細かな網状の突起

カバイロシジミ
0.7 × 0.4mm

表面に細かな網目状の突起

ジョウザンシジミ
0.7 × 0.3mm

表面に細かな網目状の突起

ヒメシジミ
0.7 × 0.4mm

表面に細かな網目状の突起

アサマ(イシダ)シジミ
0.7 × 0.4mm

表面に細かな網目状の突起

ゴマシジミ
0.6 × 0.3mm

つぼみの隙間に産付される

オオゴマシジミ
0.7 × 0.4mm

カラフトルリシジミ
0.6 × 0.3mm

シジミチョウ科 ウラゴマダラシジミからハヤシミドリシジミまでのゼフィルスの仲間とカラスシジミの仲間はすべて卵越冬するタイプで卵殻は厚く表面に微細な棘や点刻がある。冬のゼフ卵探し（p.405~408）で，これらの見分けをする時は，食樹の種類や産付状況にあわせて，ルーペで見た卵の表面の模様で区別する。たとえばミズナラの冬芽につく

ジョウザンミドリ，ウラミスジ，アイノミドリは表面の棘の細さや並び方で，カシワにつくウラジロミドリとハヤシミドリは卵の大きさで区別できる。アカシジミとキタアカシジミでは，アカがミズナラの冬芽に1個ずつ，キタアカはカシワの細枝に重なるように産みつけられているという違いがある。

キタアカシジミ

アカシジミ

ウラジロミドリシジミ
ハヤシミドリシジミ

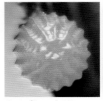 

ホソバヒョウモン
0.7 × 0.8mm
淡緑色，隆条数は 18 〜 20

カラフトヒョウモン
0.7 × 0.8mm
左種より細長い．隆条数は 18 〜 20

アサヒヒョウモン
0.6 × 0.7mm
隆条数は細かく多い（36 〜 40）

キタヒョウモン
1.0 × 1.1mm
隆条数は 11 〜 12

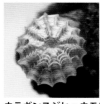

ウラギンスジヒョウモン
0.8 × 0.8mm
隆条数は 17 前後

コヒョウモン
0.9 × 1.1mm
隆条数は 10 前後で上種より少ない

オオウラギンスジヒョウモン
0.8 × 0.9mm
隆条数は 17 前後で上種に酷似

ミドリヒョウモン
0.8 × 0.9mm
隆条数は 20 前後

クモガタヒョウモン
0.7 × 0.9mm
ミドリに似る．隆条数は 22 前後

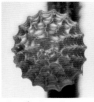 

メスグロヒョウモン
0.7 × 0.8mm
横条が粗く見える．隆条数は 19 前後

産付直後は模様がなく1週間ほどで赤褐色の模様が現れる。キタヒョウモン以降のヒョウモンも同様

ウラギンヒョウモン
0.8 × 0.7mm

隆条数は18前後

ギンボシヒョウモン
0.8 × 0.7mm

隆条数は21前後

オオイチモンジ
1.4 × 1.2mm

本種〜フタスジチョウまでは同様な特徴の形態

イチモンジチョウ
0.9 × 0.9mm

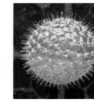

オオミスジ
0.7 × 0.8mm

ミスジチョウ
0.9 × 0.9mm

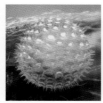

コミスジ
0.8 × 0.7mm

フタスジチョウ
0.7 × 0.8mm

タテハチョウ科① ヒョウモンチョウ類の卵は，プリン型で表面に縦の隆条が入り，さらに横条も頂部〜底部に何本も入り美しい。種によって隆条数に違いがあるが，同定は難しい。

オオイチモンジ〜フタスジチョウまでの卵は淡緑色でまんじゅう型 。ルーペで拡大して見ると，表面に細かな蜂の巣状の凹部と細かな針状突起に覆われているのが見える。キタヒョウモン〜ギンボシヒョウモンは卵越冬するものが多いが，卵殻は薄く，すでに幼虫体が形成されているのが透けて見える。

越冬中のウラギンスジ
ヒョウモンの卵

アカマダラ
0.6 × 0.7mm

次ページ，隆条数は 12 〜 13

サハカチチョウ
0.6 × 0.7mm

卵柱は数個まで，隆条数は 12 〜 13

エルタテハ
0.8 × 0.9mm

平面的な卵塊をつくる。隆条数は 12

シータテハ
0.8 × 0.9mm

隆条数は 10 〜 11

キベリタテハ
0.6 × 1.0mm

本来は平面的な卵塊をつくる。隆条数は 9

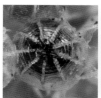 

ヒオドシチョウ
0.6 × 0.9mm

枝先に卵塊をつくる。隆条数は 10 前後

クジャクチョウ
0.5 × 0.6mm

卵塊をつくる。隆条数は 8 〜 9

ヒメアカタテハ
0.6 × 0.7mm

隆条数は 12 〜 15

アカタテハ
0.6 × 0.7mm

隆条数は 10 前後

コヒオドシ
0.6 × 0.6mm

卵塊をつくる。隆条数は 8 〜 9

ルリタテハ
0.8 × 1.0mm

隆条数は 9 前後

コムラサキ
1.0 × 1.0mm

隆条数は 13 〜 15

オオムラサキ
1.6 × 1.5mm

卵塊をつくる。隆条数は 20 前後

ゴマダラチョウ
1.3 × 1.2mm

隆条数は 17 〜 20

タテハチョウ科─②さまざまな産卵数　アカマダラ以降のタテハの仲間の卵は，おおむねビール樽型で平滑な表面に縦条が 10 本程度入る。アカタテハやルリタテハのように 1 個ずつ産付されるものもあるが，エルタテハ，ヒオドシチョウ，キベリタテハ，オオムラサキは食樹の枝などに，クジャクチョウとコヒオドシは食草の葉裏に卵塊をつくる。アカマダラの卵は縦に 10 卵以上積み重ねられており，独特なものである。

ルリタテハ　**アカマダラの卵柱**　**オオムラサキの卵塊**　**クジャクチョウの卵塊**

卵を襲うダニと寄生するハチ　アオムシなどの幼虫や蛹から脱出する寄生蜂や寄生バエはよく知られているが，1mm 程度の小さなチョウの卵にも寄生するハチがいる。ハチの幼虫は卵の中身を食べて育つのでその体はごく小さい。翅のある昆虫では世界最小ともいえる。タマゴヤドリコバチと呼ばれるグループで，野外でゼフィルスの卵を探すと，時どき穴が開いている卵が見つかる。

寄生バチが羽脱した穴

　写真右上はアカシジミの卵で，寄生していたハチが脱出した穴が空いてる。写真下右はオオムラサキの卵に，自分の卵を産みつけるヤドリバチの写真で，横にある白い卵はヤドリバチに中味を食われた卵である。

卵を食うダニ　**寄生バチの産卵**

ヒメウラナミジャノメ 細かな凹部が表面を覆う
0.8 × 0.9mm

ダイセツタカネヒカゲ 波状の隆条（22〜25本）
1.1 × 1.3mm

クモマベニヒカゲ 粗い隆条（18〜20本）
1.0 × 1.2mm

ベニヒカゲ 浅い隆条（20〜25本）
1.1 × 1.3mm

シロオビヒメヒカゲ 浅い隆条（30本前後）
0.8 × 0.9mm

オオヒカゲ
1.0 × 0.9mm

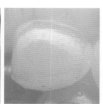

ジャノメチョウ
1.0 × 0.9mm

キマダラモドキ
0.8 × 0.7mm

ツマジロウラジャノメ ごく浅い波打つ隆条
0.9 × 0.9mm

ウラジャノメ
1.0 × 0.9mm

クロヒカゲ
1.0 × 1.0mm

ヒメキマダラヒカゲ
1.0 × 1.0mm

サトキマダラヒカゲ
1.2 × 1.2mm

細かな網目状の凹凸が覆う

ヤマキマダラヒカゲ
1.3 × 1.3mm

左種よりやや大きく青みを帯びる

ヒメジャノメ
1.0 × 0.9mm

ジャノメチョウ亜科　全般に平滑で淡色，卵殻は薄い傾向。ただ，ヒメウラナミジャノメ，ヒメキマダラヒカゲ，ヒメジャノメなどは表面に極めて細かな凹凸があり美しい。またシロオビヒメヒカゲ，ベニヒカゲ，クモマベニヒカゲ，ダイセツタカネヒカゲはタテハの仲間のような縦の隆条がある。ダイセツタカネヒカゲの卵は高山に適応しているのかやや厚みがある。ウラジャノメとジャノメチョウでは放卵されるが，特にジャノメチョウは産卵後間もなく凹みができ，卵期が1か月以上と非常に長く特異である。

卵殻を食べる，食べない？　卵から孵化した幼虫が，まずすることの1つに自分を守ってくれていた卵のカラを食べることがある。この習性は蝶の種類によってさまざまで，ゼフィルスなどは，まん中に大きな穴をあけ外に出てくるが，そのまま振り向きもせず，食べ物である若い芽を目指し移動する。ジャノメチョウ亜科の仲間では，ベニヒカゲやウラジャノメなど，ほとんど食べないものや，クロヒカゲやキマダラヒカゲなどきれいに食べつくすものまでいろいろである。

　この卵殻を食べる意味については，モンシロチョウでは栄養分として吸収するので発育が進むという報告があるが，食べなくても十分に成長するのも事実で，よくわかってはいない。

孵化するクロヒカゲ

卵殻を食べるクロヒカゲ1齢

他の卵より一足早く孵化し，卵殻を食べたサトキマダラヒカゲ1齢幼虫

食べつくされたサトキマダラヒカゲの卵殻の跡

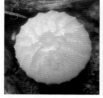

チャマダラセセリ
0.7 × 0.6mm

ヒメチャマダラセセリ 隆条数は 17 〜 21
0.6 × 0.5mm

ミヤマセセリ 隆条数は 16 前後。細かな横条
0.8 × 0.7mm も見える

ダイミョウセセリ 次ページ，隆条数は 20 前後
1.1 × 0.9mm

キバネセセリ 細い 20 〜 22 本の隆条
1.0 × 0.9mm

ギンイチモンジセセリ
1.1 × 0.6mm

スジグロチャバネセセリ
1.0 × 0.5mm

ヘリグロチャバネセセリ
1.0 × 0.5mm

カラフトセセリ
0.9 × 0.5mm

カラフトタカネキマダラセセリ
0.8 × 0.5mm

コキマダラセセリ
1.0 × 0.6 mm

コチャバネセセリ
0.7 × 0.6mm

20本前後の浅い隆条

キマダラセセリ
1.0 × 0.5mm

オオチャバネセセリ
1.0 × 0.8mm

セセリチョウ科　チャマダラからキバネセセリまでとコチャバネセセリには20本前後の浅い隆条がある。そのほかの表面は平滑。ミヤマセセリの卵は産卵直後は淡黄色ですぐに赤色に変わり1～2日後にはまた黄白色へと色変わりする。ギンイチモンジセセリ，コキマダラ，キマダラセ，オオチャバネの表面は平滑でのっぺりしている。また，スジグロチャバネ～カラフトセセリの卵はソラマメのように細長く面白い形となる。一般に1個ずつ産まれるが，キバネセセリは卵塊で産付される。

赤く色づいた
ミヤマセセリの卵

卵を隠す習性　ダイミョウセセリの母蝶は卵を産みつけたあと，自分の腹についている体毛を粘着液と共に卵の表面に塗りつける。この毛があるため，蝶の卵があるとは気づかないが，毛を取り除くと一般的なセセリチョウの卵が見えてくる。

　キタアカシジミ（下の写真）やアカシジミも，母蝶が腹端で周辺の枝の毛やごみを寄せ集めて卵の表面に塗りつける。

　これらの習性は，寄生バチなどの天敵から身を隠す効果があると考えられるが，ごく一部の種に見られるのは不思議である。

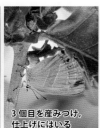

1個目を産みつけ，
周辺の毛を集める

2個目を産みつける

3個目を産みつけ，
仕上げにはいる

カシワの枝の毛に隠
された3個の卵塊

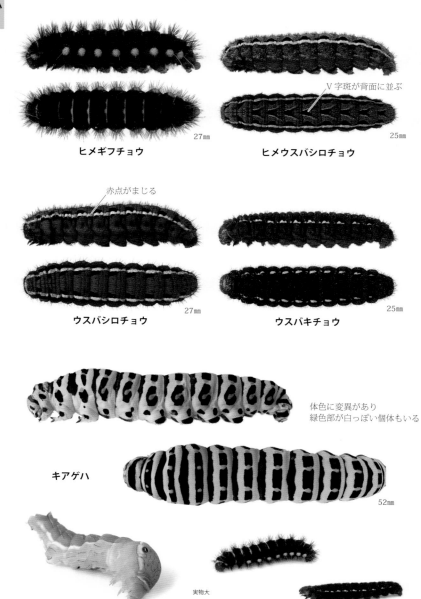

V字斑が背面に並ぶ

27㎜

ヒメギフチョウ

25㎜

ヒメウスバシロチョウ

赤点がまじる

27㎜

ウスバシロチョウ

25㎜

ウスバキチョウ

体色に変異があり
緑色部が白っぽい個体もいる

キアゲハ

52㎜

実物大

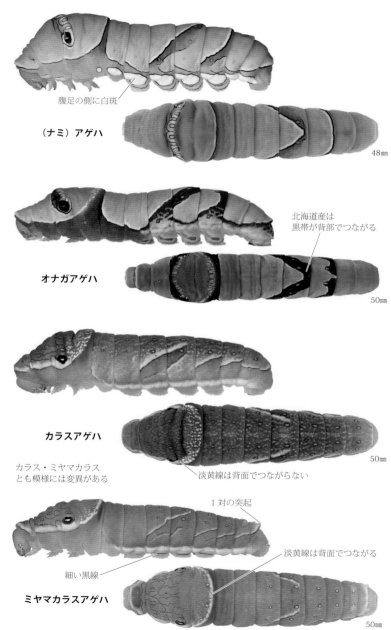

腹足の側に白斑

（ナミ）アゲハ

48mm

北海道産は
黒帯が背部でつながる

オナガアゲハ

50mm

カラスアゲハ

カラス・ミヤマカラス
とも模様には変異がある

淡黄線は背面でつながらない

50mm

1 対の突起

淡黄線は背面でつながる

細い黒線

ミヤマカラスアゲハ

50mm

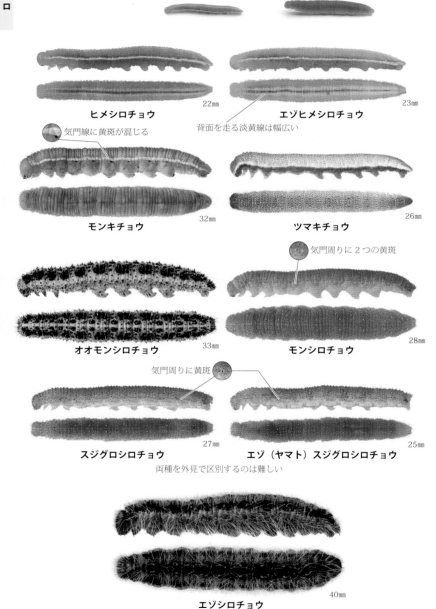

実物大

ヒメシロチョウ 22mm

エゾヒメシロチョウ 23mm

背面を走る淡黄線は幅広い

気門線に黄斑が混じる

モンキチョウ 32mm

ツマキチョウ 26mm

気門周りに2つの黄斑

オオモンシロチョウ 33mm

モンシロチョウ 28mm

気門周りに黄斑

スジグロシロチョウ 27mm

エゾ（ヤマト）スジグロシロチョウ 25mm

両種を外見で区別するのは難しい

エゾシロチョウ 40mm

実物大

ウラゴマダラシジミ〜ジョウザンミドリシジミまでの20種はゼフィルスと呼ばれるグループ。全国27種のゼフィルスの内，20種を北海道で見ることができる。

ゴイシシジミ　11㎜

ウラゴマダラシジミ　16㎜

黒褐色の顆粒が目立つ

ウラキンシジミ　16㎜

ムモンアカシジミ　18㎜

ウラナミアカシジミ　17㎜

気門の周りが褐色

キタ（カシワ）アカシジミ　15㎜

黄色っぽい

アカシジミ　15㎜

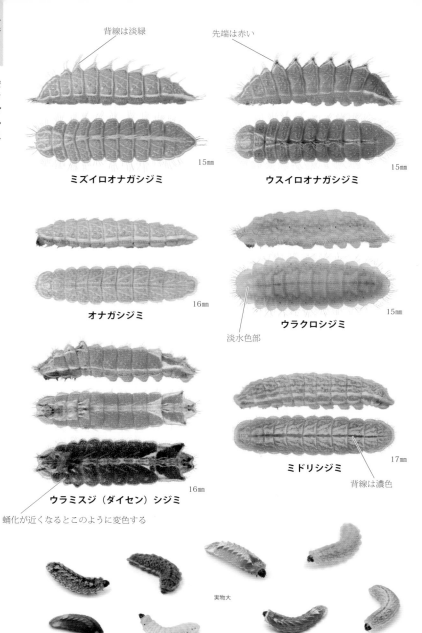

背線は淡緑

先端は赤い

15㎜

15㎜

ミズイロオナガシジミ　**ウスイロオナガシジミ**

16㎜

オナガシジミ

15㎜

ウラクロシジミ

淡水色部

ウラミスジ（ダイセン）シジミ

16㎜

蛹化が近くなるとこのように変色する

17㎜

ミドリシジミ

背線は濃色

実物大

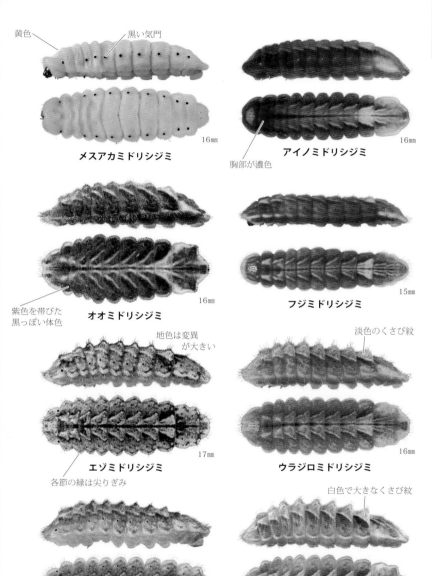

黄色

黒い気門

メスアカミドリシジミ

16㎜

アイノミドリシジミ

16㎜

胸部が濃色

紫色を帯びた
黒っぽい体色

オオミドリシジミ

16㎜

フジミドリシジミ

15㎜

地色は変異
が大きい

エゾミドリシジミ

17㎜

各節の縁は尖りぎみ

淡色のくさび紋

ウラジロミドリシジミ

16㎜

白色で大きなくさび紋

ハヤシミドリシジミ

18㎜

各節の縁は円い

ジョウザンミドリシジミ

17㎜

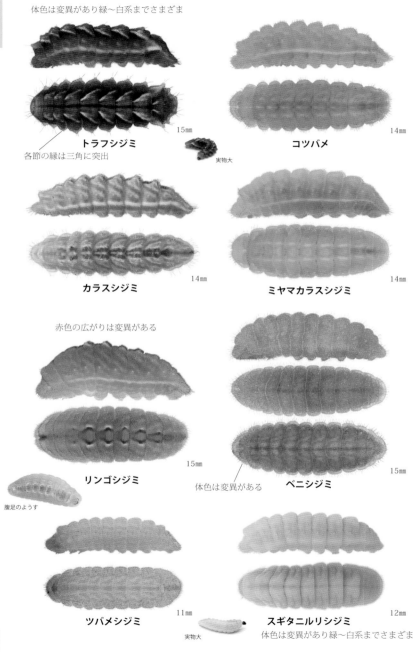

体色は変異があり緑〜白系までさまざま

トラフシジミ 15mm

各節の縁は三角に突出

実物大

コツバメ 14mm

カラスシジミ 14mm

ミヤマカラスシジミ 14mm

赤色の広がりは変異がある

リンゴシジミ 15mm

腹足のようす

体色は変異がある

ベニシジミ 15mm

ツバメシジミ 11mm

実物大

スギタニルリシジミ 12mm

体色は変異があり緑〜白系までさまざま

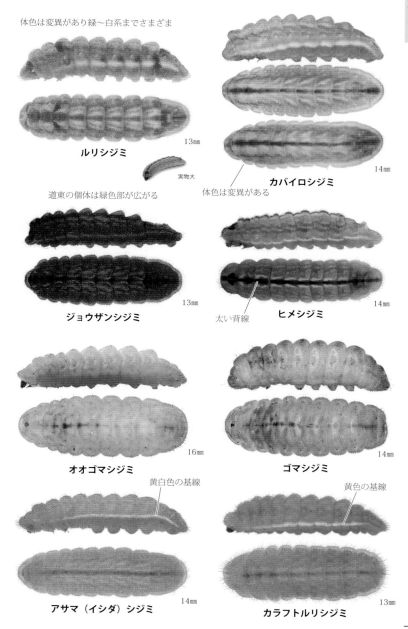

体色は変異があり緑〜白系までさまざま

ルリシジミ 13㎜

実物大

カバイロシジミ 14㎜

体色は変異がある

道東の個体は緑色部が広がる

ジョウザンシジミ 13㎜

太い背線

ヒメシジミ 14㎜

オオゴマシジミ 16㎜

ゴマシジミ 14㎜

黄白色の基線

アサマ（イシダ）シジミ 14㎜

黄色の基線

カラフトルリシジミ 13㎜

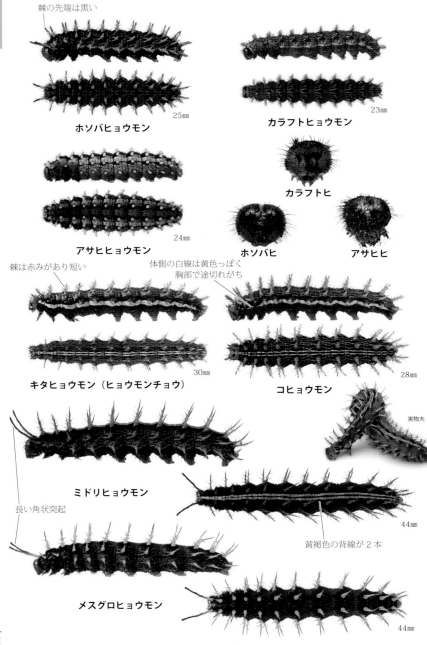

棘の先端は黒い

25㎜

ホソバヒョウモン

23㎜

カラフトヒョウモン

24㎜

アサヒヒョウモン

カラフトヒ

ホソバヒ

アサヒヒ

棘は赤みがあり短い

体側の白線は黄色っぽく
胸部で途切れがち

30㎜

キタヒョウモン（ヒョウモンチョウ）

28㎜

コヒョウモン

実物大

ミドリヒョウモン

長い角状突起

44㎜

黄褐色の背線が2本

メスグロヒョウモン

44㎜

ここの棘が背面より短い
地色は淡色
地色は濃色で黒いすじが目立つ

39mm
36mm

オオウラギンスジヒョウモン
ウラギンスジヒョウモン

棘が全体に細く長い
背線は1本

ウラギンヒョウモン

38mm

体側に赤い紋が目立つ

ギンボシヒョウモン

38mm

太い1本の背線

クモガタヒョウモン

43mm

キタヒョウモン　**コヒョウモン**　**ミドリヒ**　**メスグロヒ**

オオウラギンスジ　**ウラギンスジ**　**ウラギンヒ**　**ギンボシヒ**　**クモガタヒ**

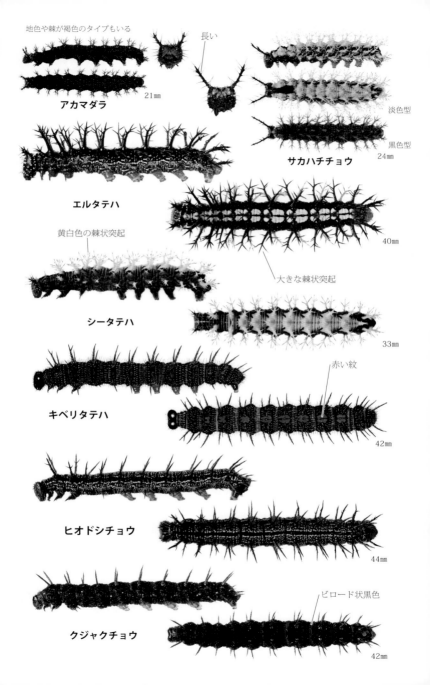

地色や棘が褐色のタイプもいる

長い

アカマダラ　21mm

淡色型

黒色型

サカハチチョウ　24mm

エルタテハ

黄白色の棘状突起

大きな棘状突起

40mm

シータテハ

33mm

赤い紋

キベリタテハ

42mm

ヒオドシチョウ

44mm

ビロード状黒色

クジャクチョウ

42mm

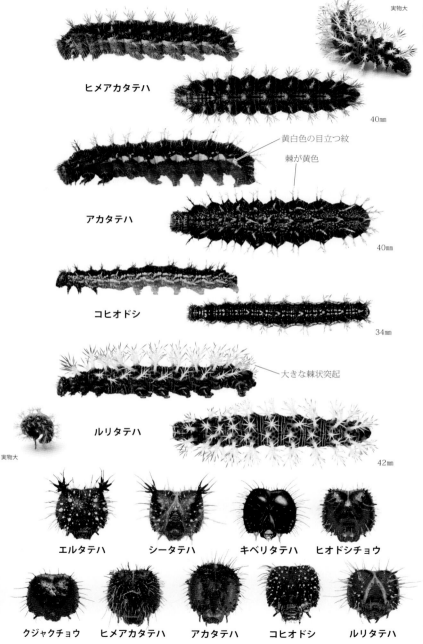

実物大

ヒメアカタテハ

40mm

黄白色の目立つ紋

棘が黄色

アカタテハ

40mm

コヒオドシ

34mm

大きな棘状突起

実物大

ルリタテハ

42mm

エルタテハ　　シータテハ　　キベリタテハ　　ヒオドシチョウ

クジャクチョウ　ヒメアカタテハ　アカタテハ　　コヒオドシ　　ルリタテハ

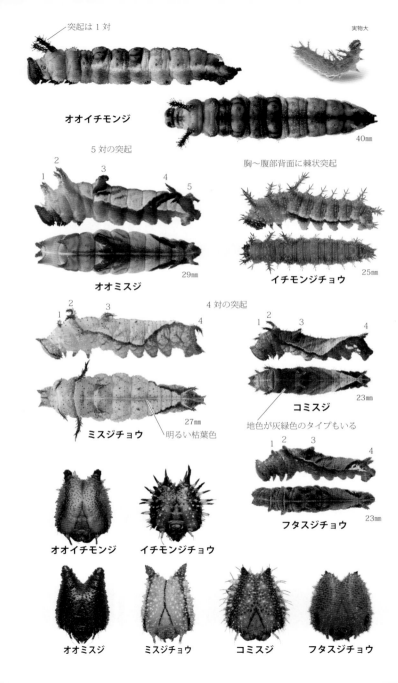

突起は 1 対

実物大

オオイチモンジ

40mm

5 対の突起

2
1
3
4
5

胸〜腹部背面に棘状突起

オオミスジ
29mm

イチモンジチョウ
25mm

4 対の突起

2
1
3
4

ミスジチョウ
27mm

明るい枯葉色

1 2
3
4

コミスジ
23mm

地色が灰緑色のタイプもいる

1 2 3
4

フタスジチョウ
23mm

オオイチモンジ　**イチモンジチョウ**

オオミスジ　**ミスジチョウ**　**コミスジ**　**フタスジチョウ**

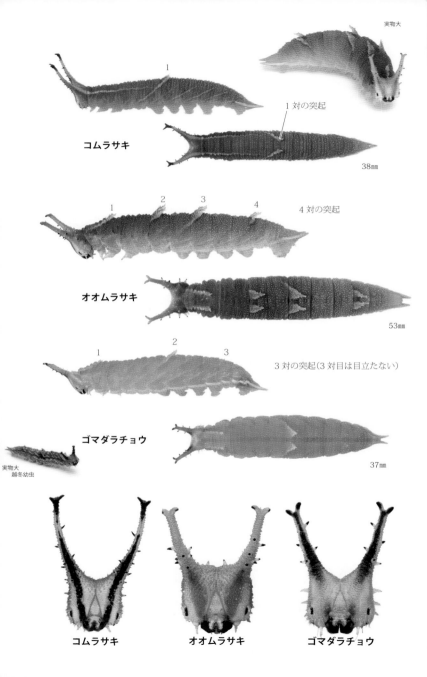

実物大

1

1 対の突起

コムラサキ

38mm

1 2 3 4 4 対の突起

オオムラサキ

53mm

1 2 3 3 対の突起（3 対目は目立たない）

ゴマダラチョウ

実物大
越冬幼虫

37mm

コムラサキ　**オオムラサキ**　**ゴマダラチョウ**

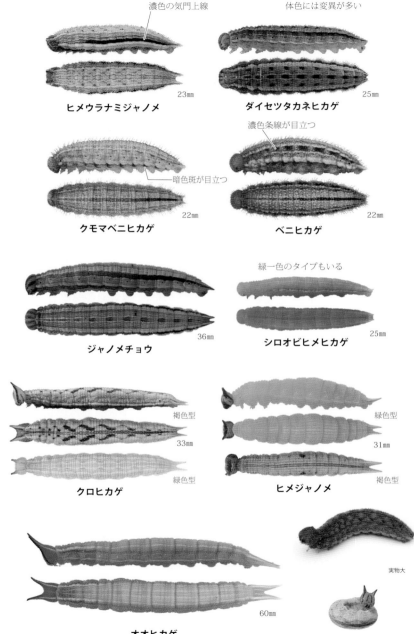

濃色の気門上線

ヒメウラナミジャノメ　23㎜

体色には変異が多い

ダイセツタカネヒカゲ　25㎜

暗色斑が目立つ

クモマベニヒカゲ　22㎜

濃色条線が目立つ

ベニヒカゲ　22㎜

ジャノメチョウ　36㎜

緑一色のタイプもいる

シロオビヒメヒカゲ　25㎜

褐色型
33㎜
緑色型

クロヒカゲ

緑色型
31㎜
褐色型

ヒメジャノメ

オオヒカゲ　60㎜

実物大

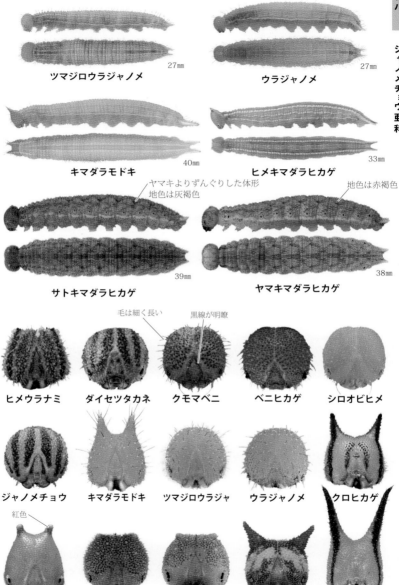

ツマジロウラジャノメ 27mm

ウラジャノメ 27mm

キマダラモドキ 40mm

ヒメキマダラヒカゲ 33mm

ヤマキよりずんぐりした体形
地色は灰褐色

地色は赤褐色

サトキマダラヒカゲ 39mm

ヤマキマダラヒカゲ 38mm

毛は細く長い

黒線が明瞭

ヒメウラナミ

ダイセツタカネ

クモマベニ

ベニヒカゲ

シロオビヒメ

ジャノメチョウ

キマダラモドキ

ツマジロウラジャ

ウラジャノメ

クロヒカゲ

紅色

ヒメキマダラ

サトキマダラ

ヤマキマダラ

ヒメジャノメ

オオヒカゲ

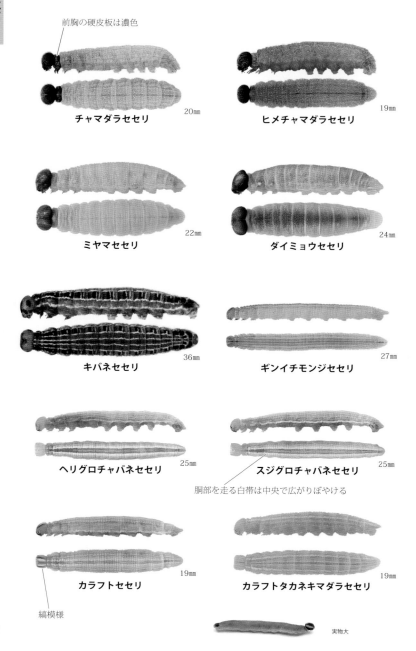

前胸の硬皮板は濃色

チャマダラセセリ　20㎜

ヒメチャマダラセセリ　19㎜

ミヤマセセリ　22㎜

ダイミョウセセリ　24㎜

キバネセセリ　36㎜

ギンイチモンジセセリ　27㎜

ヘリグロチャバネセセリ　25㎜

スジグロチャバネセセリ　25㎜

胴部を走る白帯は中央で広がりぼやける

カラフトセセリ　19㎜

カラフトタカネキマダラセセリ　19㎜

縞模様

実物大

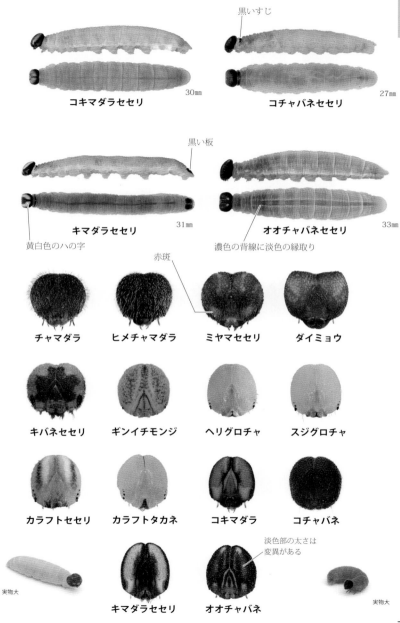

黒いすじ

コキマダラセセリ 30㎜

コチャバネセセリ 27㎜

黒い板

キマダラセセリ 31㎜

オオチャバネセセリ 33㎜

黄白色のハの字

濃色の背線に淡色の縁取り

赤斑

チャマダラ

ヒメチャマダラ

ミヤマセセリ

ダイミョウ

キバネセセリ

ギンイチモンジ

ヘリグロチャ

スジグロチャ

カラフトセセリ

カラフトタカネ

コキマダラ

コチャバネ

実物大

淡色部の太さは
変異がある

キマダラセセリ

オオチャバネ

実物大

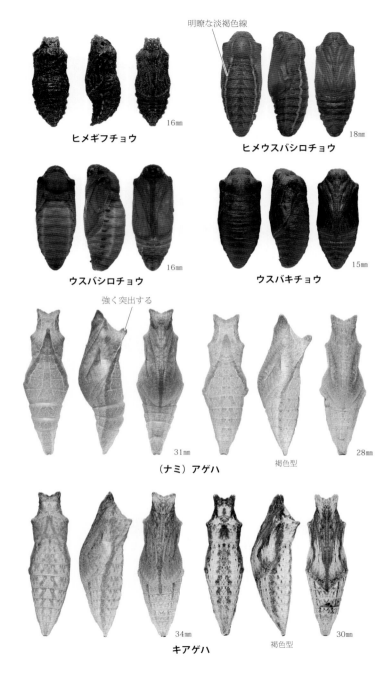

明瞭な淡褐色線

ヒメギフチョウ 16mm

ヒメウスバシロチョウ 18mm

ウスバシロチョウ 16mm

ウスバキチョウ 15mm

強く突出する

31mm

28mm

（ナミ）アゲハ

褐色型

34mm

30mm

褐色型

キアゲハ

ウスバシロチョウの仲間
は繭をつくり，帯糸をか
けずに内部に転がるよう
に入る。アゲハチョウ亜
科の中には緑型と褐色型
が出現する種があり，蛹
化する場所や日長が関係
しているといわれている。

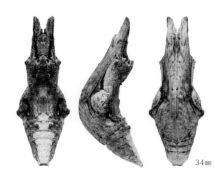

オナガアゲハ

34㎜

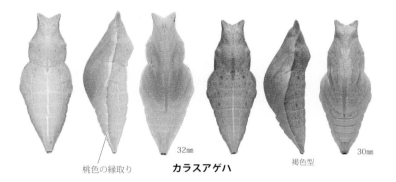

桃色の縁取り

カラスアゲハ

32㎜

褐色型

30㎜

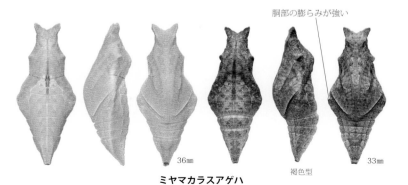

胴部の膨らみが強い

ミヤマカラスアゲハ

36㎜

褐色型

33㎜

シ
ロ

両種の形状・色彩は類似する

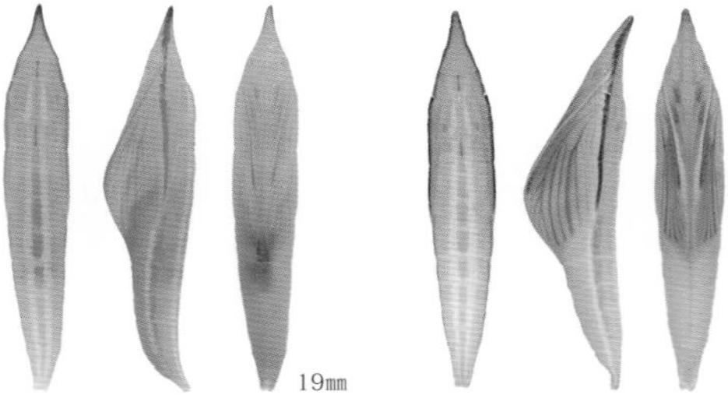

19㎜
ヒメシロチョウ　　越冬蛹

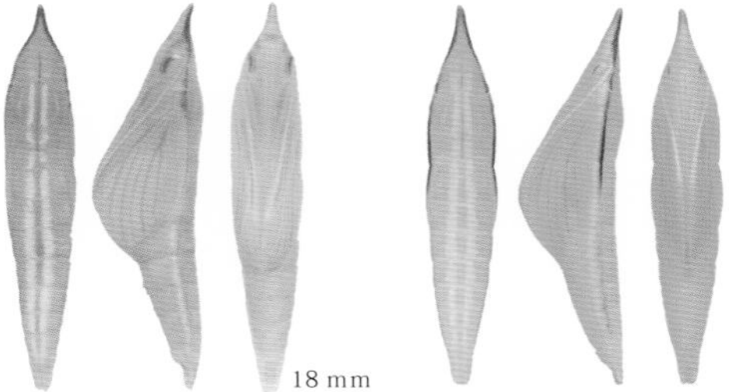

18 mm
エゾヒメシロチョウ　　越冬蛹

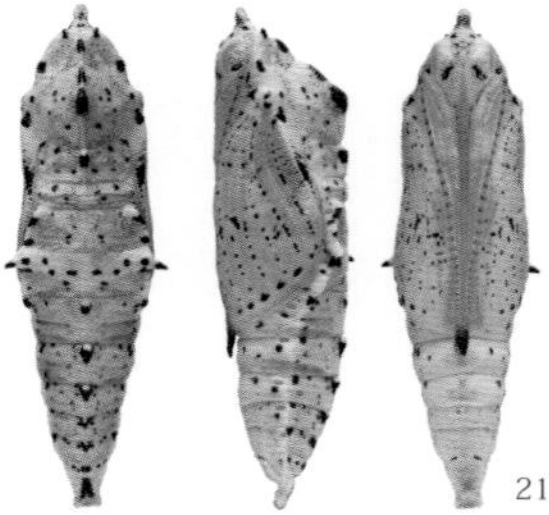

21㎜
オオモンシロチョウ

19㎜
モンシロチョウ　　越冬蛹

316

両種の形状・色彩は類似する

22mm　越冬蛹　20mm

エゾ（ヤマト）スジグロシロチョウ

24mm　　　　越冬蛹　21mm

スジグロシロチョウ

21mm

モンキチョウ

22mm

ツマキチョウ

シロチョウ科は、前後が
突起状に細長くのびるタ
イプが多い。モンシロチョ
ウの仲間は胸部と腹部に
突起がある。他物により
かかる帯蛹タイプ。

25mm

エゾシロチョウ

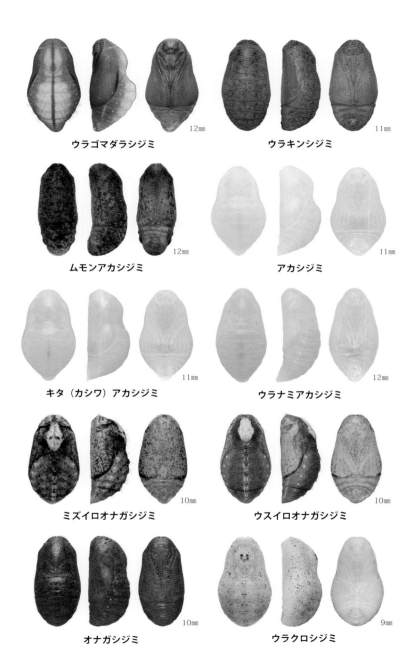

ウラゴマダラシジミ　12mm

ウラキンシジミ　11mm

ムモンアカシジミ　12mm

アカシジミ　11mm

キタ（カシワ）アカシジミ　11mm

ウラナミアカシジミ　12mm

ミズイロオナガシジミ　10mm

ウスイロオナガシジミ　10mm

オナガシジミ　10mm

ウラクロシジミ　9mm

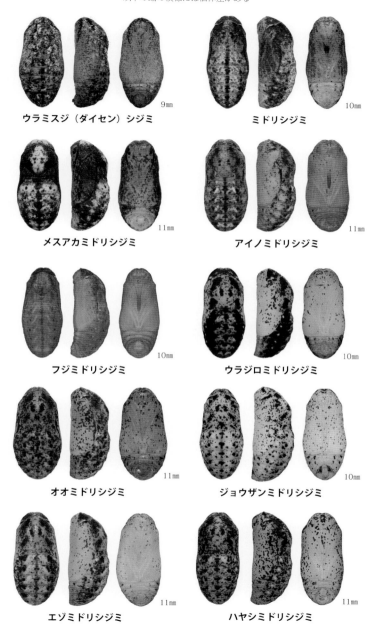

以下の蛹の模様には個体差がある

ウラミスジ（ダイセン）シジミ　9mm

ミドリシジミ　10mm

メスアカミドリシジミ　11mm

アイノミドリシジミ　11mm

フジミドリシジミ　10mm

ウラジロミドリシジミ　10mm

オオミドリシジミ　11mm

ジョウザンミドリシジミ　10mm

エゾミドリシジミ　11mm

ハヤシミドリシジミ　11mm

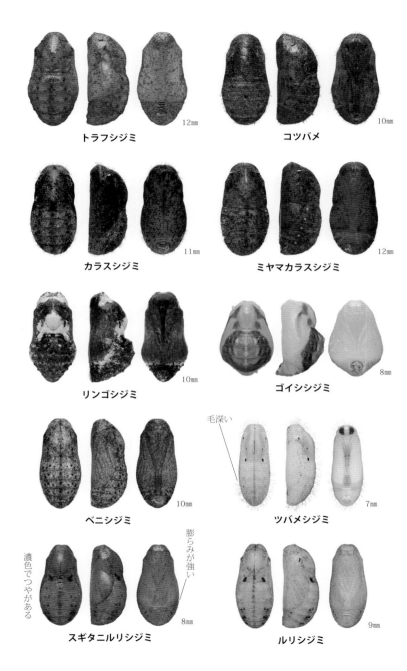

トラフシジミ　　12mm

コツバメ　　10mm

カラスシジミ　　11mm

ミヤマカラスシジミ　　12mm

リンゴシジミ　　10mm

ゴイシシジミ　　8mm

ベニシジミ　　10mm

毛深い

ツバメシジミ　　7mm

膨らみが強い

濃色でつやがある

スギタニルリシジミ　　8mm

ルリシジミ　　9mm

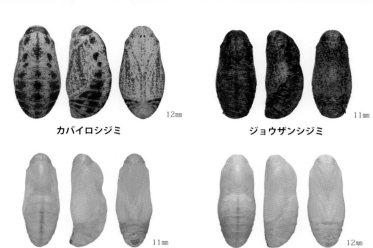

カバイロシジミ 12mm

ジョウザンシジミ 11mm

ヒメシジミ 11mm

アサマ（イシダ）シジミ 12mm

ゴマシジミ 12mm

シジミチョウ科は，突起の目立たない
豆型。目は背面から見えない。すべて
帯蛹タイプ。葉で蛹化するものは緑色
となるが，ほとんどの種は地面の枯葉
で蛹化し褐色系で目立つ模様も少ない。
アリの巣中で蛹化するゴマシジミと
オオゴマシジミは帯糸をかけないた
め，蛹化後間もなく落下する。

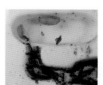

アリの巣内部の
前蛹。帯糸はな
く，吐糸の台座
に尾端が引っか
かっている

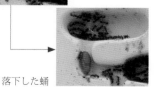

落下した蛹

オオゴマシジミ 13mm

カラフトルリシジミ 11mm

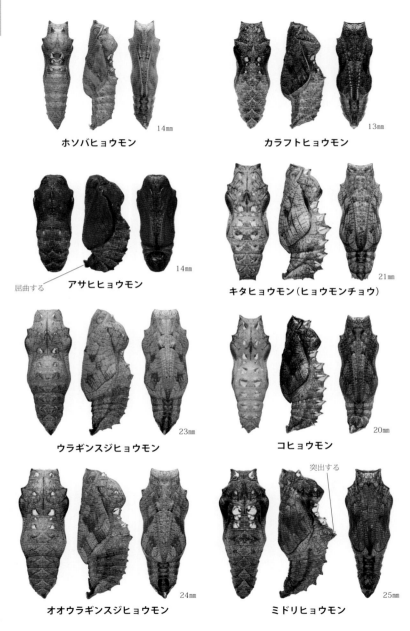

14mm

ホソバヒョウモン

13mm

カラフトヒョウモン

14mm

屈曲する　アサヒヒョウモン

21mm

キタヒョウモン（ヒョウモンチョウ）

23mm

ウラギンスジヒョウモン

20mm

コヒョウモン

24mm

オオウラギンスジヒョウモン

突出する

25mm

ミドリヒョウモン

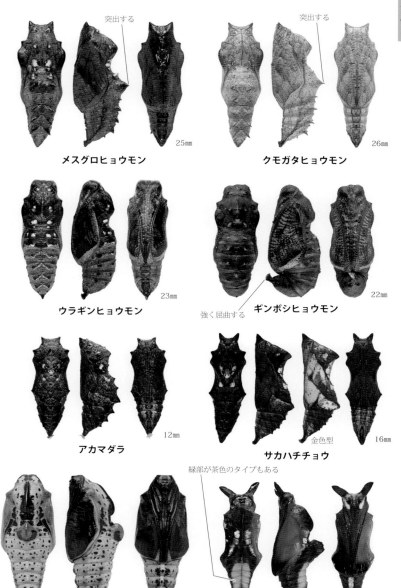

突出する

突出する

メスグロヒョウモン 25mm

クモガタヒョウモン 26mm

ウラギンヒョウモン 23mm

強く屈曲する **ギンボシヒョウモン** 22mm

アカマダラ 12mm

金色型 **サカハチチョウ** 16mm

オオイチモンジ 29mm

緑部が茶色のタイプもある

イチモンジチョウ 21mm

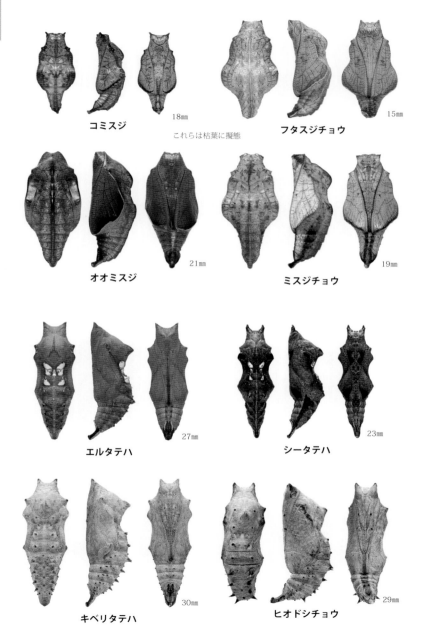

タテハ

コミスジ
18mm

これらは枯葉に擬態

フタスジチョウ
15mm

オオミスジ
21mm

ミスジチョウ
19mm

エルタテハ
27mm

シータテハ
23mm

キベリタテハ
30mm

ヒオドシチョウ
29mm

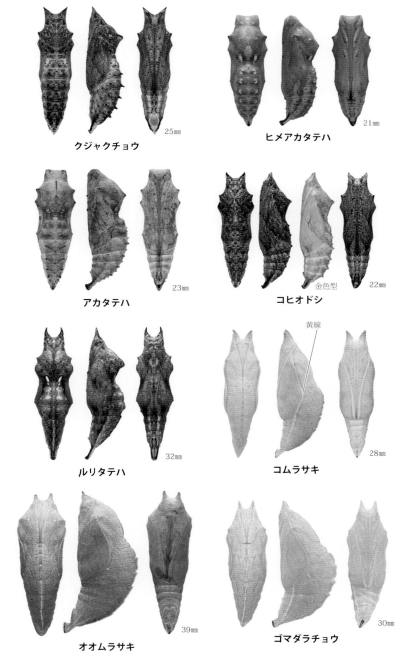

クジャクチョウ 25㎜

ヒメアカタテハ 21㎜

アカタテハ 23㎜

コヒオドシ 金色型 22㎜

ルリタテハ 32㎜

黄線

コムラサキ 28㎜

オオムラサキ 39㎜

ゴマダラチョウ 30㎜

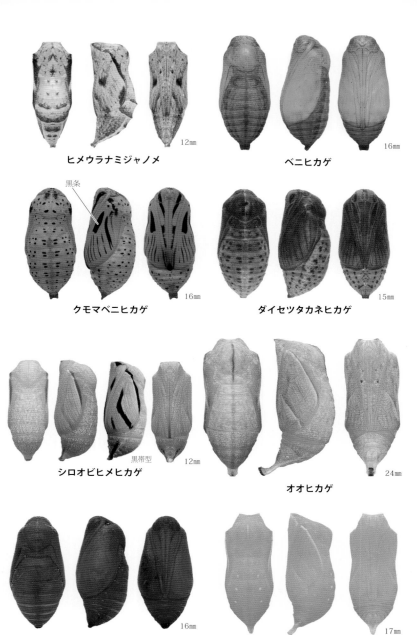

黒条

ヒメウラナミジャノメ　12mm

ベニヒカゲ　16mm

クモマベニヒカゲ　16mm

ダイセツタカネヒカゲ　15mm

シロオビヒメヒカゲ　黒帯型　12mm

オオヒカゲ　24mm

ジャノメチョウ　16mm

キマダラモドキ　17mm

黒色型　13mm

ツマジロウラジャノメ

11mm

ウラジャノメ

16mm

クロヒカゲ

15mm

ヒメキマダラヒカゲ

両種とも黒斑の発達は個体差がある

20mm

サトキマダラヒカゲ

20mm

ヤマキマダラヒカゲ

基本的には垂蛹タイプ。ベニヒカゲ
とジャノメチョウは地面に潜り込
み，他物にぶら下がることはない。
クモマベニヒカゲ，ダイセツタカネ
ヒカゲは草や地衣類をゆるくまとめ
るだけ。その他は枯葉や草にぶら下
がり，体色も周囲に似せた色となる。

13mm

ヒメジャノメ

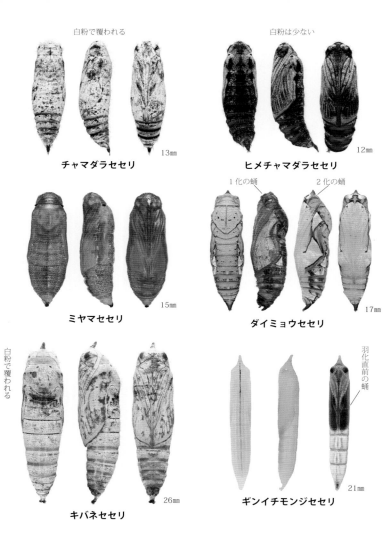

白粉で覆われる

チャマダラセセリ 13㎜

白粉は少ない

ヒメチャマダラセセリ 12㎜

ミヤマセセリ 15㎜

1化の蛹 2化の蛹

ダイミョウセセリ 17㎜

白粉で覆われる

キバネセセリ 26㎜

羽化直前の蛹

ギンイチモンジセセリ 21㎜

ギンイチモンジセセリには幼虫で越冬した後，何も食べず2回脱皮して蛹になる変わった習性がある。下は1つの越冬巣の中で2回脱皮した例。

1回目の脱皮殻　　2回目の脱皮殻　　蛹

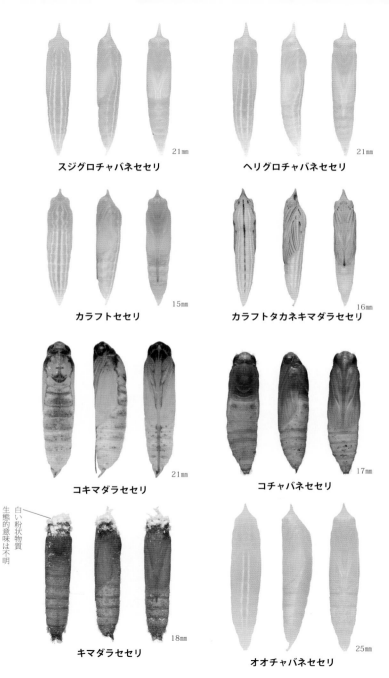

スジグロチャバネセセリ　　21mm

ヘリグロチャバネセセリ　　21mm

カラフトセセリ　　15mm

カラフトタカネキマダラセセリ　　16mm

コキマダラセセリ　　21mm

コチャバネセセリ　　17mm

白い粉状物質
生態的意味は不明

キマダラセセリ　　18mm

オオチャバネセセリ　　25mm

オクエゾサイシン

◎ 5~6 月　☆低山 ~ 亜高山の林内

高さ 15cm

ヤマノイモ科

オニドコロ

◎ 7 月下旬 ~8 月　☆石狩以南の平地 ~ 低山の林縁

つる性で茎の長さ 3m ほど

サルトリイバラ科

シオデ

◎ 7~8 月　☆原野や低山の林縁

つる性で茎の長さ 4m ほど

サルトリイバラ

◎ 5~6月　☆西南部の山野や林縁

つる性で茎の長さが2mになる落葉木本

曲がった鋭い刺がある

オオバタケシマラン

◎ 6~7月　☆山地の湿った所

高さ100cm

花は葉の下側でぶら下がって咲く

葉の基部は茎を抱く

カヤツリグサ科
オオカワズスゲ
◎ 6~7月　☆山地の湿地

高さ50cm

カヤツリグサ科
アオスゲ
◎ 5~6月　☆平地~低山の林内

カヤツリグサ科
ミヤマジュズスゲ
◎ 4~6月　☆林内の湿った所

高さ30cm

高さ80cm

カヤツリグサ科
ダイセツイワスゲ
◎ 7~8月　☆高山の礫地

高さ40cm

カヤツリグサ科
ショウジョウスゲ
◎ 4~6 月　☆平地~高山の林縁や草地

高さ40cm

カヤツリグサ科
アポイタヌキラン
◎ 5~6 月　☆日高地方の渓流沿いの岩上

高さ40cm

カヤツリグサ科
ヒゴクサ
◎ 5~7 月　☆林縁や草地

高さ40cm

カヤツリグサ科
カサスゲ
◎ 5~6 月　☆平地の湿地

高さ100cm

カヤツリグサ科
ビロードスゲ
◎ 6~7 月　☆林縁や原野の湿った所

高さ 60cm

イネ科
ミヤコザサ
◎ 5~7 月　☆太平洋側の平地～山地

常緑で高さ 80cm
葉は秋～春に白く縁どられる

茎の節が丸く膨らむ

イネ科
クマイザサ
◎ 6~7 月　☆平地～山地

常緑で高さ 2m
葉の裏に軟毛がある

イネ科
チシマザサ　ネマガリタケ
◎ 5~7 月　☆山地～亜高山

葉は両面無毛

常緑で高さ 3m にもなる
茎は上部で分岐を繰り返す

ヒメノガリヤス

◎ 7~9 月　☆山地の林内や岩場

高さ60cm

カモガヤ　　オーチャードグラス

◎ 6~8 月　☆道端や空き地

高さ120cm
ユーラシア原産

ナガハグサ　　ケンタッキーブルーグラス

◎ 6~10 月　☆道端や空き地

高さ80cm
ヨーロッパ原産

コメガヤ

◎ 6~7 月　☆明るい林内や山地の岩場

高さ50cm

クサヨシ

◎ 6~7月　☆平地の湿った所

高さ180cm

スズメノカタビラ

◎ 5~10月　☆道端や空き地

高さ30cm

ヨシ　アシ

◎ 8~9月　☆湿原や水辺

高さ3m

ススキ

◎ 7月下旬~9月　☆草原，道端，空き地

葉の中央の脈が白い

高さ2m

336

ケシ科

エゾエンゴサク

◎ 4~5月　☆平地～山地の湿った林内や草地

高さ25cm

葉の形や花の色に変異が多い

ケシ科

ムラサキケマン

◎ 5~6月　☆平地～山地の林内

高さ50cm

茎は無毛で稜がある

コマクサ

◎ 7~8 月　☆高山の礫地

高さ 20cm

ベンケイソウ科

エゾノキリンソウ

◎ 7~8 月　☆山地の岩場

高さ 20cm

マンサク科

マルバマンサク

◎ 4 月　☆道南の山地

落葉樹で高さ 5m

花弁は線形で長さ 15mm ほど

エゾヤマハギ

◎ 8~9 月 ☆山野の日当たりがよい所

小葉は 3 枚

落葉樹で高さ 2m

ミヤコグサ

◎ 6~8 月 ☆海岸や河原

茎の長さ 40cm

ムラサキウマゴヤシ

アルファルファ

◎ 6~8 月 ☆空き地や道端

高さ 100cm
地中海地方~西アジア原産

コメツブウマゴヤシ

◎ 6~8 月 ☆空き地や道端

高さ 60cm
ヨーロッパ原産

マメ科
シナガワハギ
◎ 6~9 月　☆空き地や道端

高さ150cm
ユーラシア原産

マメ科
ニセアカシア　ハリエンジュ
◎ 6~7 月　☆市街地~山地

枝や幹に刺がある

小葉は 7~19 枚
落葉樹で高さ 20m
北アメリカ原産

マメ科
ムラサキツメクサ　アカツメクサ
◎ 5~10 月　☆空き地や道端

高さ 60cm
ヨーロッパ原産

マメ科
シロツメクサ
ホワイトクローバー　オランダゲンゲ
◎ 5~8 月　☆空き地や道端

高さ 30cm
ヨーロッパ原産

クサフジ
◎6月下旬~8月　☆平地~山地の明るい所

茎に軟毛がある →

つる性で茎の長さ150cmほど

ツルフジバカマ
◎8~9月　☆草地や林緑

つる性で長さ180cm

← 托葉は大きく，粗いギザギザがある

ナンテンハギ
◎6~9月　☆林緑や草地

小葉は2枚。時に3枚

高さ100cm
茎は直立~斜上する

葉柄の基部に托葉がある

花

エゾクロウメモドキ

◎ 4~6月　☆山地や原野

落葉樹で高さ 7m

アサ科

エゾエノキ

◎ 5月　☆石狩低地帯以南の山すそ

葉の基部は左右不揃い

落葉樹で高さ 20m

アサ科

カナムグラ

◎ 8~9月　☆林縁や道端

つる性

アサ科

カラハナソウ

◎ 8~9月　☆林縁や道端

つる性

ニレ科
ハルニレ
◎ 4~5 月　☆平地のやや湿った肥沃な所

落葉樹で高さ 30m

冬芽

葉は左右不揃い

ニレ科
オヒョウ
◎ 4~5 月　☆山地

落葉樹で高さ 25m

葉の先は尖るか，3~7 片に分かれる

冬芽

イラクサ科
アカソ
◎ 7~8 月　☆山野の湿った所

葉柄は赤い

葉の先は 3 裂

高さ 80cm
葉や茎に刺毛はない

イラクサ科
ムカゴイラクサ
◎ 8~9 月上旬　☆平地～山地の林内

葉は互生

葉柄の基部に
むかごがつく

高さ 80cm
葉や茎に刺毛がある

イラクサ科
エゾイラクサ
◎ 6~8 月　☆平地～亜高山の湿った所

托葉は合着して
2 枚

高さ 200cm
葉は対生

芽吹きの頃

葉や茎に刺毛がある

キンロバイ

◎ 6~8 月　☆亜高山~高山の岩場

小葉は 5 枚

落葉低木で高さ 1m

オニシモツケ

◎ 7~8 月　☆山地のやや湿った所

高さ 2m

エゾノシモツケソウ

◎ 6~8 月　☆平地~山地の湿った所

高さ 100cm

キジムシロ

◎ 5~7 月

☆平地~山地の日当たりがよい所

羽状複葉

高さ 20cm

バラ科

ミツバツチグリ
◎ 5~6月　☆平地～山地の日当たりがよい所

3出複葉

高さ25cm

バラ科

ナガボノワレモコウ
◎ 8~9月　☆平地～山地の湿った所

高さ140cm

バラ科

ヤマブキショウマ
◎ 6~8月　☆海岸～高山の明るい所

高さ100cm

バラ科

ミヤマザクラ　シロザクラ
◎ 5~6月　☆山地

落葉樹で高さ 15m

エゾヤマザクラ
オオヤマザクラ

◎5月　☆山地

落葉樹で高さ 20m

エゾノコリンゴ　サンナシ

◎5~6月　☆海岸~山地

落葉樹で高さ 10m

ズミ　コリンゴ

◎5~6月　☆原野や山地のやや湿った所

3~5 中裂する葉がある

落葉樹で高さ 10m

シウリザクラ
ミヤマイヌザクラ

◎6月　☆山地

落葉樹で高さ 20m

エゾノウワミズザクラ
◎ 5~6月　☆平地~山地のやや湿った所

落葉樹で高さ 15m

スモモ
◎ 5月　☆栽培されている

落葉樹で高さ 10m

中国原産

ウメ
◎ 5月　☆栽培されている

落葉樹で高さ 8m

ホザキシモツケ
◎ 7~8月　☆湿地や原野の日当たりがよい所

落葉樹で高さ 2m

バラ科

ユキヤナギ コゴメバナ

◎５月　☆庭や公園に植えられている

落葉樹で高さ２m
本州以南に分布する

バラ科

エゾシモツケ

◎６~７月

☆山地~高山の日当たりがよい岩場

葉の先に少数の鋸歯

落葉樹で高さ２m

バラ科

マルバシモツケ

◎６~７月　☆山地~高山の岩場

落葉樹で高さ100cm

葉の下部以外は鋸歯がある

バラ科

エゾノシロバナシモツケ

◎６~７月　☆山地の急斜面や岩場

落葉樹で高さ１m

ブナ科

ブナ ソバグリ

◎5月　☆黒松内低地帯以南の山地の肥沃地

落葉樹で高さ30m

冬芽

ブナ科

カシワ

◎5~6月　☆海岸~山地の日当たりがよい所

落葉樹で高さ20m

冬芽

ブナ科

ミズナラ オオナラ

◎ 5~6 月　☆海岸 ~ 山地

落葉樹で高さ 30m

堅果（どんぐり）

冬芽

← 葉柄は短い

ブナ科

コナラ ハハソ, ホウソ

◎ 5~6 月　☆十勝西部以西, 空知南部以南の日当たりがよい山野

落葉樹で高さ 20m

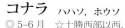

冬芽

← 明らかな
葉柄がある

351

オニグルミ

◎ 5~6 月　☆やや湿った所

落葉樹で高さ 25m

冬芽

小葉は 9 ～ 21 枚

カバノキ科

ハンノキ　ヤチハンノキ

◎ 4 月　☆原野の湿地

冬芽

落葉樹で高さ 20m

カバノキ科

ケヤマハンノキ

◎ 4 月　☆平地～山地

冬芽

落葉樹で高さ 20m

ウダイカンバ　マカバ
◎5月　☆山地の肥沃地

← 基部は心形

葉はシラカンバ，ダケカンバ
より大きい

落葉樹で高さ25m

シラカンバ　シラカバ
◎5月　☆山野の日当たりのよい所

側脈は6~8対

← 基部は切形

落葉樹で高さ25m

ダケカンバ　ダケカバ
◎5~6月　☆亜高山~高山

側脈は7~12対

← 基部は円形~
切形

樹皮は灰褐色で，ささくれ
立っていることも多い

落葉樹で高さ20m

シラカンバの樹形

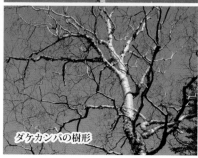

ダケカンバの樹形

ヤマナラシ　ハコヤナギ

◎ 4~5 月

☆山野の日当たりがよい荒地

落葉樹で高さ 20m　　冬芽

ドロノキ　ドロヤナギ

◎ 4~5 月

☆日当たりがよい川岸や湿った所

落葉樹で高さ 30m　　冬芽

オオバヤナギ

◎ 5~6 月　　☆川岸

葉は 20cm にもなり，
他のヤナギより大きい。
毛はない

細かな鋸歯がある→

落葉樹で高さ 25m

若枝や冬芽
は赤っぽい

雄花

樹形

エゾノバッコヤナギ

エゾノヤマネコヤナギ

◎ 4~5 月　☆平地～山地

裏に絹毛が多い

落葉樹で高さ 15m。
丘陵や山地に多い

冬芽は卵形

オノエヤナギ

ナガバヤナギ

◎ 5 月　☆川岸や湿地

葉は細長く 8~16cm
毛は少ないか，ない

鋸歯は波状 →

落葉樹で高さ 15m。
各地の水辺にふつう
に見られる

冬芽は扁平で長さ 3~6 mm

エゾノキヌヤナギ

◎ 4~5 月　☆川岸や湿地

葉の形はオノエヤナギ
に似るが，裏に絹毛を
密生する

（裏面）

落葉樹で高さ 15m

冬芽にも絹毛
がある

ネコヤナギ

◎ 4~5 月　☆山野の水辺

裏に絹毛が多い

冬芽や若枝に
絹毛がある

落葉樹で高さ 5m
樹皮はつるりとしているものが多い

スミレ科
スミレ
◎ 5~6 月　☆海岸 ~ 平地の明るい所

地上茎はない。
高さ 20cm

葉はへら型

側弁に毛がある

花は濃紫色

スミレ科
ミヤマスミレ
◎ 5~6 月　☆平地 ~ 山地の林内

地上茎はない。
高さ 10cm

葉の基部や葉柄
に毛がある

側弁に毛はない

花は鮮やかな紫紅色

スミレ科
フイリミヤマスミレ
◎ 5~6 月　☆平地 ~ 山地の林内

地上茎はない。
高さ 10cm。
ミヤマスミレの品種

脈沿いに白い
斑が入る

スミレ科
スミレサイシン
◎ 4~5 月　☆山地の湿った林の中

地上茎はない。
高さ 15cm

花は淡い紫色
側弁に毛はない

花柄や葉柄は紫色をおびる

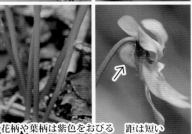

距は短い

エゾノタチツボスミレ

◎ 5~6 月　☆明るい林内や草地

地上茎がある。
高さ 40cm と大型

托葉はくしの歯状

距は白くて短い

距の裏側にすじ

側弁に毛

花は淡紫色~白

ツボスミレ　ニョイスミレ

◎ 5 月下旬~6 月　☆平地~山地の湿った所

地上茎がある。
高さ 20cm

托葉はまばらな
鋸歯か全縁

距は短い

側弁に毛がある

花は白色

オオタチツボスミレ

◎ 4 月下旬~6 月　☆平地~山地の林内

花は淡紫色。
側弁に毛はない

地上茎がある。
高さ 25cm

托葉はくしの歯状

距は白くて短い

タチツボスミレ

◎ 5~6 月　☆平地~山地の明るい所

地上茎がある。
高さ 15cm

花は淡紫色。
側弁に毛はない

托葉はくしの歯状

距は紫色

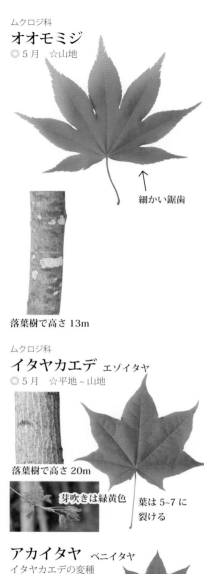

ムクロジ科
オオモミジ
◎ 5 月　☆山地

細かい鋸歯

落葉樹で高さ 13m

ムクロジ科
ハウチワカエデ
◎ 5 月　☆山地

重鋸歯

落葉樹で高さ 15m

ムクロジ科
イタヤカエデ　エゾイタヤ
◎ 5 月　☆平地~山地

落葉樹で高さ 20m

芽吹きは緑黄色

葉は 5~7 に
裂ける

アカイタヤ　ベニイタヤ
イタヤカエデの変種

葉は 5 裂

芽吹きは
赤褐色

ムクロジ科
トチノキ
◎ 5~6 月　☆西南部以南の山の谷間

落葉樹で高さ 25m

ミツバウツギ

◎ 5~6月　☆中部以南の山地

落葉樹で高さ 5m

小葉は 3 枚

花

ミカン科

キハダ　シコロ

◎ 6~7月　☆平地~山地

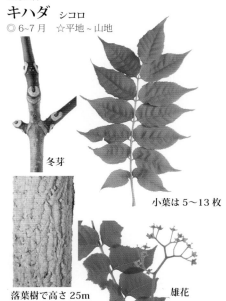

冬芽

小葉は 5～13 枚

落葉樹で高さ 25m

雄花

ミカン科

ツルシキミ

◎ 5~6月　☆山地の林内

葉は厚く艶がある

常緑樹で茎は地をはい，上部は斜上する。
高さ 50cm

ミカン科

サンショウ

◎ 5~6月　☆日高以南の山地

小葉は
11～19 枚

葉は山椒の匂い

落葉樹で高さ 3m

刺がある

シナノキ アカジナ
◎ 6~7 月　☆山地

落葉樹で高さ 20m　葉の裏や冬芽に毛はない

果実

オオバボダイジュ アオジナ
◎ 6~7 月　☆山地

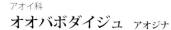

落葉樹で高さ 20m

葉はシナノキより大きく，
裏に毛がある

ミズキ
◎ 6~7 月　☆山地

落葉樹で高さ 20m

花

アブラナ科

シロイヌナズナ

◎ 4 月下旬~7 月　☆道端や空き地

高さ 40cm
茎葉は小さい

茎の下部に星状毛
などが密生

花は径 4mm ほど

根出葉は 1~5cm の
へら形でロゼット状

ヨーロッパ, 北アフ
リカ原産

ミヤマハタザオ

◎ 5~7 月　☆山地の礫地や岩場

根出葉は奇数羽状に
裂けてロゼット状

高さ 30cm

茎葉は長さ 3cm ほど。
全縁で倒披針形

花は径 4mm ほど

アブラナ科

ハルザキヤマガラシ　フユガラシ

◎ 5~7 月上旬　☆道端や空き地, 河原

がく片の先に角状
突起がある
↓

高さ 50cm
ヨーロッパ原産

タネツケバナ

◎ 4 月下旬~5 月　☆道端や田畑のあぜ

高さ 30cm。花時，根出葉はないか枯れる

奇数羽状複葉で頂小葉は大きめ

茎に多少毛がある

雄しべは 6 本

ミチタネツケバナ

◎ 4~5 月　☆道端や空き地

茎は無毛

花期，根出葉はある

雄しべは 4 本

ヨーロッパ原産

コンロンソウ

◎ 5~6 月　☆平地~山地の林の中

高さ 70cm

アブラナ科
オオバタネツケバナ
◎ 5~6月　☆湿地や水辺

奇数羽状複葉で頂小葉は大きい

雄しべは6本

高さ 50cm

アブラナ科
エゾワサビ
◎ 5~7月　☆山地の沢沿い

単葉か複葉で径4~5cm

高さ 50cm

アブラナ科
スカシタゴボウ
◎ 5~10月　☆道端や空き地, 畦

高さ 50cm

葉の基部は茎を抱く

アブラナ科
キレハイヌガラシ　ヤチイヌガラシ
◎ 6~8月　☆道端や空き地

高さ 50cm
ヨーロッパ原産

ツツジ科
ガンコウラン
◎ 5~6 月 　☆高山帯のほか，湿原や海岸

常緑樹で高さ 20cm

ツツジ科
イソツツジ　エゾイソツツジ
◎ 6~7 月 　☆平地の湿原 ~ 高山の礫地

葉の裏に白と褐色の毛がある

常緑樹で高さ 1m

ツツジ科
コヨウラクツツジ
◎ 5~6 月 　☆山地の林内

葉は輪生状につく

花の柄に腺毛
がある

落葉樹で高さ 2m

ツツジ科
キバナシャクナゲ
◎ 6~7 月 　☆高山のハイマツ帯や礫地

常緑樹で高さ 30cm

エゾムラサキツツジ

◎ 4~5 月　☆山地や岩場

落葉する葉と越冬する葉がある

半常緑樹で高さ 2m

ムラサキヤシオツツジ

◎ 5~6 月　☆山地の林内

落葉樹で高さ 2m

ヒメクロマメノキ

◎ 6~7 月　☆高山の礫地や湿原

落葉樹で高さ 50cm

コケモモ　フレップ

◎ 6~7 月

☆高山のほか，道北や道東の湿原や海岸

常緑樹で高さ 20cm

アオダモ
コバノトネリコ
◎ 6 月　☆山地

小葉は 3〜7 枚

落葉樹で高さ 15m　　冬芽

花

イボタノキ
◎ 6~7 月　☆平地~山地

落葉樹で高さ 4m

ハシドイ　ドスナラ
◎ 7 月　☆山地

落葉樹で高さ 12m

花

ハリギリ　センノキ

◎ 7~8 月　☆山地

落葉樹で高さ 30m

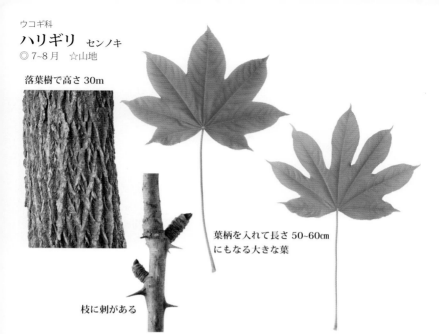

葉柄を入れて長さ 50~60㎝
にもなる大きな葉

枝に刺がある

タデ科

ヒメスイバ

◎ 6~7 月　☆空き地や荒地

高さ 50㎝
ヨーロッパ原産

タデ科

エゾノギシギシ　ヒロハギシギシ

◎ 7~9 月　☆空き地や道端

高さ 130㎝
ヨーロッパ原産

キク科
ゴボウ　ノラゴボウ
◎ 7~9 月　☆空き地や道端

高さ 150cm
ヨーロッパ原産

キク科
オオヨモギ　エゾヨモギ
◎ 8~10 月　☆平地～山地の道端や草原

高さ 2m

シソ科
クロバナヒキオコシ
◎ 8~9 月　☆留萌地方以南の林縁や沢沿い

茎の断面は四角い

花

高さ 120cm

セリ科
エゾニュウ
◎ 7~8 月　☆海岸や山地の草原

高さ 3m

セリ科
セリ
◎ 7 月下旬 ~9 月　☆水辺や湿地

高さ 60cm
全体に香りがある

セリ科
ドクゼリ
◎ 7~8 月　☆水辺や湿地

高さ 1m。
竹の子のような太い根茎がある

セリ科
ミツバ
◎ 7~8 月　☆平地～山地の湿った林内

高さ 80cm

セリ科
オオハナウド
◎ 5~7 月　☆平地 ~ 山地の日が当たる所

高さ 2m

3 出複葉

全体に毛が多い

外周の花弁は先が 2 裂

クロミノウグイスカグラ

ハスカップ　ケヨノミ

◎ 5~6 月

☆湿原や亜高山。勇払平野が有名

樹皮

花

落葉樹で高さ 1m

ウコンウツギ

◎ 6~8 月上旬　☆亜高山 ~ 高山

落葉樹で高さ 2m

タニウツギ

◎ 5~6 月

☆日本海側の日当たりがよい山野

落葉樹で高さ 3m

Ⅳ．楽しい生態観察のすすめ

〔本文：永盛・辻　イラスト：永盛〕

1. すべては虫採りから 始まった

[基本編]

虫採りでは，何が採れるかわからない，しかしうまくいけばすごい虫に出会えるかもしれません。念願の蝶が目の前に現れた時のときめきは，忘れがたい心躍る瞬間です。そんな成功体験や，それまでの何度もの悔しい思いを経て，だんだん要領（攻略法）やコツを自分なりに修得すると，成果が着実に上がってきます。それは現代のゲームと同じなのであって，私たちは幼いころから自然相手のゲームにはまってしまったのかもしれません。ではその要領（攻略法）を紹介しましょう。

(1) 蝶採りの準備（道具）

採集用具の基本は捕虫網と三角紙です。市販品もありますが，ここでは手作りの方法を紹介します。

①捕虫網

蝶を傷つけないように確実に捕まえる網は，口径が大きく，十分奥行きのある，風切のよいやわらかい網です。図のようにして作ります。

②三角紙と三角ケース

捕まえた蝶の翅を傷つけないように，三角紙に包みます。市販品はパラフィン紙が使われていますが，100円ショップでも売っている，クッキングシートという紙で自作できます。三角ケースも段ボールで自作できます。下にそのつくり方を紹介します。

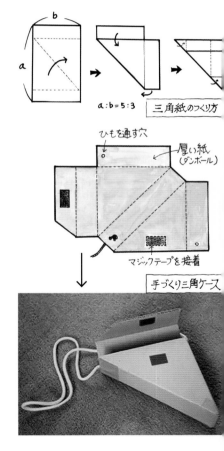

a：b＝5：3　三角紙のつくり方

ひもを通す穴　厚い紙（ダンボール）

マジックテープを接着

手づくり三角ケース

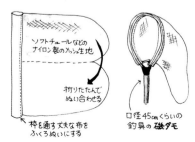

ソフトチュールなどのナイロン製のメッシュ生地

折りたたんでぬい合わせる

枠を通す大きな布をふくろぬいにする

口径45cmくらいの釣具の磯ダモ

372

(2) どこに探しに行ったらいいのか

　まずは，蝶のいそうな所を探すことから始まります。どんな所がいいのでしょう。蝶は森の中にたくさんいるのではと思いがちですが，実はそうでもありません。鬱蒼とした木々に覆われた登山路などでは思いのほか蝶の姿はありません。下に蝶採りのポイントの詰まった理想的な蝶のフィールドを描いてみました。この理想の図にはさまざまな蝶が好む環境（ニッチ）の詰め合わせになっています。蝶は，草原や林の縁，崖や河原などそれぞれの環境に生えている植物を食草として，自分のすみかとしています。蝶採りをたくさん経験してくると，ここには○○チョウがいるはずだということがわかって

きます。何事も経験です。網を持って出かけましょう。そしてきょろきょろ見まわして蝶を探しましょう。

(3) どこを探したらいいのか

　朝から好天，絶好の虫採り日和りです。自分で狙いをつけたフィールドにきました。さて，どこを見てまわるとよいのでしょう。蝶が集まるポイントとして次の6つを挙げておきます。①花，②林道の上の湿地，獣糞，③樹液，④橋や小屋，⑤林間草原（ギャップ），⑥丘や山の山頂，です。

　各ポイントを気にかけながら，ゆっくり歩きながら周囲に目配りしながら探します。そして見つけたらいよいよ網で捕獲することになります。

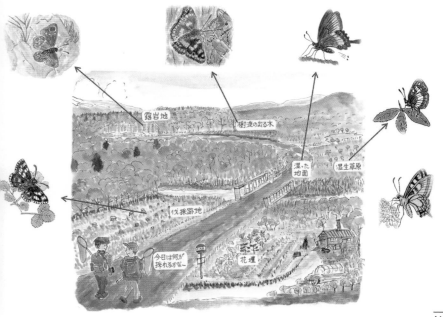

岩場地　　　樹液の出る木　　　湿った地面　　　湿生草原

伐採跡地

今日は何が採れるかな～

花壇

(4)蝶採りのテクニック

蝶を見つけたら，慌てずにじわじわと近づきます。

急な動きには，蝶はすぐに反応して逃げてしまいます。逃げられたら追いかけるより，また待つ方がよいでしょう。さて，ネットインのテクニックをいくつかのパターンで示します。

下図にさまざまな場面を想定しましたが，共通する秘訣は，蝶に危険が迫っていることを覚らせない「不意打ち」で仕留めてしまうことです。

ネットに入った蝶は採り逃がさないために，柄をやや強く振って奥の方に追い込みます。そして柄をひねり入り口をネットで覆ってしまいます。こうするともう逃げることはできません。

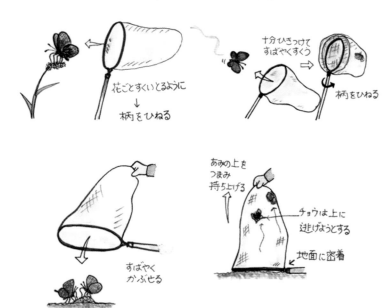

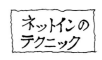

ネットインのテクニック

(5)ネットインから持ち帰りまで

ネットインした蝶は，翅に傷をつけないように，ネットの上から翅をたたみこむように押さえ，胸を指でつまみます。体が破れない程度に数秒圧迫します。小さなセセリチョウなどはバタバタと動きまわり一苦労ですが，鱗粉がとれないように注意し翅が閉じた瞬間をとらえて押さえ込みます。

採れた蝶は１頭ずつ三角紙に包み込み，三角ケースに収納し持ち帰ります。

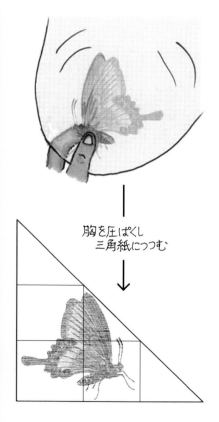

胸を圧ぱくし
三角紙につつむ

2. 標本作りにチャレンジ

〔基本編〕

(1)標本を作る意味

蝶を見つけ捕まえたら，標本にしてみましょう。苦労して捕まえた自分の宝物を標本箱に並べ集めていきましょう。標本は管理さえしっかりすれば半永久的にその美しさを保つことができます。「目の前に蝶がひらひら飛んでいた。」というのはありふれた光景ですが，誰かがそれを捕まえて，「いつ，どこで，何という蝶がいた」と書き残すと，それは大切な記録となります。さらに，本当に事実かどうかという証拠を示す場合は標本が必要になります。区別が難しい種類では標本があれば専門家に同定してもらえます。そういう意味でも標本作りは大切なことなのです。

では標本作りをやってみましょう。

(2)道具の準備

標本作りは展翅という作業で，翅を美しく整えて風乾させ，いわばミイラ化させることです。水分がない標本はカビが生えたり腐ることはありません。必要な道具は①展翅板，②展翅テープ，③標本針，④留め針です。すべて専門店で取り扱っています。標本針は蝶の大きさに合わせて０〜４号くらいを使います。展翅テープはクッキン

グシートで代用できます。留め針は手芸で使う待針でいいです。展翅板は手作りもできますので紹介します。

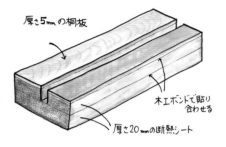

厚さ5mmの桐板

木工ボンドで貼り合わせる

厚さ20mmの断熱シート

手づくり展翅板

(3)展翅の手順

持ち帰った蝶はなるべくその日のうちに展翅をしましょう。1日置いてしまうと小さい蝶は乾燥してしまい，うまく展翅することができなくなります。体が柔らかいその日のうちに展翅（生展）することが大切です。

大事なポイントとコツ（下図）
①昆虫針は蝶の胸の中心に垂直に刺すこと。
②左右の翅が展翅板に水平に広がる高さにすること。
③蝶の翅と触角が美しく左右対称に

チョウを刺した昆虫針を展翅板の溝に垂直に刺す

留め針

柄つき針を翅脈にひっかけ上に翅をあげていく.

指をテープに軽くあてる

翅の形がきまったらひっぱって固定する

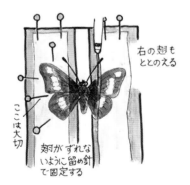

右の翅もととのえる

ここは大切

翅がずれないように留め針で固定する

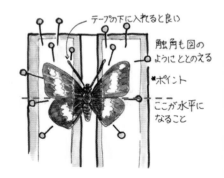

テープの下に入れると良い

触角も図のようにととのえる

ポイント

ここが水平になること

整っていること。

④翅を針でひっかけて展翅板の上で持ち上げる時に翅を痛めないようにすること。

⑤留め針はしっかり固定すること。

展翅が終わったら展翅板を部屋の安全な所に立てかけて，2週間くらいかけて乾燥させます。垂直にするのは腹部が垂れ下がらないようにするためです。

軟化展翅

乾燥した三角紙標本を展翅する方法です。翅が乾燥し固まっているので，無理やり開くわけにはいきません。筋肉を酵素で溶かすなどさまざまな方法がありますが，比較的簡単な方法を下に図で紹介します。

(4)ラベルを作る

標本にする蝶1つひとつにラベルをつけます。ラベルには採集場所・採集年月日・採集者名を書き，あとでピンの下に刺します。ラベルがないものは標本としての価値がありません。た

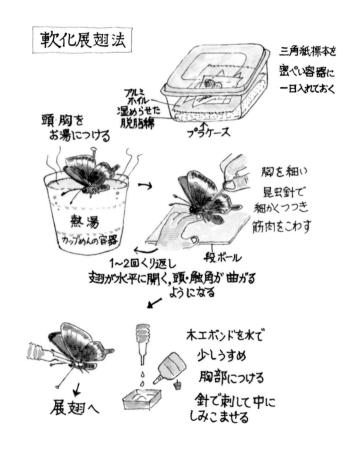

軟化展翅法

三角紙標本を
密ぺい容器に
一日入れておく

アルミ
ホイル
湿めらせた
脱脂綿

プラケース

頭・胸を
お湯につける

熱湯
カップめんの容器

胸を細い
昆虫針で
細かくつつき
筋肉をこわす

段ボール

1～2回くり返し
翅が水平に開く，頭・触角が曲がる
ようになる

展翅へ

木工ボンドを水で
少しうすめ
胸部につける
針で刺して中に
しみこませる

だの飾り物になってしまいます。

　ラベルの体裁は特に定まっていません。標高など，詳しい地点の環境情報や，飼育したものは食草などを2枚目に書く場合もあります。

札幌市　藻岩山
2020・6・20
T.Nagamori　leg.

（5）標本箱への収納

　最後に，展翅がすんで美しい形をとどめている標本を標本箱に収納します。展翅板から蝶を取り外す時のハンドリングに注意します。特に触角がピンやテープにあたって折れてしまうとがっかりすることになります。

　標本箱に入れることは並べて見比べることもありますが，大切なことは，標本の劣化を防ぎ保存することです。その時に注意することが3点あります。

　①防虫対策

　標本を食べる虫がいます（下図）。

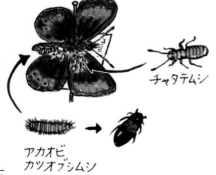

チャタテムシ

アカオビ
カツオブシムシ

ちょっとした隙間から侵入して，胴体や鱗粉を食べてしまいます。これを防ぐためには，まず標本箱が密閉されていることが大切です。さらに虫よけに衣類用の防虫剤を入れておきます。

　②カビ対策

　標本箱の中の湿度が高くなれば，カビが蔓延します。乾燥剤を入れておくのもよいでしょう。

　③紫外線対策

　標本を明るい所において飾っておくと，紫外線の作用で，翅の色がどんどん薄れていきます。標本箱は暗い所に保管するのが基本です。標本箱のガラスにUVカットフィルムがコーティングされているものがあるくらい，紫外線は大敵なのです。

　その標本箱ですが，自作できるような気もしますが，やってみるとだいたい失敗します。貴重な標本をしっかり保管をするためには，少々高価ですが専門店の標本箱に及ぶものはありません。簡易的に使う場合は，百円ショップに売っている，桐やプラ板でできた小さなケースやプラスチック製のフィギュアケースがあり，小分けした標本ケースとして使えます。飾り物として使うならば別ですが，標本を長持ちさせるためには，この標本ケースをさらに，密閉できる金属缶などに入れておく必要があります。

　標本は場所ごとや科などの分類ごとにまとめておくとよいでしょう。標本箱全体は冷暗所で保管するのが基本です。そのための標本タンスなども売られていますが，とにかく大切に保管したいものです。

3. 飼育ことはじめ

〔基本編〕

　蝶は卵—幼虫—蛹—成虫と一生の間に、まったく別物のような姿（ステージ）に変化させながら成長します。飼育することで、卵から孵化したり、巣をつくったり、葉を食べたり、糞をしたり……脱皮したり……いろいろなシーンを目の前で見ることができます。特に蛹から、美しい蝶が生まれる羽化のシーンは何ともいえない感動シーンでしょう。

　飼育することでより深く蝶の暮らしぶり（生態）を理解することができま

す。また羽化した蝶は完全無欠な標本にもなります。ぜひ飼育にもチャレンジしてみてください。

　ただし、地域外から持ち込み飼育した蝶は決して放さないことが大切です。

（1）卵の入手

　野外で産卵行動に出会ったら卵を見つけることができるでしょう。食草の決まった所に卵を産む種類は、根気よく食草を探すと卵を見つけることができます。特にゼフィルスの仲間は成虫

いろいろな場面を観察しよう

を採集するより効果的です（405頁）。

　この他に，母蝶を室内で産卵させて確保する方法があるので紹介します。

　野外で腹部が太い♀を見つけたら，うまく産卵する環境を作ってあげれば産むはずです。交尾をした母蝶は何としても卵を産もうと飛びまわっているのです。採集して虫かごなどに入れて持ち帰ります。この時に脚が取れてしまわないように気をつけます。

　持ち帰った母蝶には1日2回ほどエサを与えます。図のように小皿の上に糖液の浸みた脱脂綿を置きます。糖液は蜂蜜や砂糖を水で薄めたもので，糖分は3～5％で十分です。果物ではナシやリンゴを好んで吸ってくれます。翅を持って蝶をエサに近づけます。のどが渇いている時は，脚がエサに触れた途端に口吻を伸ばします。自分で口吻を伸ばさない時は，図のように針

を使って丸まっている口吻を針で伸ばしてエサに触れさせます。口吻の先端を動かし始めたら飲んでいる証拠です。夢中で飲んでいる時は翅を持つ手を放してもかまいません。

　元気のいい母蝶を食草の入った飼育ケースに入れます。ケースは直射日光が当たらない明るい窓際に置きます。暗すぎると活動しなくなってしまうの

で，日差しが弱い時は上から電気スタンドで照明を当てます。

　ケースの中に花を入れておくと自分で吸蜜する蝶もいます。この時はエサやりの手間が省けます。

　ケースを使わない袋がけという方法もあります。鉢植え全体や，植木の枝の一部をネットで覆い中に母蝶を入れます。

　すぐに産み始めるものもいますが，少し慣れてから産み始める蝶もいます。卵が成熟していない場合は，何日かエサやりを続けてやっと産み始めるものもいます。少し辛抱強くとりくんでみましょう。

スタンド
母チョウ
食草（樹）
植木鉢

食草
チョウが好む花

(2)幼虫を育てる

幼虫は食草を与え，逃げないように容器に入れますが，幼虫にとって快適な環境を整える必要があります。まずは幼虫にとってよくない環境を列記します。

①日光が当たり高温になる。
②密閉された空間で湿度が高くなる。
③食草が乾燥して枯れてしまう。
④幼虫が高密度になりお互いにぶつかり合う。
⑤糞がたまり不衛生になる。

これらの悪条件を避け，自然状態に近づける環境を整えることが大切です。蝶の幼虫を飼うための飼育箱という専門のものもありますが，下図のように手ごろな道具を使って理想的な飼育環境を作ってみましょう。

吸水スポンジにさす

水切りして

吸水スポンジ

牛乳パックの底

食草

幼虫

吸水スポンジ

キッチンペーパー

卵から孵化，幼虫の取り扱い

室内で産卵させたり，野外で採ってきた卵はキッチン用品にある小さなプラケースに入れて孵化を待ちます。よほど高温多湿にならない限り，蓋は密閉してかまいません。幼虫もそうですが酸素不足で死ぬことはありません。孵化した幼虫はケースの中の食草に移動させます。自分で移動できないようならば湿らせた小筆で扱うとよいでしょう。

エサ替えと掃除

幼虫が食べている食草がしおれたり，なくなってしまったら，新しい食草を用意し，動いている幼虫は筆を使って移動させます。葉の上で静止している場合は，その葉を切り取って移します。特に脱皮のために静止している時には幼虫に触れないようにします。またケースの壁や蓋の裏に台座をつくり静止している場合は，幼虫を引きはがさず中の食草だけ入れ替えます。

下に敷いた紙に糞がたまってきたら，紙ごとまとめて捨てて新しい紙を敷きます。食草の葉で枯れたり古くなった部分があったら，切り取るか枝全体を捨てます。

蛹化の準備

幼虫は脱皮をして齢を重ねていき，十分に育ったら次は蛹化です。食草の茎や，ケースの壁，蓋の裏などに糸をかけ始めたらそっと見守ります。帯蛹や垂蛹になるための準備です。シジミチョウやジャノメチョウの仲間は地面の枯葉に潜り込んで蛹化するのもいます。その場合は枯葉や紙切れなどをケースの底に入れます。

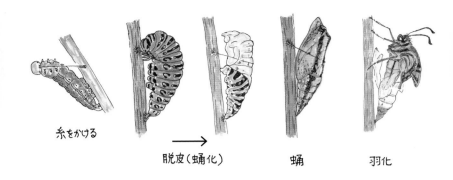

糸をかける 脱皮（蛹化） 蛹 羽化

(3)蛹から羽化まで

　次は羽化のシーンを見たいものです。蛹の中では，幼虫のイモムシ型から翅や触角，長い脚がある成虫の姿への大変身が進んでいきます。羽化が近づいたらだんだん黒ずんできて翅の模様が透けて見えてきます。朝方に羽化する場合が多いのですが，じっと待っていると蛹の殻を破って頭や胸，脚が出てきます。翅まで全部抜け出すと少し上の方に移動して羽を伸ばす位置を探します。ケースであればそのまま蓋にぶら下がるでしょう。腹部を波打たせ体液を翅の脈に送って翅がしだいに伸びてきます。感動の羽化シーンです。

(4)各ステージの保管

　冬を越して飼育が続く場合は，種類によっては卵や幼虫，蛹を保管する必要があります。野外では雪の下で冬眠する場合が多いので，その状態に合わせ0～5℃くらいで保管するとよいでしょう。
　冷蔵庫がその温度になりますが，乾燥しないようにプラケースに湿らせた吸水スポンジを入れて保管するのがよいでしょう。
　冷蔵庫が使えない場合は，植木鉢に幼虫や蛹を入れそれを囲むように吸水スポンジやミズゴケを入れ，全体をネットで覆い，越冬野菜のように外で雪の下になるようにして保管します。

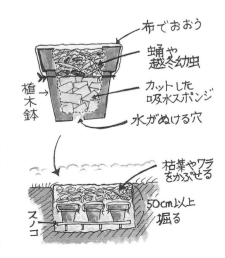

布でおおう
蛹や越冬幼虫
植木鉢
カットした吸水スポンジ
水がぬける穴
枯葉やワラをかぶせる
スノコ
50cm以上掘る

4. 生態観察の楽しみ

【基本編】

　虫採りから始まり，標本集め，飼育とステップアップしすっかり蝶の魅力に取りつかれた私たちは，採集するだけではわからない，蝶の生態の巧妙さや不思議さにひかれてきました。そしてその蝶の感動的な生きざまを記録すること，調べることを始めました。それは地道な観察を続けることです。地面に這いつくばって写真を撮ったり，草をかき分けたりしていると，不審者に思われることたびたびですが，楽しいので止められません。そんな蝶との究極のつき合い方を紹介します。

（1）生態観察の準備（道具と服装）

　昆虫採集用具は一応用意しますがリュックの中や自家用車の中に入れて

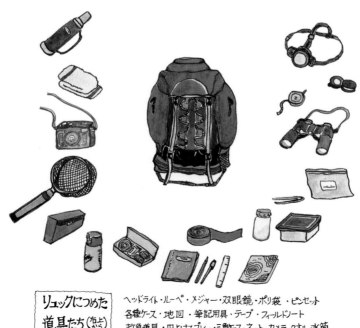

リュックにつめた
道具たち（右上から）

ヘッドライト・ルーペ・メジャー・双眼鏡・ポリ袋・ピンセット
各種ケース・地図・筆記用具・テープ・フィールドノート
救急道具・虫よけスプレー・三角ケース・ネット・カメラ・タオル・水筒

おきます。観察し記録することが主体ですから，カメラと野帳と筆記用具は必須です。幼虫や食草を持ち帰って調べることもあるので，チャック付きポリ袋，サンプルケース，飼育ケースも準備します。ルーペやピンセット，双眼鏡も観察の手助けになる道具です。カメラの電池やアクセサリーも携帯します。追跡調査したい時があるので，場所を示すピンやテープを持っていきます。すぐ出せるウエストポーチやジャケットのポケットに入れ，残りはリュックに入れます。車で調査に行く時は，植物採集のためのスコップや新聞紙，飼育ケースや発泡スチロールの箱さらに高枝ばさみや脚立などを積んでおきます。

　服装は食草を探してブッシュなどに入り込むことが多いので長そで・長ズボンは基本です。手袋や帽子も着用します。突然の天候悪化に備えて雨具は必携品です。

　その他，地図や飲料水，タオル，救急道具などを持ち合わせましょう。

(2)記録の取り方

　標本作りの所で書きましたが，いつ，どこで，だれが（When, Where, Who＝3W）採集したかをラベルに残すことが大切です。ここではさらに何が，

どのようにして（What, How＝1W1H）が付け加わり，4W1Hになります。蝶の生態の意味づけのためです。そこで，スケッチやメモ書き，さらに写真で，観察したことを記録する必要があります。調査中はなかなか書きとめる時間はないのですが，観察ルートや観察地点や時間は野帳に書きとめておくとよいでしょう。最近のデジタルカメラには時間やGPSの位置情報が記録

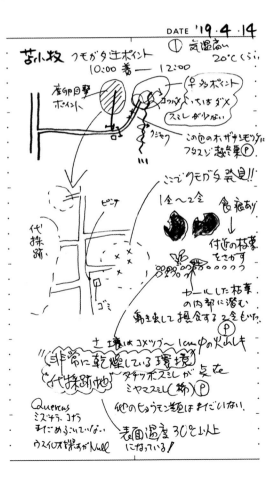

されるものもあるので活用するとよいでしょう。スケッチもその場でできるとよいのですが，できない場合は写真をいろいろな画角で撮っておきましょう。

　調査から帰ったらすぐに，記憶が確かなうちにノートや野帳に観察項目（4W1H）をまとめます（左図）。オリジナルに形式を決めておいたカードを作っておくのもよいでしょう。記録には「○○チョウがたくさんいた」と書くよりは「○○チョウを5♂2♀確認し，他にも数頭目撃した。」と書き，「大きな終齢幼虫がついていた」と書くより「終齢幼虫（45 ㎜）がキハダの高さ1.5 mの葉の表に静止」と大きさや数などを数値で残すことができれば科学的にすばらしいデータとして活きてくるでしょう。

　また，天候と気温などの気象条件，周囲の植物の開花の様子も書きとめておくといいでしょう。客観的な事実の他に気になった点や何となく感じたことも書きとめておくと，研究を進めるうえでのヒントになるかもしれません。

(3)フィールドと時期を選ぶ

　生態観察のスタートは，自分の住んでいる所の近くのフィールドなどに絞って観察を続けることから始めるといいでしょう。まず，そこに棲む蝶がどのような暮らしぶりをしているのかを観察します。網で捕まえる前に蝶の行動を追いかけてみましょう。そこから食草を中心とした環境の関わりが見えてきますし，何回も観察を続けていると，越冬を含めた1年の生活史が見えてきます。たとえば年1化の蝶であれば，成虫はいつごろ発生し，幼

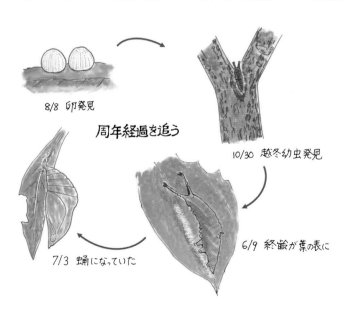

8/8 卵発見

周年経過を追う

10/30 越冬幼虫発見

6/9 終齢が葉の表に

7/3 蛹になっていた

虫の生育期間はどのくらいで，越冬は何齢で，どこで行い，雪解け後はどう成長し，どこで蛹化するといった周年経過です。日本の蝶の生態研究は戦後アマチュアによってほぼ解明されたといわれますが，本道ではまだわからないことが多く残されています。自分のフィールドを持ち，じっくり観察することでわかってくる新発見がまだ残されています。

　また，各地で自然破壊が進む昨今では，特定のフィールドに絞った観察は，地域の自然の記録を残すという意味でも重要なことだと思います。

　目的の蝶を絞って，どこかに遠征し，たとえばその幼虫を探したいとなれば，本書の周年経過の図を参考にして時期を選びます。成虫が飛んでいる時期には幼虫は見つかりません。卵や食草を調べようとすれば成虫の発生後半に♀を追いかけ産卵行動を見つけるとよいでしょう。

　次の頁からは，春〜冬にかけての季節にそった観察実践例を紹介しますので参考にしてください。

(4)蝶の生活を支える食草のこと

　蝶の生態観察では蝶の幼虫が食べる食草・食樹(まとめて食餌植物)のことを知らなければいけません。フィールドでオオムラサキが樹液にきていたとすると，そのフィールドの周辺にオオムラサキの食樹であるエゾエノキがあるはずです。エゾエノキを見つけることができたなら，そこで産卵〜幼虫〜蛹などの生活史を調べることができるのです。本書では，私たちが確認した食草・食樹の頁があります。ぜひ参考

にしてください。ただし，本道の食餌植物調査は未完成といっていいでしょう。新食草を発見できる余地は十分残されていますのでぜひチャレンジしてみてください。ただし食餌植物の同定ではよくわからないものもたくさん出てきます。特にイネ科・カヤツリグサ科は私たち素人には手に負えない部類です。その時には専門家に同定を依頼することになります。その際にはサンプルとしてのさく葉標本を2セット作り1セットは手元に残し1セットを専門家に送り同定を依頼することになります。

　食餌植物を知ることは，蝶と環境の関わり合いや蝶の進化にもつながって，蝶の研究を深めていくことになります。蝶の研究はアマチュアの貢献が優れてできる分野で，食餌植物はその蝶が生きていくうえでの基本なので極めて重要な情報となります。

あっ！ミカンの香　これがキハダか！

(5)フィールドワークの注意点

　フィールドに出かけて観察する際に気をつけておくことを列記します。まずそのフィールドに勝手に入っていいのかということがあります。私有地ならばもちろん了解をもらわなければな

りませんし，国有林や道有林などに入る場合は事前に入林の許可を取りましょう。林道のゲートが施錠されている所では各振興局の森林管理署に入林申請を出し許可を得ることが必要です。

またフィールドに入っても国立公園・国定公園の特別保護地区では動植物の採集はできません。北海道の蝶で採集禁止になっている蝶は天然記念物のウスバキチョウ，カラフトルリシジミ，アサヒヒョウモン，ダイセツタカネヒカゲ，ヒメチャマダラセセリの5種です。またアサマシジミは国内希少野生動物に指定され，捕獲や譲渡はできません。

最後にフィールドでは，ヒグマとの遭遇，スズメバチの急襲やマダニによる感染症などさまざまな危険を想定しながら行動しましょう。万が一の遭難に備えて家族には行き先を伝えておきましょう。いずれにしろ安全なフィールドワークになるよう努めましょう。

マダニ　ブユ

スズメバチ

葉は3枚

角光れるとかぶれる危険アリ

ツタウルシ

野外で注意したい動植物

5. 初蝶から始める生態観察

[初級編]

初蝶に　心惹かれてゐる間
高浜年男

初蝶はその年初めて羽化してくる蝶で，俳句の季語としても頻繁に使われていますし，気象庁の生物暦にも使われています。初蝶に出会うことは，長い冬を過ぎ春が到来したことを実感させ，心惹かれるものです。初蝶から生態観察を始めてみましょう。

さて，初蝶といっても実はモンシロチョウの仲間（*Pieris*属。以下ピエリス）は4種いて，それを区別できる人はなかなかいないと思います。最もポピュラーなモンシロチョウ。最近北海道にやってきたオオモンシロチョウ。そして最も区別が厄介なエゾスジグロシロチョウ（以下エゾスジグロ）とスジグロシロチョウ（以下スジグロ）です。ピエリスたちは年に数回発生する多化性の蝶です。春先に飛んでいる初蝶たちは，蛹で長い冬を越し羽化した第1世代で，すぐに次の第2世代をつくる，親としての大切な行動を始めます。このピエリスたちの観察から，♂♀のひととおりの行動を観察することができます。ではひらひら飛んでいる蝶をネットインする前にゆっくり眺めてみましょう。

（1）花の蜜を吸うこと

　初蝶を見かけて，まず目にとまる行動は花の蜜を吸う行動でしょうか。花と蝶の関係は持ちつ持たれつの関係です。花の蜜は蝶の栄養源として重要ですし，多くの花（被子植物の中の虫媒花）にとっては受粉を助けてくれる訪花昆虫として役立っています。初蝶のピエリスたちはどんな花で蜜を吸っているのでしょう。エゾスジグロでは春一番に顔を出すフキノトウでよく吸蜜しています。蝶に近づいてみてみましょう。盛んにストロー状の口吻を動かしているでしょう。

　蝶は紫外線を含めて何種かの色（波長）を識別できるようで，蝶を呼ぶために植物の方も花の色をいろいろ工夫して進化しているようです。ピエリスたちが季節の進みに合わせて次つぎと花をつける野の花の中から何を選んで吸蜜していくのかはおもしろいテーマだと思います。そんな記録を取ってみるとよいでしょう。

フキノトウと
エゾスジグロシロチョウ

（2）♂の行動を読み解く

　♂は♀より早く発生し♀の羽化するのを待ちます。吸蜜をして栄養分を補給しながら，自分が育った食草の生える草むら周辺を低く飛びまわります。探雌飛翔という行動です。飛んでいる♂は小刻みに進む方向を変えていると思います。これは天敵の鳥などに捕まりにくくする飛び方と考えられます。♂が飛んでいたらほとんどはこの探雌飛翔と思っていいでしょう。♂はどのようにして♂と♀を見分けるのでしょう。人間の目には遠目には♂と♀は区別できないのですが，蝶は紫外線を見ることができ，♂は♀の翅の斑紋以外に紫外線の反射による模様で見きわめています。

　♂は♀を見つけると近づいて交尾を迫ります。葉の上で絡み合っている♂と♀を見つけたら，近づいて見てください。この時に右上の図のように翅を水平に開き，腹部を突き立てる独特のポーズをとる♀を見ることが多いと思います。これは交尾拒否の姿勢といわれ，こうなると交尾はできません。交尾をしていない♀は通常このポーズをとりません。このポーズは交尾済みの♀が「交尾はもうしません他の♀を探して」と♂に訴えているのです。♀は交尾をすると，♂から精子の入った精嚢を受け取り体内に留めます。この精嚢から必要な時に精子を取り出し自分の卵と受精させて使うので，交尾は普通１回で済ませてしまうことが多いのです。改めて交尾をする必要はなく，時間の無駄遣いはしたくないのです。

　ただ，その姿勢を見ても執拗に交尾

を迫る♂もいます。エゾスジグロやスジグロは人にも感じられる芳香物質を出して♀にアピールしているようで，交尾拒否姿勢がこの匂いによって解かれるといわれています。実際にそうして複数回交尾をすることもあるようです。ぜひこの♂の翅の匂いをかいでみてください。レモンのような甘いいい匂いがします。これは♂の翅の鱗粉の中に発香鱗というのがあり，ここに匂いの入った袋が収められていて，ここから出てくる匂いです。発香鱗は鱗粉をスライドガラスに落としてみると見

つかります。特にスジグロはこの香囊が大きく他の種と区別できるほどです。

(3) ♀の行動を読み解く

♀が飛んでいます。何をしているのでしょう。花を求めて飛んでいるかもしれませんし，いよいよ産卵かもしれません。食草の周りをまつわりつくように飛んでいたら産卵のシーンが見られるかもしれません。2〜3mの距離から見失わないように少し追い続けてみてください。

食草のありそうな
場所を探す.

いろいろな植物にタッチ
して食草を確認する

産卵する場所を
えらび, 産卵する.

♀はどのようにして食草を見つけ出すのでしょう。モンシロチョウは，自分の生れた発生地を離れ，キャベツなどの食草探しの旅に出ます。食草がありそうな場所にたどり着くと，いろいろな植物に近づいては脚で触れて食草を探し出します。このタッチングで，脚先にある受容器で植物から出る揮発物質を感知していると考えられています。食草を見つけた♀は食草の周りを小刻みにはばたきながら，次は産卵する場所を選んでいます。葉に止まり腹を曲げて1卵ずつ産みつけます。産卵行動を見て，産卵習性がわかったならば，♀と同じように目のつけ所がわかったということで，野外で卵を探す勘をマスターしたことになります。

（4）食草は何か

　成虫の行動を追いかけることでわかる，非常に重要な情報は，♀が何という植物に産卵したかということです。ピエリスたちはアブラナ科植物を食草としていますが種によってその地域で，またその季節で何を食草としているかを調べます。モンシロチョウならばダイコンやキャベツといった栽培植物に強く依存します。そもそもモンシロチョウが世界中に広く分布を広げたのは，農耕で人がアブラナ科植物を畑に植えていったからだといわれます。近年道内に大陸から侵入してきたオオモンシロチョウも最初は無農薬の家庭菜園で発生しました。人の生活と結びついた蝶なのです。

　一方，エゾスジグロやスジグロはイヌガラシやコンロンソウといった在来種のアブラナ科を選んでいます。エゾスジグロとスジグロの同定に自信が持てるようになったら，モンシロやオオ

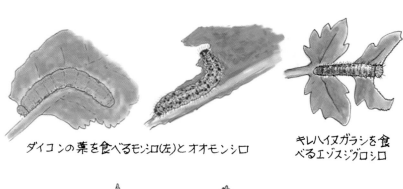

ダイコンの葉を食べるモンシロ(左)とオオモンシロ

キレハイヌガラシを食べるエゾスジグロシロ

コンロンソウの葉

キレハイヌガラシ(左)とタネツケバナ(右)の葉

モンシロも含めてぜひピエリスたちの食草選好を調べてみてください。微妙な「すみわけ」や「くいわけ」が起こっていると思われます。

また、アブラナ科植物はカラシ油（ワサビのツーンとする香りもその一種）などを葉に蓄えていて、これでピエリスたちの幼虫に食われるのを避けていることがわかっています。たとえ幼虫が孵化してもその食草では育たないことがよくあります。ピエリスたちの間にも食草のつくるこの忌避物質の種類に対する抵抗性が微妙に違うようです。

さらに、幼虫はアオムシコマユバチという寄生バチにやられてしまうことがよくあります。死んだ幼虫の脇に黄色い小さな繭があればこの天敵にやられたのです。

このように食草がつくる忌避物質や天敵と幼虫の間には複雑な関係があり個体数が調節されているようです。

さて、ピエリスの仲間を観察しながらわかってくる蝶の行動を紹介しました。蝶が飛んでいたらまず何をしているのかその様子を見ていくことが、生態観察の第一歩です。何度も見ていると、飛んでいる初蝶を遠くから見つけ「心惹かれてゐる間」に、「あれは探雌飛翔をしているモンシロの♂だなあ」、「あれれ、エゾスジグロの♀が産卵しそうだ」などと蝶の気持ち（？）がわかってきます。ぜひ初蝶からのバタフライウオッチングに挑戦しましょう。

6. 春の幼虫探し

【上級編】

初蝶を見た後は次々に春の蝶が飛び出します。そんなころ遅れてはいけないと、越冬幼虫たちはいそいで春の山菜ならぬ食草を食べ始めます。新緑の葉がまだ広がらない、明るい林床で、少し視点を変えてそんな幼虫たちを探してみましょう。

早春の陽光が降り注ぐ落葉広葉樹林の林床はカタクリやエゾエンゴサクといった花のじゅうたんが敷き詰められます。これら早春植物は「スプリング

林が明るいうちに
急いで種子をつくらねば

エゾエンゴサク

こっちも急いで食べなければ

食草はどこだ

ヒメウスバシロチョウ

蛹になるぞ

エフェメラル＝春のはかないものの意味」と呼ばれています。はかなさの意味は落葉樹が葉を広げ始めると日陰になって光合成ができなくなるため枯れてしまい、地上部はとても短命だからです。幼虫がこの早春植物を食べる蝶がいます。ウスバシロチョウの仲間やヒョウモンチョウの仲間です。彼女らは林内で春の光の満ちたこの瞬間を逃さず成長しなければなりません。ではチャンスを逃さず探しに行きましょう。

(1) ウスバシロチョウの仲間を探す

ウスバシロチョウの仲間にはヒメウスバシロチョウ、ウスバシロチョウそれに高山蝶のウスバキチョウがいます。ここでは一番分布が広いヒメウスバシロチョウ（以下ヒメウスバ）の探索

この道にいるのでは

これは食痕だぞ！

いた！

を紹介します。

ヒメウスバの幼虫は、冬の間、越冬卵の中で春の到来を待っています。同様に食草のエゾエンゴサクたちも雪の下で着々と芽吹きの準備が用意され雪が消えるのを待っています。3月下旬〜4月上旬でしょうか、暖かな南向きの斜面や根まわりから雪が解け地面が顔を出し、エゾエンゴサクは一斉に葉を展開します。と同時に卵から脱出したヒメウスバの幼虫たちは食草を見つけているはずです。

幼虫が見つかるのは日当たりのよい斜面の群落。花が終わった後にオオイタドリなど他の夏草が伸びてくる場所がなぜか選ばれており、林縁に点在する群落にはついていません。食草の群落を見つけたらまずは食痕を探します。エゾエンゴサクの食痕は葉を半円形に切り取られています。運がよければ葉や花を食べている幼虫が見つかりますが、普段は周辺の葉の間に隠れているので、食痕を見つけた株の周りの、乾燥した葉を1枚1枚めくりながら探します。見つからない場合は、違う株に移動しているので少し範囲を広げて探します。葉の上で日光浴していることも多いのですが、気温が上がると逆に枯葉の中に隠れてしまいます。

ウスバシロチョウも同じような生態を持っていて、同じように探すことができます。食草はムラサキケマンとエゾエンゴサクですが、主要食草のムラサキケマンに残された食痕は葉が小さく細かいのでわかりづらいです。両種とも幼虫の成長は速く、やがて枯葉の中に繭をつくって蛹になります。この時幼虫は食草からかなり遠くまで移動

するようで，蛹を探すことは非常に難しくなります。

(2) スミレを食べる
ヒョウモン類を探す

雪解け後に花をつけるスミレ類を目当てにヒョウモンチョウの仲間を探しましょう。食草のスミレ類は明るい林道わきや土手によく生えています。伐採跡地に広がる群落もあります。スミレ類は林床を覆う木が大きく育ってしまい光が届かなくなってくると別の植物に負けてしまうので，食草の消長にともなってヒョウモンチョウ類の発生地も移動します。本道に自生するスミレ類は80種にも及び生息地もそれぞれ違うようです。食草の頁によく見られる種を載せました。これらのスミレを食べるヒョウモンチョウの仲間は9種類もいます。その生息環境は明るいオープンな環境から林内のあまり日差しが届かない草地まで微妙に異なっているので，9種類が全部一緒に見られ

る所はありません。大まかな生息環境の違いを図にしてみました。

明るい草地で見られるヒョウモンはギンボシヒョウモン，ウラギンヒョウモンで，それよりやや林に近い所にはウラギンスジヒョウモン，クモガタヒョウモンがいます。さらに薄暗い所まで幅広く見つかるのがメスグロヒョウモン，オオウラギンスジヒョウモン，ミドリヒョウモンです。

北海道特産種のカラフトヒョウモンとホソバヒョウモンは中齢で越冬し，すぐに大きく育ち蛹になってしまうので雪解け後2週間くらいが勝負です。カラフトヒョウモンは低山地の伐採跡地の明るい草地を好みます。ホソバヒョウモンはより山地の林道沿いのミヤマスミレを好むようです。

ヒョウモンチョウの幼虫探しは簡単ではありません。最も簡単なのはミドリヒョウモンで，最難関はクモガタヒョウモンですが，どこで何が見つかるかわからないという，宝探しのおも

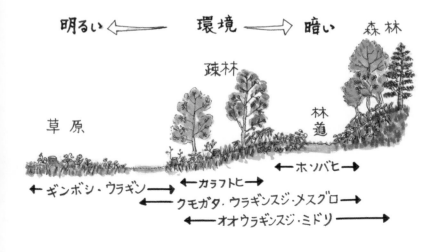

明るい ⇐ 環境 ⇒ 暗い　森林

疎林

草原　　　　林道

← ホソバヒ →
← ギンボシ・ウラギン →　← カラフトヒ →
← クモガタ・ウラギンスジ・メスグロ →
← オオウラギンスジ・ミドリ →

しろさがあります。では人里に近い明るい草原から探してみましょう。

まずは花を頼りにスミレを探します。花を見つけたら、どのような所にあるのか周囲の環境の特徴を理解し食草を次つぎと見つけることができるようにします。食草群落があったなら腰を据えて食痕がある葉をさがします。幼虫が小さい時は葉の縁にごく小さな半円形の切れ込みが多数入っています。食痕があったなら、この近くに必ず幼虫がいると信じて、重なっている葉を1枚いちまいはがしながら根気よく探します。葉が湿っているような深い所にはいません。ねらい目は縁がカールした広葉樹の枯葉です。折り返っている所を開けてみるとよく中に隠れています。

大きくなった幼虫の場合は枯葉をめくっている時に糞を見つけることもあり、手がかりになります。ミドリヒョウモン・メスグロヒョウモンはよく枯

葉や食草の葉の上に出て日光浴していることがあり、見つけやすい方です。

ヒョウモンチョウ各種は飼育ではパンジーなどの栽培種も含め、スミレの種類にこだわらず食べてくれますが、野外では各種の主要食草に違いがあるように見えます。これをテーマに調べるとおもしろいでしょう。幼虫の同定は終齢近くなってから、確認してください。ただしウラギンスジヒョウモンとオオウラギンスジヒョウモンの幼虫は野外で区別するのは難しいので、飼育して、羽化した成虫から同定するとよいでしょう。食草の同定は食草の頁（356、357頁）を参考にしてください。

(3) その他のヒョウモン

スミレ以外を食う、コヒョウモンとキタヒョウモンを紹介します。コヒョウモンは大きな葉を広げたオニシモツケの葉の上にちょこんとのっているので、大変見つけやすい幼虫です。このごろ葉の上には落ちたヤナギの花穂がのっています。よく似ているのでこれに擬態しているのかもしれません。兄弟種のキタヒョウモンはナガボノワレモコウの葉についた食痕を探し、スミレ食いのヒョウモンのように根ぎわの枯葉を探します。

食痕がある！

この枯れ葉の中にいた！

葉の上にいる　食痕　よく似たヤナギの花殻

オニシモツケとコヒョウモン

←食痕

枯葉の中にかくれている

キタヒョウモン

7. アリを探し
幼虫を見つける

〔上級編〕

　アリは社会性昆虫の代表で，巣をつくり女王を中心とした集団生活をしながら，狩りをしたりキノコを栽培したり驚くべき行動を見せることで有名です。普通，蝶の幼虫にとってアリは恐るべき天敵で，アゲハなどでは若齢時の大きな死亡要因になっています。しかし，シジミチョウの仲間には，アリにやられっぱなしではなく，アリの攻撃を避け，さらにそのアリたちを利用するなど特別な関係をつくりながら生活をする幼虫がいます。それらの蝶の幼虫を見つけるには，アリを頼りに探すのが有効になります。そんな蝶の幼虫を探しながら不思議な生態を観察してみましょう。

(1)花を食べるシジミチョウの場合

　花を食べるシジミチョウの幼虫の周辺にアリが群がっていることがあります。アリを集めて他の天敵から身を守ってもらっているように見えます。

何をしているの？

　主なものとしてカバイロシジミ，ツバメシジミ，ルリシジミ，ヒメシジミ，ジョウザンシジミ，アサマシジミ，トラフシジミ，ウラゴマダラシジミ，コツバメなどがそうです。

　草原でクサフジの花が咲いていたら，カバイロシジミやツバメシジミの幼虫を探してみましょう。季節は蝶が産卵した後になる7〜8月がよいでしょう。クサフジの群落の中にアリが群がっている花はないでしょうか。アリが歩きまわる花をよく見てみると，花を食べている幼虫が見つかるでしょう。ツバメシジミは薄い緑色で全体に微毛が生えのっぺりした形をしています。カバイロシジミは体の前後がピンク色を帯び花にそっくりな色と形をしています。アリがいなければ発見するのが難しいのではと思います。

　見つけたらぐっと近づいてアリと幼虫のやり取りを観察してみましょう。時どき幼虫の体の後ろの方から，小さな突起が飛び出してくるでしょう（図の①）。この突起は伸縮突起と呼ばれ，毛の生えた風船玉のようなおもしろい形をしています。この風船玉が出るとアリは激しく動きまわるのが見てとれます。ここから揮発性の分泌物を出してアリの攻撃行動を引き起こすのではといわれています。さらにもう1つ蜜腺という器官があります（図の②）。ここから時どき栄養分のある液体が分泌され，これをアリはすばやく飲み込みます。これをねだるようにアリは触角で幼虫の体を叩いています。さらに幼虫の背中には目には見えないのですが別の器官があり，アリをなだめる揮発性物質を出しているといわれます

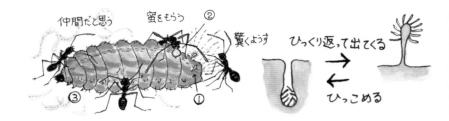

仲間だと思う　蜜をもらう　②

糞ようす

ひっくり返って出てくる

ひっこめる

③　①

（図の③）。

さて、なぜ幼虫はアリと複雑な関係をつくっているのでしょうか。花と幼虫を持ち帰って飼育してみると寄生バエや寄生蜂が幼虫の体から出てくることがあります。幼虫の体に細長い白い卵がついていることがあります。これは寄生バエが産みつけた卵です。どうもカバイロシジミは、アリをなだめながらアリの攻撃を避け、時には蜜を与え、寄生バエなどの天敵からの護衛役としてはたらかせているようです。

アリとシジミチョウの関係では他にもおもしろいものがあります。観察するのはかなり難しいのですが、幼虫が植物ではなく肉食性を示すムモンアカシジミとゴマシジミを紹介します。

(2)ムモンアカシジミの場合

ムモンアカシジミは特にアリと深く結びついています。ミズナラなどの木の幹に行列をつくっている黒光りしたアリがいます。クロクサアリなどのアリです。ムモンアカシジミの幼虫が発生する木には必ずこのアリがいます。さらにこの木にはアブラムシやカイガラムシが寄生しています。アリはアブラムシが分泌する蜜をもらうために集まっています。そしてムモンアカシジミはそのアリとアブラムシが群がって

いる枝の周りをウロウロしています。よく見てみると次の図のようなことが起こっています。

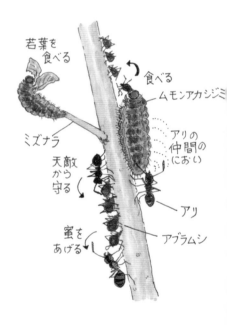

若葉を食べる

食べる

ムモンアカシジミ

ミズナラ

アリの仲間の（におい）

天敵から守る

アリ

蜜をあげる

アブラムシ

ムモンアカシジミは他のゼフィルスのようにミズナラの若い葉を食べるのですが、時どきカイガラムシの分泌物やタマバエのつくった虫こぶをなめたり齧ったりしています。そんな雑食性の中からアブラムシの味を覚え、アリの攻撃をアリの仲間の匂いで避けなが

396

らアブラムシを食べるという食性を持つようになったと思われます。この習性はすっかり定着して，ムモンアカシジミはアリとアブラムシがいる食樹（しょくじゅ）にしか今では生息できなくなってしまいました。

(3) ゴマシジミの場合

アリとの関係はさらに進みます。ゴマシジミの幼虫は，ついにアリをだましてアリの幼虫を食べるという大胆（だいたん）な習性を身につけました。ゴマシジミはナガボノワレモコウという植物が生える草原に生息しています。♀はこの植物のつぼみに卵（たまご）を産みつけ，孵化（ふか）した幼虫は花を食べ成長します。花がもう枯（か）れ始め食べ物がなくなるころから花を離れアリとの出会いが始まります。

アリは幼虫から蜜をもらうと，口で幼虫を加えて巣の中に運び込んでしまいます。巣に運び込まれた幼虫は，ベジタリアンを止めてアリの幼虫を食べ

花を食べ

4齢（れい）になると

地面に落ちる

甘（あま）いみつをもらう

幼虫をくわえ

巣に運ぶ

巣の中でアリの幼虫を食べ成長する

巣の入口で蛹化（ようか）〜羽化

アリをだますゴマシジミ

始めます。うまくアリに運ばれる確率は低いようですが，巣の中に入った幼虫は安全な巣の中で冬を越し，春になってどんどん増えてくるアリの幼虫をむしゃむしゃ食べて成長し，夏になって巣から羽化し，草原の蝶として飛び交います。

どうしてアリはこんな盗賊を見逃しているのでしょう。最近の研究でわかってきたのですが，視力が弱いアリは，匂いや音で仲間を見分けています。そこでゴマシジミの幼虫はアリと同じ匂いを出し，さらに女王アリと同じ音を出して，アリをだまし，幼虫を盗み食うという「大胆な行動」をしているというのです。

このアリの巣の中のできごとを観察するのはとても難しいのですが，ゴマシジミが飛んでいたら，ぜひ，そんな不思議な生い立ちを想像してみてください。

8. ササを食べる幼虫の探索

〔中級編〕

ササは，パンダの棲む中国南部〜朝鮮半島〜日本〜サハリンの南部まで分布する，極東を特徴づける植物です。ササの属を表す学名は *Sasa* です。このササ属を食草とする蝶が極東に多数生息しています。本道ではクマイザサ，ミヤコザサ，タケノコ採りで人気のあるチシマザサが主なササ属です。これらを食べる蝶はジャノメチョウ亜科ではヤマキマダラヒカゲ，サトキマダラヒカゲ，クロヒカゲ，ヒメキマダラヒカゲ，セセリチョウ科ではコチャバネセセリ，オオチャバネセセリがいます。

クロヒカゲ

コチャバネセセリ

ササ食いのチョウたち

サトキマダラヒカゲ

これらの蝶が発生したササ原で，成虫のシーズンが終わった8月ごろから越冬前の幼虫を探してみましょう。

（1）食痕と巣の特徴をマスターする

ササの葉にはガラスと同じ二酸化ケイ素の結晶が含まれていて，単子葉植物の仲間の中でもとても硬い葉を持っています。小さな蝶の幼虫にとっては，他の双子葉植物の柔らかそうな葉に比べどう見ても食べにくそうです。特に葉脈は硬く若齢幼虫は食べ残すので葉に独特な食痕が残ります。

またセセリチョウの仲間は，巣をつくり体を隠すのが基本なので，ササの葉にも独特な巣ができあがります。これらの食痕と巣はそれぞれの種によって異なっているので，生い茂っているササの葉を，ゆっくり歩きながら見ていくと，「あっ，これは○○の食痕だ」と目星をつけることができます。

（2）ジャノメチョウ亜科の場合

林道沿いにササがあります。季節は夏の終わり。道を歩きながら，ササ原の縁を，何かに食われている葉がないか目で追っていきます。階段状やすだれ状に食われている葉があったら，そっと葉を裏返して見てみましょう。

一番見つけやすいのがクロヒカゲで，食痕は葉の縁から階段状になっています。葉の裏の中脈に幼虫は静止し，ここから葉を食べに出かけたり戻ったりする時に使う，吐糸を張りつけた白い道があります。越冬までに2〜3回脱皮して大きく育つにつれ食痕も大

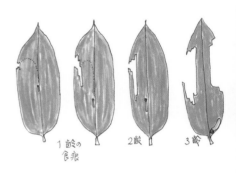

1齢の食痕　2齢　3齢

きくなっていきます（上図）。

葉の中ほどが四角くすだれ状になっていたら，ヒメキマダラヒカゲの食痕です。幼虫はいずれも10頭前後，体を寄せ合っていますが，振動に敏感でポロポロこぼれ落ちてしまうので注意します。

どれだろう？

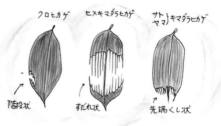

クロヒカゲ　ヒメキマダラヒカゲ　サトヤマキマダラヒカゲ
階段状　すだれ状　先端くし状

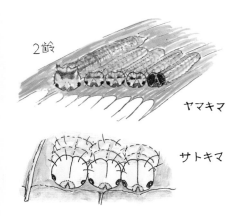

2齢

ヤマキマ

サトキマ

ヤマキマダラヒカゲ(以下ヤマキマ)とサトキマダラヒカゲ(以下サトキマ)は長い間同じ種として扱われたほどよく似た種類です。ヤマキマとサトキマは「棲み分け」しているので同じ所にはいないのが普通です。どちらの種なのかは、1齢幼虫の顔を見ると違いがわかります。白っぽい顔はサトキマで、頭に黒い鉢巻があったり真っ黒の顔をしていたらヤマキマです(上図)。ともに1齢幼虫の時にササの葉の先端が櫛のように食べ残されている独特な食痕をつくります(前頁の図参照)。

2齢になると体の色が褐色になり、昼間は地面に降りて隠れてしまうので探すのは難しくなります。夜間の幼虫探しが効果的なので次章を見てください。

(3)セセリチョウ科の場合

セセリチョウの仲間は葉を折りたたんだり丸めたりして巣をつくります。コチャバネセセリ(以下コチャバネ)とオオチャバネセセリ(以下オオチャバネ)の巣を探しましょう。共に普通種で、特にコチャバネの巣は独特の形を

しているので簡単に見つかるでしょう(下図)。1齢幼虫の巣は葉の先端を丸めたような小さなものですが、しだいに大きくなってササの葉の先に三角の巣が真ん中の葉脈にぶら下がっています。巣の入り口から中をのぞいてみると黒い頭の幼虫が入っているのが見えると思います。この巣は秋になると越冬用の巣になります。その時は葉の先端の方も丸くとじ合わせて封筒型の巣になります。地面に切り落とされた巣を探すのも宝探しのように楽しいものです。

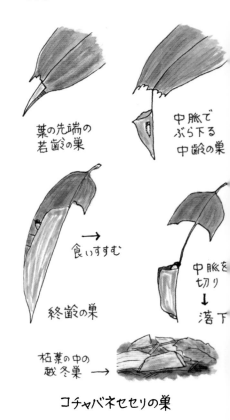

葉の先端の若齢の巣

中脈でぶら下る中齢の巣

食いすすむ→

終齢の巣

中脈を切り↓落つ

枯葉の中の越冬巣→

コチャバネセセリの巣

コチャバネと同時にオオチャバネの越冬前の巣も探すことができます。巣は小さくコチャバネよりはハードルが高くなります。巣の先の方に葉を折りたたんで糸で固定した独特の形をした巣を探します。その巣の横には葉脈を残した小さな食痕があります。すこし開いてみると黒い頭をした小さな幼虫が入っています。

越冬まで3か月ほどの長い時間があるのですが，とても少食で一度つくった巣はつくり変えることなくこれ以上大きくなりません。

翌春，冬眠から覚めた幼虫は新しい巣をつくり摂食を始めます。ササの新しい葉が出てくるころは，終齢になり，コチャバネセセリと同じような巣をつくりますが，このころになると急に見つけるのが難しくなってしまいます（下図）。

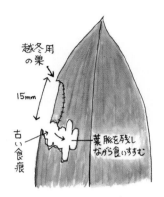

オオチャバネセセリの越冬用の巣

顔にコチャバネにはない模様がある

オオチャバネセセリの巣

ササにはセセリチョウたちととてもよく似た巣をつくる蛾の幼虫がいます。少し葉を開けて覗くとピクピクと驚いて出てきます。蝶を探す私たちにとってはハズレの巣になります。

さて，ササの葉を食べるジャノメチョウとセセリチョウを紹介しましたが，これらの蝶の幼虫探しは，葉についた食痕や巣を手がかりに見つけ出す「宝探し」の楽しさがあります。どんな所を探すとよいのかは，「習うより慣れろ」で説明するのはなかなか難しいものですが，基本的にはササ群落の縁をねらうことです。母蝶は飛びまわって食草群落を探します。その結果，食草に出会うのは群落の縁のことが多く，その後タッチングで確認しその縁に産卵することになるのです。これはエッジ効果と呼ばれています。ただし，ヤマキマ，サトキマは群落の中の方にも飛んで入り込んで産みつけます。他の蝶たちにもいえることですが，どこを探すと見つかるかは，母蝶の習性を知ることにつながります。結局，母蝶の気持ちになって探すことが大切といえそうです。

ジャノメチョウの仲間の幼虫はイネ科やカヤツリグサ科の葉を食べていますが、野外での発見は難しい部類に入ります。幼虫の体色は緑色と褐色のものに分けられます。両者とも、広い草原に多数伸びている細い食草の葉に紛れるように隠れていて発見が難しいのです。特に褐色のものは枯草の中に潜り込んでいて途方に暮れるほど探しづらいものです。ところがこの褐色系の幼虫は必ず夜に摂食活動をするので、少々ハードルは高いですが、ツボを押さえれば楽しい観察ができます。

暗い夜間の観察ということで、観察にあたっては少し注意が必要です。まず、明るいうちにめぼしい所の下見を行います。危険箇所をチェックし、あらかじめどのあたりを歩くかを頭の中で考えておきます。

（1）ジャノメチョウの場合

ジャノメチョウ亜科のジャノメチョウ、ベニヒカゲ、ヒメウラナミジャノメが夜間摂食性の代表です。成虫が飛んでいるのを見たことのあるフィールドを選びます。時期は幼虫が越冬後の4月下旬〜6月中旬がよいでしょう。彼らはイネ科・カヤツリグサ科の葉を食べます。細長い葉を持つ地面からスッと伸びている植物たちです。草原

の主役の植物で、土手や道路わきの法面は特に探しやすい場所になります。法面は崩落を防ぐために西洋シバの仲間を被覆に使用していいますが、幼虫はこの西洋シバを利用していることもよくあります。

ジャノメチョウを例に具体的に説明しましょう。さて、薄暗くなる前に現地に到着し、少し余裕をもって下調べをします。葉を斜めに切り取った食痕がある所には、後で地点がわかるように、地面に割り箸を刺しておくなど目印をつけておくとよいでしょう。しばらく探しているうちにあたりが暗くなり始めます。そろそろ幼虫が食草に登ってくるはずです。懐中電灯を手に探してみましょう。幼虫は登ってくると葉の先まで行ってから葉を食べ始めます。幼虫は左右の腹脚で葉の縁を挟み、頭を上下させて摂食します。中齢以降は葉を斜めに切るように摂食します。しばらく食べ続けると、体を反転して地面に向けて降りていきます。あまり強い光で近くから照らすと驚いて体が硬直します。光を外して少し待つ

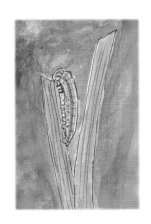

とふたたび摂食を始める場合もあります。しかし，刺激が強すぎた場合は食草から落ちてしまいます。見失うことが多いですが，体を丸めてしばらくは動きません。摂食を観察・撮影していると周りはすっかり暗くなり，食草を広く見渡してみると，あちこちの株にも幼虫が上っているのが見えるでしょう。4〜5月では21時くらいになると寒くなり，多くの幼虫は地面に降りてしまいます。しかし，暖かくなると遅くまで摂食するのが観察できます。幼虫の体が大きくなるとイネ科の長い葉の場合，葉が体重を支えきれずに折れ曲がることがありますが，それでも幼虫は葉の先まで行って食べ始めます。

　月夜の下でこのような饗宴が繰り広げられているのを見るのは不思議な感覚を覚えます。

（2）キマダラヒカゲ属の場合

　前のササ食い幼虫の項でも紹介したヤマキマダラヒカゲとサトキマダラヒカゲの幼虫も夜行性です。幼虫は越冬前に蛹になってしまうので，観察時期は8月下旬〜9月下旬となります。卵はササの葉の裏に10個以上産みつけられ，孵化後は集団行動をとります。孵化した1齢幼虫が一緒に摂食しているのは微笑ましく，見ていてあきません。この時期の食痕は葉の先がすだれ状になる独特のもので見つけやすいでしょう。そんな仲のよい兄弟たちも1齢の後半からはバラバラに食べ始めるようになります。

　2齢になると幼虫の体は褐色系になり，集団性もくずれて夜間摂食性にな

ります。ジャノメチョウのように夜間観察をしてみましょう。日が暮れて暗くなると，ササの葉に幼虫たちが登ってきます。2〜3齢のころは，当初の兄弟が近くにいるのか1枚の葉に複数の幼虫が摂食しているのも稀ではありません。天候がよければ葉の表面は乾いていますが，暗くなってから懐中電灯を当てると食痕の部分に水滴がありキラキラ輝いています。これは幼虫が摂食した葉脈から出てきた水滴です。これを目当てに葉の裏を返せば幼虫が見つかることが多く，葉の裏から懐中電灯で照らすと幼虫の影が見えることもあります。夜の宝探しの不思議な感覚を味わうことができるでしょう。

幼虫の影

水滴が光っている

ヒメチャマダラセセリの巣と幼虫

トレイルカメラ

　さて夜間観察を楽しんだ後，余裕があれば翌日同じ場所を訪れてみてください。昼間に食べた台形型の食痕があちこちについているでしょう。下草を探してみてください。眠っている幼虫が見つかるはずで，宝探しの昼の部も楽しめるでしょう。

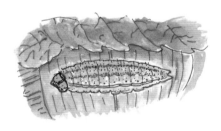

（3）トレイルカメラで記録する

　夜間の観察は大変だという場合，カメラに記録させておく方法があります。シカなどの野生動物の定点観測に使うトレイルカメラを使います。夜間でも赤外線撮影ができ，有効なのがわかりました。カメラの機能を使って一定時間の間隔でシャッターがおりるように設定します。回収するタイミング

を考えて，時間間隔は決めますが，バッテリーやSDカードなどの記録媒体の容量も考慮に入れる必要があります。私たちが使っているカメラでは1分間に1コマ間隔の撮影で1週間ほどが限界になります。これでも膨大な撮影カットを撮ることができます。（1日の撮影コマ数は60 × 24 ＝ 1440，1週間では1万カット以上にもなります）カメラを幼虫のいる方向に向けて三脚などでしっかりと固定します。アングルや画角は実際にリハーサルをやってからにするとよいでしょう。また，近接撮影でピントが合わない場合もありますが，その時は虫眼鏡のような凸レンズ（カメラで使うクローズアップレンズ）をトレイルカメラの前につけて撮ります。

　右図はヒメチャマダラセセリの昼と夜の実際の映像です。このように夜間に休息し昼間に摂食しているのがはっきりと記録されます。活動時間帯はもちろん，カメラには温度記録装置もついていてなかなか便利に使えます。

ヒメチャマダラセセリの幼虫　　　　幼虫の巣

夜間の映像

10. 冬のゼフィルス卵探し

〔上級編〕

撮影できた映像から 1 日の活動パターンを分析することもできます。絶滅が危惧されるこの蝶の幼虫が昼行性であることが初めて確認できましたし，巣づくりや摂食，脱糞行動の細かな分析も行うことができました（下図）。また温度や天候も同時に記録できるので，トレイルカメラは，蝶の幼虫の行動を知る強力な道具になりそうです。

蝶の成虫の観察シーズンは，普通 4 月の雪解け後〜お盆過ぎあたりまでですが，頑張れば冬でも越冬中の蝶の様子を観察することができます。成虫や蛹，雪の下の幼虫たちは無理としても，冬の梢で越冬する蝶の卵については観察のベストシーズンとなります。美しい輝きを見せ人気の高いミドリシジミの仲間（通称ゼフィルス，縮めてゼフ）の越冬卵は，成虫を見つけるよりも簡単に見つけることも可能です。ゼフィルスはウラゴマダラシジミからハヤシミドリシジミまで道内でも 20 種類もいますが，それぞれ食樹が違っていたり同じ食樹でも卵がついている位置が違ったりしているので，それぞれの種類の生態の特徴を理解することもできます。ゼフィルスの他にもカラスシジミ，ミヤマカラスシジミ，リンゴシジミの越冬卵も同じような感覚で探すことができます。天気のよい日にすっか

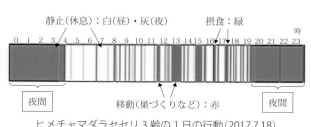

静止（休息）：白（昼）・灰（夜）　　　摂食：緑

時

0　1　2　3　4　5　6　7　8　9　10　11　12　13　14　15　16　17　18　19　20　21　22　23

夜間　　　　　　　　　移動（巣づくりなど）：赤　　　　夜間

ヒメチャマダラセセリ 3 齢の 1 日の行動（2017.7.18）

り葉の落ちたミズナラやカシワの林に
出かけてみましょう。

（1）出かける前の準備

　出かける前に寒さに備えて服装など
を整えます。まず足まわりですが，積
雪の少ない初冬や早春の場合は長靴程
度でよいのですが，積雪が深い場合は
スノーシューが便利です。防寒対策と
しての服装はもちろんですが，足もと
は雪が入らないようにスパッツがある
とよいでしょう。耳が出ない帽子や手
袋も必要です。

　その他の道具としては，ルーペは必
携です。繰り出し式の 10 〜 20 倍の
ものがよいでしょう。持ち帰りには枝
の一部を切り取るためのカッターや枝
を切り取る小型のニッパがあれば便利
です。採れた卵をすぐ収納できるケー
スや袋も必要です。採れた卵をポケッ
トに入れておくと中で卵がはずれたり
つぶれる場合があり苦労することにな
ります。

　この他高い所の枝を下ろしたり切り

ヤッタ，とげが長い！
ウラミスジだ

取るために高枝ばさみを使うこともあ
ります。

（2）ミズナラの林で

　いろいろなゼフィルス卵を採ること
ができるのはミズナラの林です。深い
森の中より郊外の低山地の林の方が期
待できます。特に伐採後の伸びてきた
若い樹が多い，いわゆる二次林がベス
トです。

　さて，たくさん生えているミズナラ
のどのあたりを探したらよいのでしょ
う。開けた空間（ギャップ）に伸びた手
の届く枝がある所が探しやすいし，ま

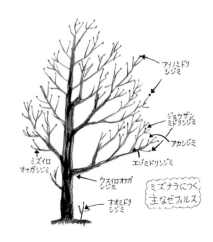

アイノミドリ
シジミ

ジョウザン
ミドリシジミ

アカシジミ

エゾミドリシジミ

ミズイロ
オナガシジミ

ウスイロオナガ
シジミ

オオミドリ
シジミ

ミズナラにつく
主なゼフィルス

た多くついているものです。

1本のミズナラの木で4種類も5種類も見つかることがありますが，それぞれのついている位置が違い，こまかな「すみ分け」が起こっているようです。ミズナラで見つかる7種類のゼフィルスについてその大まかな様子を左の図に示しました。

ミズナラによく似たコナラには，ミズナラとほぼ同じ種類のゼフィルスの卵がついていますが，特にウラナミアカシジミはミズナラやカシワには産まず，コナラと強く結びついています。

(3)カシワの林で

カシワに特徴的なのはハヤシミドリシジミ，ウラジロミドリシジミや珍種キタアカシジミです。この他ミズナラの林で紹介したウラミスジシジミ，ウスイロオナガシジミ，オオミドリシジミなどの卵もついています。左の図に各種の産付位置を示しました。

(4)その他の木を探す

さて，いろいろな種類が期待できるミズナラやカシワなどで卵探しを続けているとだんだん集中力もなくなってきます。そんな時は少し気分転換で，落葉広葉樹の林で，メスアカミドリシジミ・ウラゴマダラシジミ・ウラキンシジミ・ミドリシジミといった個性的な他のゼフィルスを探してみましょう。それぞれの食樹をまず見つけ出し，次頁の図を参考に探してみましょう。

最後に残ったゼフィルスは，道南に分布する珍種2種です。ブナ林にはフジミドリシジミがいます。さらに分布が限られている最稀種ウラクロシジミはマルバマンサクについています。そもそもこの2種にお目にかかること自体極めて難しいのですが，ゼフ卵探しが熟達すると，成虫を捕えるよりも容易に見つかることもあります。

紹介した卵の探し方のポイントを表で示します(次頁)。

さて卵を見つけたら持ち帰って，飼育してみましょう。その際には卵の温度管理が大切です。越冬卵は春先の食樹の芽生えに合わせて孵化するタイミングをはかっています。冷蔵庫などで保管していた卵を室内に戻す時に，食樹の芽生えに合わせて孵化するように調節する必要があります。

越冬卵探し〜飼育は，その蝶の生態を詳しく知ることになる他，新しい産地の発見にもつながります。寒い冬でもフィールドでの生態調査ができるということもぜひ覚えておいてください。

カシワにつく主なゼフィルス

ウラジロミドリシジミ
ウラミスジシジミ
ウスイロオナガシジミ
ハヤシミドリシジミ
キタアカシジミ

ウラジロミドリシジミ
キタアカシジミ
ハヤシミドリシジミ

枝先の産付位置

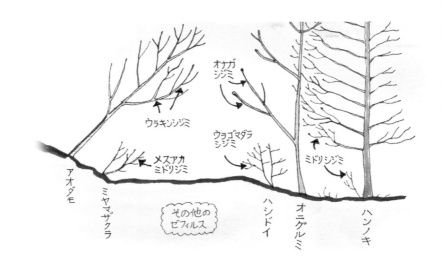

ゼフ卵探しのまとめ　難易度は簡単なもの（**A**）から難しいもの（**D**）の４段階

食　　樹	探す所	見つかる種（難易度 / 平均的な産卵数）
ミズナラ	頂芽基部	ジョウザンミドリシジミ（**A**/1 卵） アイノミドリシジミ（**B**/1 〜数卵） ウラミスジシジミ（**B**/1 〜数卵）
	頂芽基部から細枝	アカシジミ（**B**/1 卵） ミズイロオナガシジミ（**C**/1 〜 2 卵）
	枝の分岐	エゾミドリシジミ（**C**/1 〜 7・8 卵）
	枝の付け根	ウスイロオナガシジミ（**D**/3 〜 10 卵）
	ひこばえ	オオミドリシジミ（**A**/1 〜数卵）
カシワ	頂芽基部から細枝	キタアカシジミ（**D**/2 〜 7・8 卵） ウラジロミドリシジミ（**A**/（1 〜数卵）
	枝の分岐	ウラジロミドリシジミ（**A**/1 〜 7・8 卵） ハヤシミドリシジミ（**B**/1 〜数卵）
コナラ	頂芽基部から細枝	ウラナミアカシジミ（**C**/1 〜 2 卵）
ブナ	枝の分岐から細枝	フジミドリシジミ（**D**/1 〜 2 卵）
サクラ類	細枝	メスアカミドリシジミ（**A**/1 〜 2 卵）
ハンノキ類	細枝	ミドリシジミ（**A**/1 〜数卵）
オニグルミ	頂芽付近から太枝	オナガシジミ（**A**/1 〜数卵）
イボタ・ハシドイ	細枝	ウラゴマダラシジミ（**C**/2 〜 5・6 卵）
マルバマンサク	頂芽基部から細枝	ウラクロシジミ（**D**/1 〜 2 卵）
アオダモ	枝の分岐	ウラキンシジミ（**C**/ 数卵〜 20 卵）

ミズナラ・カシワ・コナラには共通する種が多いので，カシワとコナラにはそれぞれに特徴的な種だけにしぼってまとめました。

蝶の和名－学名索引

ページは標本（普通字），種解説（太字），卵・幼虫・蛹（〔 〕），
楽しい生態観察（斜体字）順になっています。

幼虫図版の動きのある幼虫たち

食草・食樹の和名索引

〔 〕内はこれを主な食草食樹とする蝶の解説ページ

永盛　俊行（ながもり　としゆき）

　1953年　札幌市生まれ．富良野市在住

　道立高校退職後非常勤講師

　本書では，「この本の見方」，「用語解説」，「主な参考図書」，「種解説」，「楽しい生態観察のすすめ」を担当し，全体を編纂

芝田　翼（しばた　つばさ）

　1987年　苫小牧市生まれ．苫小牧市在住

　環境調査業（鳥・昆虫など）

　本書では，主に「標本図版」・「種解説」の編集，「卵・幼虫・蛹図版」の撮影と編集を担当

辻　規男（つじ　のりお）

　1955年　和歌山県太地町生まれ．横浜市在住

　神奈川県立高校退職後非常勤講師

　本書では，主に「種解説」，「楽しい生態観察のすすめ」を担当

石黒　誠（いしぐろ　まこと）

　1973年　南富良野町生まれ．富良野市在住

　写真家

　本書では，主に「標本図版」写真撮影，「食草・食樹図版」写真撮影と編集を担当

北海道の蝶
Butterflies of Hokkaido

発　行　　2020年6月10日　第1刷

　　　　　■

著　者　　永盛俊行・芝田 翼・辻 規男・石黒 誠

発行者　　櫻井　義秀

発行所　　北海道大学出版会

　　　　　札幌市北区北9西8北大構内　Tel. 011-747-2308・Fax. 011-736-8605

　　　　　http://www.hup.gr.jp

印　刷　　株式会社アイワード

製　本　　株式会社アイワード

装　幀　　須田　照生

ISBN978-4-8329-1407-0

完本 北海道蝶類図鑑	永盛　俊行 永盛　拓行 芝田　　翼著 黒田　哲 石黒　　誠	Ｂ５・406頁 価格13000円
世界のタテハチョウ図鑑 ―卵・幼虫・蛹・成虫・食草―	手代木　求著	Ａ４・566頁 価格32000円
ウ ス バ キ チ ョ ウ	渡辺　康之著	Ａ４・188頁 価格15000円
ギ　フ　チ　ョ　ウ	渡辺康之編著	Ａ４・280頁 価格20000円
エ ゾ シ ロ チ ョ ウ	朝比奈英三著	Ａ５・48頁 価格1400円
マ ル ハ ナ バ チ ―愛嬌者の知られざる生態―	片山　栄助著	Ｂ５・204頁 価格5000円
日本産マルハナバチ図鑑	木野田君公 髙見澤今朝雄著 伊藤　誠夫	四六・194頁 価格1800円
バッタ・コオロギ・キリギリス大図鑑	日本直翅類学会編	Ａ４・728頁 価格50000円
バッタ・コオロギ・キリギリス生態図鑑	日本直翅類学会監修 村井　貴史著 伊藤ふくお	四六・452頁 価格2600円
原色日本トンボ幼虫・成虫大図鑑	杉村光俊他著	Ａ４・956頁 価格60000円
日本産トンボ目幼虫検索図説	石田　勝義著	Ｂ５・464頁 価格13000円
ス ズ メ バ チ を 食 べ る ―昆虫食文化を訪ねて―	松浦　　誠著	四六・356頁 価格2600円
新装版 里山の昆虫たち ―その生活と環境―	山下　善平著	Ｂ５・148頁 価格2800円
札　幌　の　昆　虫	木野田君公著	四六・416頁 価格2400円

―――――――北海道大学出版会―――――――

価格は税別

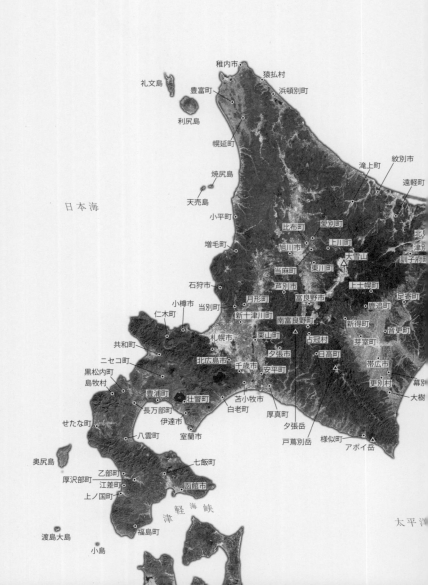

日本海

礼文島

稚内市　　猿払村

豊富町　　　浜頓別町

利尻島

幌延町

焼尻島　　　　　　　　　　　　　　滝上町　　紋別市

天売島　　　　　　　　　　　　　　　　　　遠軽町

小平町　　　　　　　比布町　　愛別町　　　　　　北

増毛町　　　　　旭川市　上川町　大雪山　　津

　　　　　　　　　　当麻町　東川町　　　訓子府町

石狩市　　　　　　　芦別市

小樽市　当別町　　月形町　富良野市　　上士幌町

仁木町　　　新十津川町　　　南富良野町　　足寄町

共和町　　　　札幌市　栗山町　　占冠村　鹿追町　音更町

ニセコ町　　　　　　夕張市　　新得町

黒松内町　北広島市　千歳市　日高町　芽室町

島牧村　　　　　　安平町　　　　　帯広市

豊浦町　壮瞥町　苫小牧市　　　　　更別村

長万部町　伊達市　白老町　　　　　　　幕別

せたな町　　　　　厚真町　　大樹

八雲町　室蘭市　　　夕張岳　様似町

奥尻島　　　七飯町　　戸蔦別岳　アポイ岳

乙部町

厚沢部町　江差町　函館市

上ノ国町

津　軽　海　峡

渡島大島　　福島町

小島　　　　　　　　　　　　　　　　　　太平洋